全国高等院校计算机基础课程"十三五"规划教材

计算机应用基础
（第三版）

胡声丹　时书剑　主　编

何向武　李秀贤　陈佳雯　副主编

陆慰民　主　审

U0310594

中国铁道出版社有限公司
CHINA RAILWAY PUBLISHING HOUSE CO., LTD.

内 容 简 介

本书面向应用型本科的专业定位，突出信息技术应用能力培养，体现前沿发展。内容包括9章：计算机与信息社会、计算机系统组成、操作系统与办公软件的应用、多媒体技术基础及应用、计算机网络技术基础及应用、信息获取与发布、数据分析、物联网、人工智能。

本书除保持上一版知识涉及面广、取材丰富实用、内容深入浅出、形式简单明了、案例实用典型等特点外，还根据计算机信息技术的发展，有针对性地更新了教学内容以拓宽学生的知识面，提高计算机应用能力。

本书配有《计算机应用基础实验指导》（第三版）、电子教案、教学视频、实验素材和教学测试系统，便于广大师生的教与学。本书适合作为高等学校计算机应用基础课程的教材，也可作为具有一定操作技能和使用经验的计算机应用人员的参考用书。

图书在版编目（CIP）数据

计算机应用基础/胡声丹，时书剑主编. —3 版. —北京：中国铁道出版社有限公司，2019.8（2024.8 重印）

全国高等院校计算机基础课程"十三五"规划教材

ISBN 978-7-113-26130-6

Ⅰ. ①计…　Ⅱ. ①胡…　②时…　Ⅲ. ①电子计算机 - 高等学校 - 教材　Ⅳ. ①TP3

中国版本图书馆 CIP 数据核字(2019)第 168133 号

书　　　名：	计算机应用基础
作　　　者：	胡声丹　时书剑

策　　　划：	曹莉群	编辑部电话：(010)63549508
责任编辑：	周海燕　徐盼欣	
封面设计：	刘　颖	
责任校对：	张玉华	
责任印制：	樊启鹏	

出版发行：	中国铁道出版社有限公司（100054，北京市西城区右安门西街 8 号）
网　　址：	https://www.tdpress.com/51eds/
印　　刷：	北京市泰锐印刷有限责任公司
版　　次：	2010 年 8 月第 1 版　2019 年 8 月第 3 版　2024 年 8 月第 7 次印刷
开　　本：	787 mm×1 092 mm　1/16　印张：16.5　字数：406 千
书　　号：	ISBN 978-7-113-26130-6
定　　价：	45.00 元

PREFACE 第三版前言

本书是在《计算机应用基础》（第二版）的基础上，适应计算机信息技术的发展和上海市计算机教学改革的要求改编而成的，增加了第 7 章数据分析、第 8 章物联网、第 9 章人工智能这三章新内容。

近年来，大数据、物联网、人工智能等新技术的迅速发展，极大地改变了人们的生活方式，同时也对大学信息技术教育提出了更高的要求。计算机应用基础的教学是培养大学生信息素养的重要课程载体。如何更好地引入和介绍新技术，使学生能够将新一代信息技术与专业结合、学以致用、激发创新，是大学信息技术教学所面临的新的任务和挑战。

本书的编写遵从运用计算机科学的基础概念去求解问题、设计系统和理解人类的行为，突出面向应用型本科的宗旨，对象明确，内容广泛，以应用为主，体现前沿，帮助学生不断巩固和检验所学知识，提高操作能力和综合应用能力。本书在内容上按照应用型本科专业定位做了相应选择和取舍，减少应用所涉及的技术性和理论性内容的介绍，将注意力放在应用层面上，列举相关学科的应用实例，让学生了解如何在本学科中应用信息技术。部分章节增加了"知识拓展"内容，鼓励能力发展水平较高的学生进行独立思考，发挥聪明才智。

全书共分 9 章，主要内容包括计算机与信息社会、计算机系统组成、操作系统与办公软件的应用、多媒体技术基础及应用、计算机网络技术基础及应用、信息获取与发布、数据分析、物联网、人工智能。

对于应用型高校学生来说，加强信息技术学习的实践环节，提高动手能力尤为重要。因此，本书特配实验指导教材和教学资源。书中涉及的软件有 Windows 7、Office 2010、Photoshop、Flash、Dreamweaver、Cool Edit、Premiere 等，主要介绍其基本功能。学完本书后，读者可以熟练掌握大部分 Internet 应用和目前常用的多媒体技术，包括自己动手建立网站、掌握一些网络工具的应用、制作图形和动画、处理图像和视频、合成音频等。

"计算机应用基础"作为本科各专业的必修课，建议每周上 4 学时，总共 72 学时，其中实践环节 32 学时。各章的理论教学学时安排如下：计算机与信息社会（2）、计算机系统组成（2）、操作系统与办公软件的应用（8）、多媒体技术基础及应用（8）、计算机网络技术基础及应用（2）、信息获取与发布（6）、数据分析（4）、物联网（4）、人工智能（4）。为便于实践课的安排，讲课次序可自行调整。

上海师范大学天华学院计算机教研室全体教师参与了本套教材的策划和编写工作。本书由胡声丹、时书剑任主编，何向武、李秀贤、陈佳雯任副主编，崔霞参编。同济大学陆慰民教授审阅了本书，朱怀中等老师提出了宝贵的修改意见，中国铁道出版社有限公司的领导和编辑对本书的出版给予了大力支持和帮助，在此表示衷心感谢。

使用本书的学校可与编者联系获取有关的教学资源。联系邮箱地址为:shi_shujian@126.com或 hushengdan@163.com。

"一切为了教学，一切为了学生"是我们的心愿，然而由于编者水平和经验有限，对于应用前景广泛的人文、社会科学各学科知识的了解也不够全面，疏漏在所难免，敬请有关专家和广大读者批评指正。

编　者

2019 年 6 月

目 录

CONTENTS

第1章 计算机与信息社会

本章引言

自世界上第一台计算机诞生至今，已有70多年。随着计算机技术的迅速发展，计算机的应用已渗入到人类生活的各个领域。21世纪的大学生，必须掌握以计算机为核心的信息技术基本知识。本章对计算机的历史、特点、应用及发展等多个领域做了全面的介绍。

内容结构图

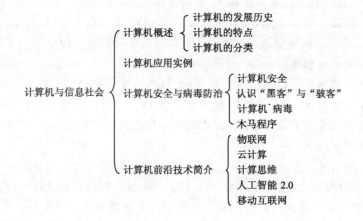

学习目标

① 了解：第一台计算机、计算机的发展历史、"黑客"与"骇客"、计算机前沿技术。

② 理解：计算机的特点与分类、信息技术、病毒和木马的区别。

③ 应用：学会用普通的杀毒软件对计算机进行防护。

1.1 计算机概述

在漫长的人类文明发展过程中，出现过许多计算工具，例如算筹、算盘、计算尺等，这些计算工具帮助人们进行科学计算，为推动人类文明做出了巨大的贡献。但是，真正让人类文明进入新时代的还是世界上第一台电子计算机的发明者。

1.1.1 计算机的发展历史

1. 第一台电子计算机

（1）世界上第一台电子计算机的诞生

世界上第一台电子计算机是阿塔纳索夫–贝瑞计算机（Atanasoff-Berry Computer，ABC），它由爱荷华州立大学物理系的副教授约翰·文森特·阿塔纳索夫（John Vincent Atanasoff）和他的研究生克利福特·贝瑞（Clifford Berry）在1937—1941年开发。

设计 ABC 的构想源于求解复杂线性方程组。阿塔纳索夫讲授物理和数学物理的课程，他的学生求解线性方程组时必须面对大量繁杂的计算，因此，他希望设计一台机器来解决此问题。他和贝瑞经过反复的试验研究，终于在 1939 年制造出一台完整的样机，证明了他们的理念是正确且可以实现的。

在 ABC 的雏形诞生之后的两年内，阿塔纳索夫和贝瑞进一步对 ABC 进行设计和多方测试。1941 年 12 月太平洋战争爆发，阿塔纳索夫应征入伍，对 ABC 的研究工作也被迫终止。

ABC 的设计中包含了现代计算机中 4 个最重要的基本概念：

① 采用二进制位来表示数据。

② 实现电子计算，而不是机械计算。

③ 将内存和计算职能分离。

④ 采用再生电容内存来存储数据（也就是现在被广泛使用的 DRAM）。

整台机器重达 700 磅（约 320 kg），占地面积 800 平方英尺（约 74 m²），有总长达 1 英里（约 1.6 km）的线路、280 个双三极真空管和 31 个闸流管。

然而，与同一时期出现的 Zuse Z3（1941 年）、ENIAC（1946 年）、EDVAC（1949 年）等计算机不同，ABC 不是一台图灵完备的（Turing Complete）计算机，因为它并不能计算出所有可以计算的问题，并且不可编程。

由于原来的实验基地被改造成教室，最初的 ABC 计算机已经不复存在。1997 年，一批研究学者根据其原型，耗费 35 万美元投资建造了一个 ABC 计算机的仿制品，如图 1-1 所示。现在该作品被安置在爱荷华州立大学 Durham 中心的一楼大厅。

（2）第一台得到应用的电子计算机

事实上，第一台电子计算机 ABC 诞生之后，其创始人阿塔纳索夫和贝瑞并没有获得发明者的花环。阿塔纳索夫应征入伍之后，两台 ABC 样机被拆散，零件移作他用，而爱荷华州立大学也没有为 ABC 申请专利，这就给日后计算机的发明权问题带来了法律纠纷。

在 1973 年以前，人们公认的第一台电子计算机是电子数字积分计算机（Electronic Numerical Integrator And Computer，ENIAC），因为它是第一台具有很大实际应用价值的电子计算机，由宾夕法尼亚大学莫尔电气工程学院的莫克利（John Mauchiy）和埃克特（J. Eckert）研制，其原型如图 1-2 所示。

图 1-1　ABC 计算机的仿制品

图 1-2　ENIAC 的原型

ENIAC 占地面积达 170 m²，重达 30 t，其内部有成千上万个电子管、二极管、电阻器等元件，电路的焊接点多达 50 万个。ENIAC 的耗电量非常大，其电子管平均每隔 15 min 就要更换一只。但是，ENIAC 的计算速度惊人，可以在 1 s 内进行 5 000 次加法运算和 500 次乘法运算，比当时最快的继电器计算机的运算速度要快 1 000 多倍，比人工计算要快 20 万倍。ENIAC 在第一颗原子弹的研制过程中发挥了重要作用。

（3）关于第一台电子计算机的争议

目前，尚有大部分人认为世界上第一台电子计算机是由宾夕法尼亚大学的莫克利和埃克特研制的 ENIAC。实际上，在 1973 年，美国法院已对于计算机发明权的归属做出了最终宣判，声明第一台电子计算机是由爱荷华州立大学的约翰·文森特·阿塔纳索夫于 1939 年发明的 ABC，而不是由莫克利等人制造的 ENIAC。据证实，ENIAC 的创始人之一莫克利曾与 ABC 的发明者阿塔纳索夫见过面，了解过关于 ABC 的构想，并在此基础上研究 ENIAC。因此，严格地说，ENIAC 并不是一项发明，而是在 ABC 的研究基础上投入了更为实际的应用。

长久以来，之所以造成人们误解的原因是阿塔纳索夫及其所在的爱荷华州立大学并未重视自己的重大发明 ABC，为其申请专利。而莫克利和埃克特在制造完 ENIAC 后就立刻申请并获得了美国专利。虽然 ENIAC "世界第一"的头衔被推翻，但它的功劳还是不能抹杀的，毕竟它是根据 ABC 思想完整地制造出来的真正意义上的电子计算机。ENIAC 是计算机发展史上的一个里程碑。

2. 计算机发展的探索阶段

在世界上第一台电子计算机出现以前，出现过许多具有历史意义的计算工具，具有代表性的有：

（1）算筹

算筹的发明可以追溯到春秋战国时期，它实际上是一根根同样长短和粗细的小棍子（一般用竹子制成），如图 1-3 所示。大概二百七十几枚为一束，放在一个布袋里。古人将其系在腰部随身携带，需要记数或计算的时候，就将它们取出来使用。

（2）算盘

算盘是由算筹逐渐演变而来的。珠算最早见于文献的当数东汉《数术记遗》一书，可见汉代就已出现珠算方法和理论。算盘之称最早见于宋代的《谢察微算经》。算盘通过上下两部分的珠子实现计算，上半部分的每个珠子代表 5，下半部分的每个珠子代表 1，如图 1-4 所示。

图 1-3　古代算筹

图 1-4　算盘

（3）计算尺

1622 年，英国人威廉·奥特瑞德（William Oughtred）发明了计算尺，它可以实现四则运算、指数、对数、三角函数的运算，在 1970 年之前使用广泛，之后由于电子计算器的问世而被取代。

（4）机械加法器

机械加法器由法国数学家布莱斯·帕斯卡（Blaise Pascal）于 1642 年发明，是一种由一系列齿轮组成的装置，外形像一个矩形盒子，要用类似儿童玩具上的那种钥匙旋紧发条后才能转动，只能够做加法和减法运算。

（5）计算器

计算器是 1673 年由德国数学家戈特弗里德·威廉·凡·莱布尼茨（Gottfried Wilhelm Von Leibniz）在帕斯卡的机械加法器基础之上研制的，可以实现加、减、乘、除及开方运算。这是继帕斯卡加法机后计算工具的又一进步。

（6）差分机和分析机

1822 年，英国剑桥大学教授查尔斯·巴贝奇（Charles Babbage）设计了差分机和分析机，其设计的理论非常超前，具有输入、处理、存储、输出和控制五个基本装置，类似于后来的电子计算机，这为一百多年后电子计算机的出现奠定了基础。图 1-5 所示为伦敦科学博物馆内陈列的差分机。

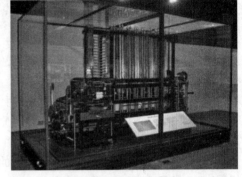

图 1-5　伦敦科学博物馆内陈列的差分机

3. 现代计算机的演变和发展

可以说，现代计算机的始祖就是 19 世纪英国的巴贝奇教授设计的差分机和分析机。一百多年后，美国哈佛大学的霍华德·艾肯（Howard Aiken）在其博士论文课程研究的过程中，产生了研制自动计算机的想法。在深入研究了巴贝奇工作的基础上，艾肯于 1937 年提出了自动计算机的第一份建议书，他的设计目标是：

① 可以同时处理正数和负数。

② 能求解各种超越函数，包括三角函数、对数函数、贝塞尔函数、概率函数等。

③ 全自动运算，即处理过程一旦开始，运算就完全自动进行。

④ 在计算过程中，后续的计算取决于前一步计算所获得的结果。

最终，艾肯加入 IBM 公司，于 1944 年研制出了机械电子相结合而非纯机械方式实现的 Mark Ⅰ，实现了巴贝奇的设计理念。之后，艾肯又先后研制成 Mark Ⅱ（1946 年）、Mark Ⅲ（1950 年）和 Mark Ⅳ（1952 年）。

英国科学家艾伦·麦席森·图灵（Alan Mathison Turing）被称为计算机科学之父、人工智能之父，曾协助军方破解德国的著名密码系统 Enigma，帮助盟军取得了第二次世界大战的胜利。他是计算机逻辑的奠基者，曾提出过许多人工智能的重要方法。他对计算机的重要贡献在于他提出的有限状态自动机也就是"图灵机"（Turning Machine，TM）的概念，以及对于人工智能所提出的重要衡量标准"图灵测试"（Turning Testing）。

另一位对计算机科学有着重大贡献的科学家是美籍匈牙利人约翰·冯·诺依曼（John von Neumann，1903—1957），他于 1945 年提出开发离散变量自动电子计算机（Electronic Discrete Variable Automatic Computer，EDVAC）。EDVAC 方案明确奠定了新计算机由运算器、逻辑控制装置、存储器、输入和输出设备组成，并描述了这五部分的职能和相互关系。EDVAC 的这种体系结构又被称为"冯·诺依曼"体系结构。

直至今天，现代计算机的发展共经历了电子管计算机时代（1946—1958 年）、晶体管计算机时代（1958—1964 年）、中小规模集成电路计算机时代（1964—1971 年）以及大规模超大规模集成电路计算机时代（1971 年至今）等四个阶段，但所有这四代计算机的体系结构均延续了"冯·诺依曼"体系结构。

如果说 ABC 是世界上第一台电子计算机，ENIAC 是第一台真正得到应用的电子计算机。那么，EDVAC 可以称得上是第一台具有现代意义的通用计算机。

1.1.2 计算机的特点

计算机的广泛应用几乎渗透到现代人活动的所有领域，已成为一种不可缺少的信息处理和解决实际问题的工具。概括起来，计算机有以下几个显著特点：

1．运算速度快

计算机内部电路组成，可以高速准确地完成各种算术运算，使大量复杂的科学计算问题得以解决。随着计算机技术的发展，计算机的运算速度还在提高。例如，天气预报需要分析大量的气象资料数据，单靠人工完成计算是不可能的，而计算机只需几分钟就可以完成数据的统计和分析。

2．计算精度高

科学技术的发展特别是尖端科学技术的发展，需要高度精确的计算。计算机发展到今天，不但可以快速地完成各种指令、任务，而且具有以前几代计算机无法比拟的计算精度。一般计算机可以有十几位甚至几十位（二进制）有效数字，计算精度可达千分之几，是任何计算工具所望尘莫及的。

3．自动化程度高

由于计算机具有存储记忆能力和逻辑判断能力，所以人们可以将预先编好的程序组纳入计算机内存，在程序控制下，计算机可以连续、自动地工作，不需要人的干预。其内部采用了存储程序控制的方式，能在程序控制下自动并连续地进行高速运算。只要输入已编好的程序，并将其启动，它就能自动完成所有任务。这是计算机最突出的特点。

4．逻辑运算能力强

计算机借助于逻辑运算，可以进行逻辑判断，并根据判断结果自动确定下一步该做什么。计算机能把参加运算的数据、程序以及中间结果和最后结果保存起来，并能根据判断的结果自动执行下一条指令以供用户随时调用。例如：计算机的逻辑判断能力可以进行诸如资料分类、情报检索等具有逻辑性的工作。

5．存储容量大

计算机内部的存储器具有记忆特性，其存储系统由内存和外存组成，可以存储和记忆大量的信息。这些信息，不仅包括各类数据信息，还包括加工这些数据的程序。现代计算机的内存容量已经以吉字节（GB）计算，外存的容量更是惊人，普通的个人 PC 硬盘容量已经达到几太字节（TB）。

6．可靠性高

随着微电子技术和计算机技术的发展，电子计算机连续无故障运行时间可达到几十万小时以上，具有很高的可靠性。用同一台计算机能解决各种问题，应用于不同的领域。

7．普及性高

几乎每家每户都会有计算机，越来越普遍化、大众化，各类台式计算机、笔记本电脑、一体机、平板电脑早已进入普通百姓家庭。21 世纪计算机早已成为每家每户不可缺少的电器之一。

除此之外，现代的微型计算机（Microcomputer）还具有体积小、质量小、耗电少、易维护、易操作、功能强、使用方便、价格便宜等优点，可以帮助人们完成更多复杂的工作。

1.1.3 计算机的分类

今天，计算机种类繁多、各式各样，各种类型的计算机表现出其独特的优点。可以从不同的角度对计算机进行分类。

1. 按用途分类

计算机按其用途分类，可分为专用计算机（Special Purpose Computer）和通用计算机（General Purpose Computer）。

专用计算机是针对某些特殊需求而专门设计制造的计算机，用于提供特定的服务。

通用计算机广泛用于各类科学计算、数据处理、过程控制，可以解决各种问题。它具有功能多、用途广、配置齐全、通用性强等特点。现在市场上大部分计算机都属于通用计算机一类。

2. 按处理信息的方式分类

计算机按其处理信息的方式分类可分为模拟计算机（Analogue Computer）、数字计算机（Digital Computer）和混合计算机（Hybrid Computer）。

模拟计算机用于处理模拟数据，这些模拟数据通过模拟量表示，模拟量可以是电压、电流、温度等。这类计算机在模拟计算和控制系统中应用较多。例如：利用模拟计算机求解高阶微分方程，其解题速度非常快。

数字计算机用来处理二进制数据，适合于科学计算、信息处理、过程控制和人工智能等，有速度快、精度高、自动化、通用性强等特点，是可以进行数字信息和模拟物理量处理的计算机系统。

混合计算机集中了模拟计算机和数字计算机各自的优点，通过模数/数模转换器将数字计算机和模拟计算机连接，构成完整的混合计算机系统。

3. 按性能指标分类

计算机按其性能指标可分为巨型计算机（Supercomputer）、大型计算机（Mainframe）、小型计算机（Minicomputer 或 Minis）和微型计算机（Microcomputer）。

巨型计算机又称"超级计算机"，是一种超大型的电子计算机，主要表现为高速度和大容量，其运算速度可达每秒 1 000 万次以上，存储容量也在 1 000 万位以上。图 1-6 所示为我国研制成功的"银河 Ⅱ"计算机，就属于巨型计算机。

大型计算机的主机非常大，一般用于高科技和尖端科研领域。它有许多中央处理器协同工作，有着海量存储。这种大型机经常用来作为大型的商用服务器，以提供文件服务、打印服务、邮件服务、WWW 设备服务等。图 1-7 所示为 IBM Z9 系列大型计算机。

小型计算机是小规模的大型计算机，其运行原理类似于 PC 和服务器，但性能和用途又与之截然不同。它是一种高性能的计算机，比大型计算机价格低，但几乎有着同样的处理能力。

微型计算机简称"微机"，又称"电脑"，它是由大规模集成电路组成且体积较小的电子计算机。微型计算机以微处理器（CPU）为核心，由运算器、控制器、存储器、输入设备和输出设备五大部分组成。目前市场上销售的绝大部分台式计算机和笔记本电脑都属于微型计算机。

图 1-6　"银河Ⅱ"巨型计算机

图 1-7　IBM Z9 系列大型计算机

1.2　计算机应用实例

如今，计算机的应用已经渗透到人类生活的各个方面，影响着电子商务、教育、医疗、娱乐、科研等领域以及每一个普通家庭，它改变了人们的生活、工作和学习方式，推动了社会的发展。

以下介绍一些计算机应用方面的实例。

1. DNA 计算

DNA 计算（DNA Computing）是计算机科学和分子生物学相结合而发展起来的新兴研究领域。它是一种计算机运算的形式，利用 DNA、生物化学以及分子生物学原理，而非传统上以硅为基础的计算机技术。DNA 计算是一个新出现的交叉的学科领域。南加州大学的伦纳德·阿德曼（Leonard Adleman）是该领域的创造人，他于 1994 年利用 DNA 运算解决了"旅行推销员问题"，又称"旅行商问题""TSP 问题"。（问题：有 n 个城市，一个推销员要从其中某一个城市出发，走遍所有的城市，再回到他出发的那个城市，求最短的路线。）

伦纳德在研究中发现，人体细胞中的 DNA 在处理和存储信息方面与计算机十分相似。计算机使用二进制存储数据，即通过由 0 和 1 组成的字符序列实现；生物体存储信息的方法是通过分别代表字母 A、T、C 和 G 的不同分子来完成的。而生物酶读取 DNA 信息的方式与计算机读取数据的方式简直如出一辙，这就为 DNA 与计算机技术结合提供了基本的依据和立足点。

目前，科研人员已经研制出一些 DNA 计算机。虽然这些计算机只能解决一些初级问题，运算速度甚至还不及笔和纸。但是，由于 DNA 计算机体积小、能耗低（它所耗费的能量仅为普通计算机的十亿分之一），科学家们希望能有一天向人们体内植入这种微型的 DNA 计算机，通过杀死病毒、修补正常细胞等方式来保护人类的健康。

2. 计算机辅助教学

计算机辅助教学（Computer Aided Instruction，CAI）是指在计算机辅助下进行的各种教学活动，通过对话方式与学生讨论教学内容、安排教学进程、进行教学训练的方法与技术。这种新型的教学方式为学生提供了一个良好的学习环境，它综合应用了多媒体、超文本、人工智能和知识库等计算机技术，克服了传统教学方式上单一、片面的缺点，有效地缩短了学习时间，提高了教学质量和效率，从而实现最优化的教学目标。

计算机辅助教学的研究内容主要包括：

（1）计算机辅助教学模式

计算机辅助教学模式包括练习、个别指导、对话与咨询、游戏、模拟及问题求解六种模式。

（2）计算机辅助教学课件的制作

计算机辅助教学的核心就是教学课件，它由课件设计师根据教学要求用 CAI 工具或计算机编程语言制作课件。

（3）计算机辅助教学写作工具与环境

CAI 写作工具可以提供教师制作课件的写作环境，写作系统和开发工具是提高 CAI 课件开发效率的关键。

3．工业大数据

在当今计算机领域中，大数据是制造业提高核心能力、整合产业链和实现从要素驱动向创新驱动转型的有力手段。对一个制造型企业来说，大数据不仅可以用来提升企业的运行效率，而且可以改变商业流程及商业模式。

工业大数据是指在工业领域中，围绕典型智能制造模式，从客户需求到销售、订单、计划、研发、设计、工艺、制造、采购、供应、库存、发货和交付、售后服务、运维、报废或回收再制造等整个产品全生命周期各个环节所产生的各类数据及相关技术和应用的总称。其以产品数据为核心，极大延展了传统工业数据范围，同时还包括工业大数据相关技术和应用。

软件定义世界，硬件改变世界，数据驱动世界，工业软件借力大数据，将给制造业带来巨大革新。无论是手机中的 App，还是汽车上的数字化驾驶界面，抑或是数字化图纸和数控程序，它们都有一个共同的名字——软件。而决定技术进化的核心要素要数工业软件，工业软件不仅作为数字化研发手段，支持了新产品、新工业、新材料的发展，也作为新型"零部件"大举进入到产品之中，形成了产品本身的数字化。

1.3　计算机安全与病毒防治

计算机技术和 Internet 的普及，使计算机和网络在人们生活的方方面面起着举足轻重的作用，如何保证计算机系统的安全也变得尤为重要。

1.3.1　计算机安全

计算机接入 Internet 后，随之会面临一系列安全问题，由此诞生了"计算机安全（Computer Security）"这一概念。计算机安全是计算机技术的一个研究领域，其目的是保护信息财产的安全，防止其受到剽窃、篡改或自然灾害等的威胁，从而维护信息所有者的合法权益。

造成计算机安全隐患的主原因有病毒入侵、人为窃取、电磁辐射以及硬件损坏等。

目前，已有成千上万种计算机病毒入侵过计算机系统，有些病毒可使计算机的操作系统完全崩溃，数据全毁。要防止病毒入侵主要通过加强管理，杜绝一切不明的外来软件进入系统，定期对系统进行病毒检测、备份及杀毒工作。

1.3.2　认识"黑客"与"骇客"

"黑客"（Hacker）是取其英文名的发音翻译而来的。早期的"黑客"在美国计算机界具有褒义色彩，通常指那些热衷于计算机技术、计算机技艺超高的专家及程序员。他们有着撰写程序的专才，并具备热衷研究、追根问底探究问题的特质。"黑客"基本上可以认为是一种业余爱好，通常是出于个人兴趣，而非为了谋利或工作需要。

不过，到了今天，"黑客"一词已成为那些专门计算机破坏者的代言词。对于这类破坏者，正确的称呼应该是"骇客"（Cracker），他们辱没了"黑客"的名声，以至于不少人将"黑客"和"骇客"混淆。所以，真正的破坏者应该是指那些"骇客"，他们做得更多的是破解商业软件，恶意入侵他人网站并给他人带来损失。他们只追求入侵的快感，并非掌握很深的技术，编程能力也并非高超，有些甚至不会编程。

现在，网络上出现的那些"骇客"只会用别人编写的扫描程序胡乱扫描他人的计算机端口，或用 IP 炸弹毫无目的地破坏他人的计算机，这些人的存在与"黑客"截然相反，不但无益于计算机技术的发展，还给网络安全带来隐患，给社会和他人带来巨大的经济和精神损失。

1.3.3　计算机病毒

计算机病毒（Computer Virus）在《中华人民共和国计算机信息系统安全保护条例》中被明确定义，指"编制或者在计算机程序中插入的破坏计算机功能或者毁坏数据，影响计算机使用，并能自我复制的一组计算机指令或者程序代码"。它与普通程序的不同之处在于，它可以在计算机运行时自我复制并将那些恶意代码复制到已有的程序中，即所谓的病毒感染。当前，利用计算机病毒实行犯罪已成为一个十分棘手的社会问题，它阻碍了计算机领域的发展，并对全社会构成相当大的危害。

1. 计算机病毒的传播

早期的计算机病毒通过各种携带病毒的存储介质传播，如被感染的光盘、U 盘或各种盗版软件、游戏程序等的相互复制。随着互联网的不断发展，越来越多的病毒经由网络传播，用户通过网络传输文件、下载软件甚至收发电子邮件时，都有可能遭遇病毒的侵袭。

2. 计算机病毒的症状

计算机感染病毒后会出现各种症状，常见的有如下几种：

① 系统运行异常：运行速度减慢，经常无故死机，磁盘和内存空间大幅减少，严重的会导致操作系统完全崩溃。

② 磁盘异常：操作系统无法识别硬盘，磁盘卷标发生变化，检测磁盘时会出现很多坏扇区。

③ 文件异常：文件丢失或损坏，文件无法正确读取、复制或打开，文件的各种属性（如日期时间等属性）发生变化。

④ 各种外接设置出现异常，如键盘、鼠标出现异常，显示器出现异常，无法正确打印等。

更加具有破坏性的病毒可以破坏计算机的硬件系统。例如 1999 年爆发的 CIH 病毒，就足以将计算机主板毁掉。

3. 计算机病毒的特点

计算机病毒有寄生性和潜伏性、破坏性、传染性、隐蔽性以及可触发性等五大特点。

① 寄生性和潜伏性：构成计算机病毒的程序代码往往寄生在其他程序中，当执行这个程序时，病毒的源代码就被执行，产生破坏作用。在未启动这个被寄生的程序之前，病毒往往是不易被察觉的，因此，它就像定时炸弹一样，潜伏在被寄生的程序中。

② 破坏性：计算机中毒后，会导致正常的程序无法运行，文件被恶意删除或受到破坏，

更严重的会导致系统崩溃或计算机硬件损坏。

③ 传染性：除了破坏性以外，计算机病毒的更有害之处是其具有传染性，一旦病毒被复制或产生变种，其速度之快令人难以预防。病毒会被传染到系统中的其他文件或互联网上的其他计算机，造成更大的破坏。

④ 隐蔽性：计算机病毒具有很强的隐蔽性，虽然有些病毒可以被杀毒软件查出，但还有一些病毒根本无法查出，时隐时现、变化无常，处理起来非常困难。

⑤ 可触发性：计算机病毒为了隐蔽自己，必须潜伏，但如果一直潜伏下去，既不能感染也不能破坏，便失去了杀伤力。因此，病毒必然具有预定的触发条件（这些条件可能是时间、日期、文件类型或某些特定数据等），只要触发条件满足，就执行破坏动作，进行感染或攻击；否则会继续潜伏下去。

1.3.4　木马程序

木马程序是指潜伏在计算机中、由外部用户控制并从本机窃取信息和机密的程序，其全称为特洛伊木马，英文名为 Trojan Horse。大多数木马程序都有恶意企图，如盗取用户的聊天账号、游戏账号、银行密码等，还会带来占用系统资源、降低计算机效率、危害本机信息数据的安全等一系列问题，甚至会将本机作为攻击他人的工具。

1．"木马"名称的由来

木马程序的名称取自希腊神话的特洛伊木马记。在古希腊有这样一个传说：特洛伊王子帕里斯访问希腊，诱走了王后海伦，希腊人因此远征特洛伊。围攻 9 年后，到第 10 年，希腊将领奥德修斯献了一计，把一批勇士埋伏在一匹巨大的木马腹内，放在城外后，佯作退兵。特洛伊人以为敌兵已退，就把木马作为战利品搬入城中。到了夜间，埋伏在木马中的勇士跳出来，打开了城门，希腊将士一拥而入将特洛伊城攻下。后人称这只大木马为"特洛伊木马"。如今，"骇客"程序借用其名，有"一经潜入，后患无穷"之意。

2．"木马"不是病毒

需要认清的是，木马程序不能算是一种病毒，因为木马并不像计算机病毒那样会大量地自我繁殖（即没有复制能力）和传播，它以入侵特定计算机并从中获得利益为目的，而不像病毒那样只做单纯的破坏。不过，木马可以和最新的病毒、漏洞利用工具一同使用，以此躲过各大杀毒软件的查杀。

2009 年发作的"木马下载器"病毒，就是"木马"与病毒结合的一个好例子。计算机一旦中了这种病毒，会自动从该病毒所指定的网站下载"灰鸽子""网络游戏木马""密西"等多个病毒、木马及其变种，中毒后会产生 1 000～2 000 个木马病毒，对系统造成极大威胁。

3．防范和查杀木马

使用网络防火墙软件可以有效地降低被木马攻击的危险性。防火墙可以对经过它的网络通信数据进行扫描，以此过滤掉一些恶意攻击。同时，防火墙还可以关闭不用的端口并禁止特定端口的对外通信功能，以此阻止木马程序与外界交互。此外，它还可以禁止来自特殊站点的访问，从而防止不明入侵者的通信。

系统感染了木马后，可以使用各种杀毒软件来查杀。有专门的木马专杀工具，例如：木马克星、费尔托斯特安全（Twister Anti-TrojanVirus）、AVG Anti-Spyware 等优秀的专杀软件。目前的主流杀毒软件也可以检测和查杀木马程序。此外，对于最新出现的木马，可以上互联网搜索专门的查杀工具来处理。各大杀毒软件公司也会实时推出一些查杀特定木马的专杀软件。

尽管越来越多的杀毒软件可以防范并查杀木马，但并非所有木马程序都逃不过杀毒软件的"法眼"，所以还不能轻信"使用杀毒软件就绝对安全"。木马和网络病毒一样，是防不胜防的。对于那些连杀毒软件都"束手无策"的木马或病毒，就需要专业人士来进行处理了。

1.4 计算机前沿技术简介

在当代，计算机科学与技术的发展可谓突飞猛进。各新概念、新应用、新产品不断在市场上推出，令人目不暇接。走在各类学科中最尖端的计算机科学，正全面影响着人们的生活、学习和工作方式。

1.4.1 物联网

物联网，顾名思义就是连接物品的网络，其概念早在 20 世纪末就已提出。1999 年，美国麻省理工学院建立了"自动识别中心（Auto-ID）"，提出"万物皆可通过网络互联"，阐明了物联网的基本含义。早期的物联网是依托射频识别（RFID）技术的物流网络，随着技术和应用的发展，物联网的内涵已经发生了较大变化。

国际电信联盟（ITU）对物联网定义是：通过二维码识读设备、射频识别（RFID）装置、红外感应器、全球定位系统和激光扫描器等信息传感设备，按约定的协议，把任何物品与互联网相连接，进行信息交换和通信，以实现智能化识别、定位、跟踪、监控和管理的一种网络。

简单地说，物联网就是解决物品与物品（Thing to Thing，T2T）、人与物品（Human to Thing，H2T）、人与人（Human to Human，H2H）之间的互联。但是与传统互联网不同的是：H2T 是指人利用通用装置与物品之间的连接，从而使得物品连接更加的简化；而 H2H 是指人之间不依赖于 PC 而进行的互连；而物联网希望做到的则是 T2T，即物品能够彼此进行"交流"，而无须人的"干预"。因为互联网并没有考虑到对于任何物品连接的问题，故我们使用物联网来解决这个传统意义上的问题。物联网示意图如图 1-8 所示。

图 1-8　物联网示意图

那么，如何理解物联网与实际物品之间的交流呢？我们来举一些例子说明。

例如：有一天，在衣橱里的每件衣服上，都能有一个电子标签，当拿出一件上衣时，就能显示这件衣服搭配什么颜色的裤子，在什么季节、什么天气穿比较合适。又如：给放养的每一只羊都分配一个二维码，这个二维码会一直保持到超市出售的每一块羊肉上，消费者通过手机阅读二维码，就可以知道羊的成长历史，确保食品安全。再如：在电梯上装上传感器，当电梯发生故障时，无须乘客报警，电梯管理部门会借助网络在第一时间得到信息，以最快的速度去现场处理故障。

物联网根据其实际的用途可以概括为以下三种基本应用模式：

1．对象的智能标识

通过条形码、二维码、RFID 等技术标识特定的对象，用于区分对象个体。例如：前面所提及的衣服上的电子标签、羊身上的二维码等。这些标签、条码等的基本用途就是用来获得对象的识别信息及其所包含的扩展信息。

2．环境监控和对象跟踪

利用多种类型的传感器和分布广泛的传感器网络，可以实现对某个对象的实时状态的获取和特定对象行为的监控。例如：前面所提及的在电梯上安装传感器就属于这类应用。又如：使用分布在市区的各个噪声探头监测噪声污染，通过二氧化碳传感器监控大气中二氧化碳的浓度，通过 GPS 标签跟踪车辆位置，通过交通路口的摄像头捕捉实时交通流程等。

3．对象的智能控制

物联网基于云计算平台和智能网络，可以依据传感器网络用获取的数据进行决策，改变对象的行为进行控制和反馈。例如：根据光线的强弱调整路灯的亮度，根据车辆的流量自动调整红绿灯间隔等。

当然，要实现物联网中物品的交换，对"物"的含义是很严格的。这里的"物"，必须满足以下条件，才能真正实现在物联网中被相互交换：

① 要有数据传输通路。

② 要有一定的存储功能。

③ 要有 CPU。

④ 要有操作系统。

⑤ 要有专门的应用程序。

⑥ 遵循物联网的通信协议。

⑦ 在世界网络中有可被识别的唯一编号。

1.4.2 云计算

云计算（Cloud Computing）的概念是由 Google 首先提出的。云计算作为一种网络应用模式，由一系列可以动态升级和被虚拟化的资源组成，这些资源被所有云计算的用户共享并且可以方便地通过网络访问，用户无须掌握云计算的技术，只需要按照个人或者团体的需要租赁云计算的资源即可。

1．云计算的概念

云计算是基于互联网的相关服务的增加、使用和交付模式，通常涉及通过互联网来提供动态易扩展且经常是虚拟化的资源。美国国家标准与技术研究院（NIST）对云计算定义如下：云计算是一种按使用量付费的模式，这种模式提供可用的、便捷的、按需的网络访问，进入可配置的计算资源共享池（资源包括网络、服务器、存储、应用软件、服务），这些资源能够被快速提供，只需投入很少的管理工作，或与服务供应商进行很少的交互，如图 1-9 所示。

云计算是分布式计算、并行计算、效用计算、网络存储、虚拟化、负载均衡、热备份冗余等传统计算机和网络技术发展融合的产物。

云计算的出现降低了用户对客户端的依赖，将所有的操作都转移到互联网上来。以前为了完成某项特定的任务，往往需要某个特定的软件公司开发的客户端软件，在本地计算机上来完成。但是这种模式最大的弊端是信息共享非常不方便。比如：一个工作小组需要几个人共同起草一份文件，传统模式是每个小组成员单独在自己的计算机上处理信息，然后再将每个人的分散文件通过邮件或者 U 盘等形式和同事进行信息共享，如果小组中的某位成员要修改某个内容，需要这样反复的和其他几位同事共享信息和商量问题。这种方式效率很低。

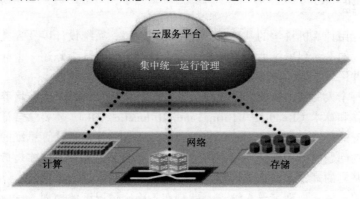

图 1-9　云计算

云计算的思路则截然不同。云计算把所有的任务都搬到了互联网上，小组中的每个人只需要一个浏览器就能访问到那份共同起草的文件，这样，如果 A 做出了某个修改，B 只需要刷新一下页面，马上就能看到 A 修改后的文件。这样一来，信息的共享相对于传统的客户端就显得非常便捷。

这些文件都是统一的存放在服务器上的，而成千上万的服务器会形成一个服务器集群，也就是大型数据中心。这些数据中心之间采用高速光纤网络连接。这样全世界的计算能力就如同天上飘着的一朵朵云，它们之间通过互联网连接。有了云计算，就可以把很多数据都存放到云端，把很多服务转移到互联网上，这样，只要有网络连接，就能够随时随地地访问信息、处理信息和共享信息，而不再是做任何事情都仅仅局限在本地计算机上，不再是离开了本地计算机就不能处理任何信息的模式，如图 1-10 所示。

图 1-10　联网设备共享云端资源

2．云计算的特点

云计算是通过使计算分布在大量的分布式计算机上，而非本地计算机或远程服务器中，企业数据中心的运行将与互联网更相似。这使得企业能够将资源切换到需要的应用上，根据需求访问计算机和存储系统。它意味着计算能力也可以作为一种商品进行流通，就像煤气、水电一样，取用方便，费用低廉。最大的不同在于，它是通过互联网进行传输的。

云计算特点如下：

① 超大规模。

② 虚拟化。

③ 高可靠性。

④ 通用性。

⑤ 高可扩展性。

⑥ 按需服务。

⑦ 极其廉价。

⑧ 潜在的危险性。

1.4.3 计算思维

计算思维是运用计算机科学的基础概念进行问题求解、系统设计以及人类行为理解等涵盖计算机科学之广度的一系列思维活动。计算思维选择合适的方式去陈述一个问题，对一个问题的相关方面建模并用最有效的办法实现问题求解。

计算思维是每个人的基本技能，不仅仅属于计算机科学家。每个人在培养解析能力时不仅要掌握阅读、写作和算术（Reading, wRiting, and aRithmetic, 3R），还要学会计算思维。正如印刷出版促进了 3R 的普及，计算和计算机也以类似的正反馈促进了计算思维的传播。当我们必须求解一个特定的问题时，首先会问：解决这个问题有多么困难？怎样才是最佳的解决方法？计算机科学根据坚实的理论基础来准确地回答上述问题。

计算思维利用启发式推理来寻求解答，就是在不确定情况下的规划、学习和调度。它就是搜索、搜索、再搜索，结果是一系列的网页，一个赢得游戏的策略，或者一个反例。计算思维利用海量数据来加快计算，在时间和空间之间，在处理能力和存储容量之间进行权衡。

那么，如何理解计算思维渗入人们的日常生活中？我们来举几个简单的例子：

① 学生上学前把当天需要的书、习题册、文具等放进背包，这就是"预置"和"缓存"。

② 当孩子丢了自己的物品时，家长建议他沿着经过的道路寻找，这就是"回推"。

③ 对于溜冰爱好者来说，在什么时候停止租用冰鞋而为自己买一双呢？这就是"在线算法"。

④ 顾客在超市付账时，应当去排哪个队呢？这就是"多服务器系统的性能模型"。

⑤ 为什么停电时电话仍然能使用？这就是"失败的无关性"和"设计的冗余性"。

事实上，计算思维将渗透到每个人的生活之中。到那时，诸如"算法"和"前提条件"这些词汇将成为每个人日常语言的一部分，而人们对"非确定论"和"垃圾收集"这些原来属于计算机科学领域的专业词汇的理解会和这些词汇本身在计算机科学里的含义更为贴近。

可以这样理解：计算思维是一条人类求解问题的途径，但并非要使人类像计算机那样地思考。计算机枯燥且沉闷，而人类则聪明且富有想象力，是人类赋予计算机激情。只要配置了计算设备，我们就能用自己的智慧去解决那些在计算时代之前不敢尝试的问题，真正达到"只有想不到，没有做不到"的境界。

1.4.4 人工智能 2.0

人工智能是计算机科学的一个分支，它试图了解智能的实质，并生产出一种新的能以人类智能相似的方式做出反应的智能机器，该领域的研究包括机器人、语言识别、图像识别、自然语言处理和专家系统等。人工智能也从 1.0 过渡到了 2.0 阶段。

1. 什么是人工智能

人工智能（Artificial Intelligence, AI）是研究、开发用于模拟、延伸和扩展人的智能的理论、方法、技术及应用系统的一门新的技术科学。它从诞生以来，理论和技术日益成熟，应用领域也不断扩大，可以设想，未来人工智能带来的科技产品，将会是人类智慧的"容器"。人工智能可以对人的意识、思维的信息过程的模拟。人工智能不是人的智能，但能像人那样思考、也可能超过人的智能。

总的说来，人工智能的目的就是让计算机这台机器能够像人一样思考。如果希望做出一台能够思考的机器，那就必须知道什么是思考，更进一步讲就是什么是智慧。什么样的机器才是智慧的呢？科学家已经制作出了汽车、火车、飞机、收音机等，它们模仿人们身体器官的功能，但是能不能模仿人类大脑的功能呢？到目前为止，我们也仅仅知道人的大脑是由数十亿个神经细胞组成的器官，模仿它极其困难。

2．人工智能 2.0 的出现

人类对人工智能最基本的假设就是人类的思考过程可以机械化。人工智能 1.0 时代，人工智能主要是通过推理和搜索等简单的规则来处理问题，能够解决一些诸如迷宫、梵塔问题等所谓的"玩具问题"。

人工智能 2.0 是基于重大变化的信息新环境和发展新目标的新一代人工智能。其中，信息新环境是指互联网与移动终端的普及、传感网的渗透、大数据的涌现和网上社区的兴起等。可望升级的新技术有大数据智能、跨媒体智能、自主智能、人机混合增强智能和群体智能等。

人工智能 2.0 经历了以下 3 个发展阶段。

（1）知识库系统（数据库）

计算机程序设计的快速发展极大地促进了人工智能领域的突飞猛进。随着计算机符号处理能力的不断提高，知识可以用符号结构表示，推理也简化为符号表达式的处理。这一系列的研究推动了"知识库系统"的建立。但是，其缺陷在于知识描述非常复杂，且需要不断升级。

（2）机器学习（互联网）

机器学习被定义为"一种能够通过经验自动改进计算机算法的研究"。早期的人工智能以推理、演绎为主要目的，但是随着研究的深入和方向的改变，人们发现工人智能的核心应该是使计算机具有智能，使其学会归纳和综合总结，而不仅仅是演绎出已有的知识。需要能够获取新知识和新技能，并识别现有知识。

简单地说，机器学习相对于知识库系统而言，可以自主更新或升级知识库。机器学习就是在对海量数据进行处理的过程中，自动学习区分方法，以此不断消化新知识。机器学习的核心是数据分类，其分类的方法（或算法）有很多种，如决策树、正则化法、朴素贝叶斯算法、人工神经网络等。

（3）深度学习（大数据）

深度学习这个术语是从 1986 年起开始流行的，但是，当量的深度学习理论还无法解决网络层次加深后带来的诸多问题，计算机的计算能力也远远达不到深度神经网络的需要。更重要的是，深度学习赖以施展威力的大规模海量数据还没有完全准备好。

深度学习的概念源于人工神经网络的研究。含多隐层的多层感知器就是一种深度学习结构。深度学习通过组合低层特征形成更加抽象的高层表示属性类别或特征，以发现数据的分布式特征表示。

深度学习是机器学习中一种基于对数据进行表征学习的方法。观测值（如一幅图像）可以使用多种方式来表示，如每个像素强度值的向量，或者更抽象地表示成一系列边、特定形状的区域等。而使用某些特定的表示方法更容易从实例中学习任务（如人脸识别或面部表情识别）。深度学习的好处是用非监督式或半监督式的特征学习和分层特征提取高效算法来替代手工获取特征。

深度学习是机器学习研究中的一个新的领域，其动机在于建立、模拟人脑进行分析学习的神经网络，它模仿人脑的机制来解释数据，例如图像、声音和文本。

3. 人工智能 2.0 新目标

人工智能 2.0 是人工智能发展的新形态。它既区别于过去出于某个流派或领域的一系列研究，也不同于现在的针对某种热门技术而延展的改进方向。人工智能 2.0 的目标是结合内外双重驱动力，以求在新形势、新需求下实现人工智能的质的突破。相比于历史上的任何时刻，人工智能 2.0 将以更接近人类智能的形态存在，以提高人类智力活动能力为主要目标。

（1）智能城市

智能城市是一个系统，也称网络城市、数字化城市、信息城市。不但包括人脑智慧、计算机网络、物理设备这些基本的要素，还会形成新的经济结构、增长方式和社会形态。

智能城市建设是一个系统工程。在智能城市体系中，首先城市管理智能化，由智能城市管理系统辅助管理城市，其次是包括智能交通、智能电力、智能建筑、智能安全等基础设施智能化，也包括智能医疗、智能家庭、智能教育等社会智能化和智能企业、智能银行、智能商店的生产智能化，从而全面提升城市生产、管理、运行的现代化水平。智能城市概念图如图 1-11 所示。

图 1-11　智能城市概念图

智能城市是信息经济与知识经济的融合体，信息经济的计算机网络提供了建设智能城市的基础条件，而知识经济的人脑智慧则将人类智慧变为城市发展的动能。智能城市建设是智能经济的先导。

（2）智能医疗

智能医疗是通过打造健康档案区域医疗信息平台，利用最先进的物联网技术，实现患者与医务人员、医疗机构、医疗设备之间的互动，逐步达到信息化。在不久的将来，医疗行业将融入更多人工智慧、传感技术等高科技，使医疗服务走向真正意义的智能化，推动医疗事业的繁荣发展。在中国新医改的大背景下，智能医疗正在走进寻常百姓的生活。

（3）智能家居

智能家居是在互联网影响之下物联化的体现。智能家居通过物联网技术将家中的各种设备（如音视频设备、照明系统、窗帘控制、空调控制、安防系统、数字影院系统、影音服务器、影柜系统、网络家电等）连接到一起，提供家电控制、照明控制、电话远程控制、室内外遥控、防盗报警、环境监测、暖通控制、红外转发以及可编程定时控制等多种功能和手段。与普通家居相比，智能家居不仅具有传统的居住功能，兼备建筑、网络通信、信息家电、设备自动化，提供全方位的信息交互功能，节约各种能源费用。智能家居设计如图 1-12 所示。

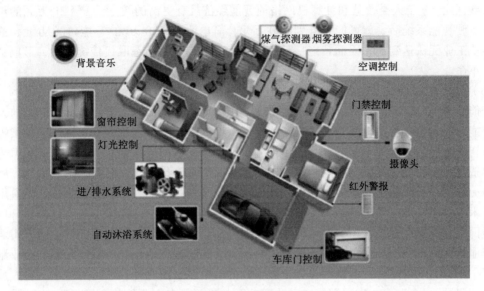

图 1-12 智能家居设计

（4）智能驾驶

智能驾驶与无人驾驶是不同概念，智能驾驶的范畴更为宽泛。它是指机器帮助人进行驾驶（见图 1-13），以及在特殊情况下完全取代人驾驶的技术。

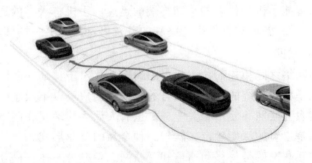

图 1-13 人工智能辅助驾驶

智能驾驶的时代已经来到。比如，很多车有自动刹车装置，其技术原理非常简单，就是在汽车前部装上雷达和红外线探头，当探知前方有异物或者行人时，会自动帮助驾驶员制动。另一种技术与此非常类似，即在路况稳定的高速公路上实现自适应性巡航，也就是与前车保持一定距离，前车加速时本车也加速，前车减速时本车也减速。这种智能驾驶可以在极大程度上减少交通事故。

（5）智能经济

在智能经济时代，将人的智慧转变为计算机软件系统，通过计算机网络下达指令物理设备，物理设备按照指令完成预定动作。分析表明，智能与智慧是不同的概念，智慧仅仅是存在于人的大脑中的思想和知识，而智能是把人的智慧和知识转化为一种行动能力。智能家庭、智能企业、智能城市、智能国家、智能世界构成智能社会的不同层面，而且包括智能环保、智能建筑、智能交通、智能政府、智能医疗构成智能经济的不同领域。

实践证明，基于人类智慧和计算机网络的智能经济具有更高的效率。一辆 30 万元的汽车加上自动驾驶智能系统后，就可能上升到 100 万元，简单地说，30 万元+智能=100 万元，这种效率是传统工业无法达到的，因而智能一旦出现将以新的结构和形态取代传统工业，形成"智能经济"革命。

（6）智能制造

智能制造（Intelligent Manufacturing，IM）是一种由智能机器和人类专家共同组成的人机一体化智能系统，它在制造过程中能进行智能活动，诸如分析、推理、判断、构思和决策等。通过人与智能机器的合作共事，去扩大、延伸和部分地取代人类专家在制造过程中的脑力劳动。它把制造自动化的概念更新，扩展到柔性化、智能化和高度集成化。

毫无疑问，智能化是制造自动化的发展方向。在制造过程的各个环节几乎都广泛应用人工智能技术。专家系统技术可以用于工程设计、工艺过程设计、生产调度、故障诊断等，也可以将神经网络和模糊控制技术等先进的计算机智能方法应用于产品配方、生产调度等，实现制造过程智能化。人工智能技术尤其适合于解决特别复杂和不确定的问题。但是，要在企业制造的全过程中全部实现智能化，如果不是完全做不到的事情，至少也是在遥远的将来。有人甚至提出这样的问题，下个世纪会实现智能自动化吗？而如果只是在企业的某个局部环节实现智能化，而又无法保证全局的优化，则这种智能化的意义是有限的。

1.4.5　移动互联网

"移动互联网"的概念已经诞生很多年了，它是将移动通信与互联网相结合而产生的技术。这一切，都依赖于以智能手机为代表的移动终端的迅速。手机将人类的通信方式从固定转变为灵活。而进入 21 世纪后，各种类型的智能终端的普及更是掀起了一场移动互联的革命。

1. 什么是移动互联网

互联网是网络和网络之间相连而构成的一个大网络。对于移动互联网的概念，有研究者认为移动互联网的概念是相对传统的互联网而言的，强调用户可以不限制地点、时间和终端，能随时通过移动设备接入互联网并使用相关业务。也有人认为移动互联网不是移动通信和互联网二者的简单结合，而是二者的深度融合，属于一种全新的产业形式。

简单地说，移动互联网就是将移动通信和互联网二者融为一体，是互联网的技术、平台、商业模式和应用与移动通信技术结合并实践的活动的总称。4G 时代的开启以及移动终端设备的凸显必将为移动互联网的发展注入巨大的能量。移动互联网概念图如图 1-14 所示。

2. 移动互联网的优势

不知什么时候起，生活与移动互联网已经变得形影不离，我们只需要轻轻地点触指尖，就能够随时随地获取想要的信息。而我们的生活方式也正因此被移动互联网所改变着，其中"衣食住行"则永远是亘古不变的最让人关注的主题，这都归因于移动互联网所具备的显著优势：

① 高便携性。

② 隐私性。

③ 输入便捷。

图 1-14　移动互联网概念图

3．移动互联网的应用

"科技改变生活"，今天这句话让人有了更为深刻的理解，WWW 的兴起让我们感叹购物可以如此之方便快捷，而移动互联网又让这种方便变得更加具体和多元化，不论是服装团购、商家推荐，还是折扣信息、搭配技巧，让我们随时随地都能够快速地获取想要了解的信息。

（1）移动支付

移动支付也称手机支付，就是允许用户使用其移动终端（通常是手机）对所消费的商品或服务进行账务支付的一种服务方式。单位或个人通过移动设备、互联网或者近距离传感直接或间接向银行金融机构发送支付指令产生货币支付与资金转移行为，从而实现移动支付功能。移动支付将终端设备、互联网、应用提供商以及金融机构相融合，为用户提供货币支付、缴费等金融业务。

移动支付主要分为近场支付和远程支付两种，近场支付就是用手机刷卡的方式乘车、买东西等。远程支付是指通过发送支付指令（如网银、电话银行、手机支付等）或借助支付工具（如通过邮寄、汇款）进行的支付方式，如两大移动支付巨头：支付宝和微信（见图 1-15）。

图 1-15　两大移动支付平台

（2）手机视频

手机视频是指基于移动网络（3G、4G、Wi-Fi 等网络），通过手机终端，向用户提供影视、娱乐、原创、体育、音乐等各类音视频内容直播、点播、下载服务的业务。手机视频通常需要对原始视频源进行转码，使其适合于手机观看。手机视频转码方式主要有两种：离线转码和实时转码。离线转码是指事先对视频节目源按一定的格式、码率等进行转码处理，存储后供用户通过手机访问。实时转码是指手机用户对某个节目源发出观看请求，转码系统根据该请求呈现给用户。常见的手机视频服务商如图 1-16 所示。

图 1-16　常见的手机视频服务提供商

（3）手机导航

手机导航（Mobile Navigation）就是通过导航手机的导航功能，把用户从目前所在的地方带到另一个想要到达的地方。手机导航就是卫星手机导航，它与手机电子地图的区别就在于，它能够告诉用户在地图中所在的位置，以及用户要去的那个地方在地图中的位置，并且能够在用户所在位置和目的地之间选择最佳路线，并在行进过程中提示左转还是右转，如图 1-17 所示。具有定位和导航功能的手机正日益受到消费者的追捧，市场前景看好。

图 1-17　手机导航

小　结

本章介绍了计算机的基础知识，包括第一台电子计算机、计算机发展历史、计算机的特点与分类。世界上第一台电子计算机并非是 ENIAC，而是由爱荷华州立大学物理系的副教授约翰·文森特·阿塔纳索夫和他的研究生克利福特·贝瑞在实验室中研发的 ABC。由于专利权问题，这一事实一直到 1973 年才被公认。

　　本章还介绍了现代信息技术的基础知识和内容，提出了未来计算机技术的发展趋势；列举了计算机应用的典型案例，并对计算机安全领域的问题和相关概念做了较深入的阐述；最后，介绍了当前计算机科学领域的多个前沿技术。

习　题

1. 世界上第一台计算机是什么？它在何时何地诞生？第一台得到实际应用的计算机是什么？它因被应用在哪个领域而著名？

2. 计算机的发展经历了哪几个阶段？第一台具有现代意义的计算机是什么？为什么？

3. 信息与技术的区别是什么？现代信息技术包括哪些内容？

4. 未来计算机的发展趋势是什么？计算机科学领域的新技术有哪些？请举例说明。

5. 威胁计算机安全的问题有哪些？

6. "黑客"和"骇客"一样吗？为什么？

7. "木马是一种病毒"这种观点是否正确？为什么？

8. 目前计算机科学领域的前沿技术有哪些？除了书中介绍的几种技术，你还知道哪些？

第**2**章　计算机系统组成

本章引言

　　计算机系统由硬件（Hardware）系统和软件（Software）系统两大部分组成。本章分别介绍组成计算机系统的硬件系统和软件系统，使读者从整体上了解计算机系统的组成和一般工作原理，以及微型计算机硬件系统的各组成部件的有关知识。

内容结构图

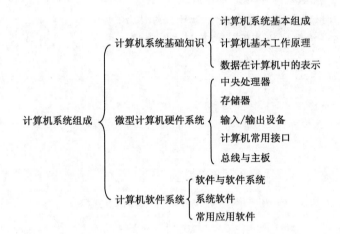

学习目标

① 了解：软件、操作系统和程序设计语言的概念。

② 理解：计算机系统基本组成和工作原理，数据在计算机中的表示。

③ 应用：根据微型计算机硬件系统选购或组装适合自己的计算机。

2.1　计算机系统基础知识

2.1.1　计算机系统基本组成

　　一个完整的计算机系统由硬件系统和软件系统两大部分组成，如图 2-1 所示。硬件指客观存在的物理实体，由电子元件和机械元件构成，是计算机系统的物质基础。软件指运行在计算机上的程序和数据，是计算机系统的灵魂。没有软件的计算机称为"裸机"，不能供用户使用；而没有硬件对软件的物质支持，软件的功能无从谈起，两者相辅相成，缺一不可。

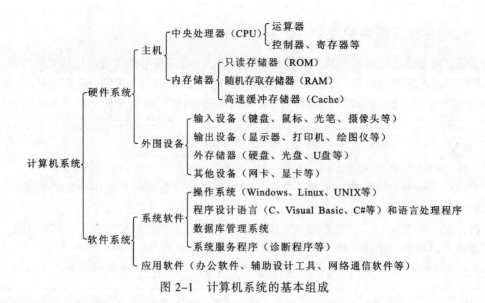

图 2-1 计算机系统的基本组成

2.1.2 计算机基本工作原理

现在的计算机都是根据"存储程序和程序控制"的原理实现自动工作的，该原理最早由冯·诺依曼提出。其基本要点包括以下三方面：

① 计算机由运算器、控制器、存储器、输入设备和输出设备五大功能部件组成，如图 2-2 所示。

② 计算机的数制采用二进制。

③ 存储程序并按地址顺序执行程序。

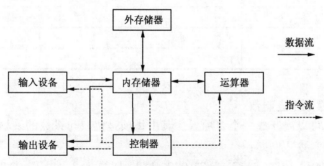

图 2-2 计算机系统基本硬件结构

运算器：核心部件是算术逻辑单元（Arithmetic Logic Unit，ALU），是计算机对信息数据进行处理和运算的部件，它的主要功能是进行算术运算和逻辑运算。

控制器：是计算机的指挥中心，控制器负责从存储器中取出指令，并对指令进行译码，根据指令的要求，按时间的先后顺序向其他各部件发出控制信息，保证各部件协调一致地工作。

存储器：是计算机记忆或暂存数据的部件，用来保存数据、指令和运算结果等，一般分为内存储器和外存储器。

2.1.3　数据在计算机中的表示

数据是指能够输入计算机并被计算机处理的数字、字母和符号的集合。在计算机内部，数据是以二进制形式存储和运算的，它的特点是逢二进一。计算机采用二进制，是因为只需表示 0 和 1，技术上容易实现，如电压电平的高与低、开关的接通与断开；0 和 1 两个数在传输和处理时不易出错、可靠性高；二进制的 0 和 1 正好与逻辑量"假"和"真"相对应，易于进行逻辑运算。

1. 数制

（1）数制的基本概念

数制：用一组固定的数字符号和一套统一的规则来表示数值的方法叫做数制。这些数字符号称为数码。

基数：在一种数制中，只能使用一组固定的数字符号来表示数目的大小，具体所使用符号的数目就称为该数制的基数，如十进制的基数是 10。

位权：对于多位数，某一位上的 1 所表示的数值的大小，称为该位的位权，如十进制数百位的位权为 100。

任何一个数，可以将其展开成多项式和的形式，如 r 进制的数 N 表示如下：

$$N = a_n \times r^n + \cdots + a_0 \times r^0 + a_{-1} \times r^{-1} + \cdots + a_{-m} \times r^{-m}$$

其中，a_n、a_0、a_{-1} 和 a_{-m} 等是数码，r^n、r^0、r^{-1} 和 r^{-m} 等是位权。

常用的进制有十进制、二进制、八进制和十六进制，它们的特点如表 2-1 所示。

表 2-1　常用进制的特点

进制	十进制	二进制	八进制	十六进制
运算法则	逢十进一	逢二进一	逢八进一	逢十六进一
基数	10	2	8	16
数码	0，1，…，9	0，1	0，1，…，7	0，1，…，9，A，B，…，F
位权	10^i	2^i	8^i	16^i
表示符号	D	B	O	H

（2）数制的转换

① 二进制数转换成十进制数。

任何进制的数都可以展开成一个多项式，其中每项是位权与系数的乘积，这个多项式的结果就是所对应的十进制数。例如：

$$
\begin{aligned}
(10011.101)_2 &= 1 \times 2^4 + 0 \times 2^3 + 0 \times 2^2 + 1 \times 2^1 + 1 \times 2^0 + 1 \times 2^{-1} + 0 \times 2^{-2} + 1 \times 2^{-3} \\
&= 16 + 2 + 1 + 0.5 + 0.125 \\
&= (19.625)_{10}
\end{aligned}
$$

将非十进制数转换成十进制数，是把非十进制数按权值展开求和。例如：

$$
\begin{aligned}
(327.4)_8 &= 3 \times 8^2 + 2 \times 8^1 + 7 \times 8^0 + 4 \times 8^{-1} \\
&= 192 + 16 + 7 + 0.5 \\
&= (215.5)_{10}
\end{aligned}
$$

② 十进制数转换成二进制数。

将十进制整数转换成二进制整数采用"除 2 取余"法，先获得的余数为二进制整数的低位，后获得的余数为二进制整数的高位。

例如：将十进制数(103)₁₀转换成二进制数，结果是(1100111)₂。

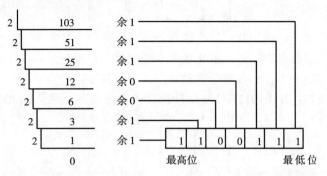

将十进制小数转换成二进制小数采用"乘 2 取整"法，先获得的整数为二进制小数的高位，后获得的整数为二进制小数的低位。

例如：将十进制数(0.625)₁₀转换成二进制数，结果是(0.101)₂。

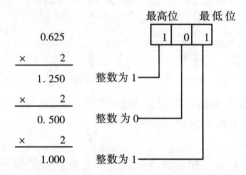

十进制小数在乘 2 转换成二进制的过程中并不能保证乘积的小数部分全部为 0，此时需要达到一定精度即可，这就是实数转换成二进制数会产生误差的原因。例如：(0.325)₁₀可以转换成(0.01010)₂，而实际上(0.325)₁₀大于(0.01010)₂。

③　二进制数、八进制数、十六进制数间相互转换。

因为 2^3=8，2^4=16，所以 3 位二进制数对应于 1 位八进制数，4 位二进制数对应于 1 位十六进制数。

由二进制数转换成八进制数，以小数点为界，整数部分从右至左，小数部分从左至右，每 3 位分为一组，然后将每组二进制数转化成八进制数。如果分组后二进制整数部分最左边一组不够 3 位，则在左边补零，小数部分在最后一组右边补零。

例如：将二进制数(1011010111.11011)₂转换成八进制数，结果是(1327.66)₈。

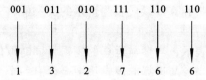

同理，将八进制数转换成二进制数是上述方法的逆过程，将每位八进制数用相应的 3 位二进制数代替。

例如：将八进制数转(516.72)₈换成二进制数，结果是(101001110.11101)₂。

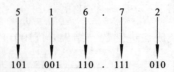

由二进制数转换成十六进制数，以小数点为界，整数部分从右至左，小数部分从左至右，每4位分为一组，然后将每组二进制数化成十六进制数。如果分组后二进制整数部分最左边一组不够4位，则在左边补零，小数部分在最后一组右边补零。

例如：将二进制数$(1011010111.11011)_2$转换成十六进制数，结果是$(2D7.D8)_{16}$。

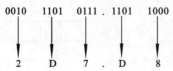

同理，将十六进制数转换成二进制数是上述方法的逆过程，将每位十六进制数用相应的 4 位二进制数取代。

例如：将十六进制数转$(A3F.B6)_{16}$换成二进制数，结果是$(101000111111.1011011)_2$。

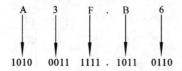

八进制数和十六进制数之间的转换可以借助二进制进行，即先将八进制数转换成二进制数，再将该二进制数转换成十六进制数，反之亦然。

（3）二进制运算

二进制运算主要包括算术运算和逻辑运算。一位二进制数的算术运算如表 2-2 所示。

表 2-2 　一位二进制数算术运算

加	减	乘	除
0+0=0	0-0=0	0×0=0	0÷1=0
0+1=1	0-1=1（借位）	0×1=0	1÷1=1
1+0=1	1-0=0	1×0=0	—
1+1=0（进位）	1-1=0	1×1=1	—

多位二进制数的算术运算，掌握"逢二进一、借一当二"的法则，利用一位二进制数运算规则即可实现。

逻辑量指事物在正反两方面可取的一种状态，如真与假、对与错、是与非，逻辑量之间的运算称为逻辑运算。二进制的 1 和 0 可以代表逻辑量的真和假，二进制数的逻辑运算包括逻辑与、逻辑或、逻辑非。

逻辑与通常用符号"∧"表示，当参与运算的逻辑量同时取值为真时，其结果才是真。逻辑或通常用符号"∨"表示，当参与运算的逻辑量中至少有一个为真时，其结果就是真。逻辑非运算又称逻辑否运算。二进制逻辑运算如表 2-3 所示。

表 2-3　二进制逻辑运算

逻 辑 与	逻 辑 或	逻 辑 非
0∧0=0（假∧假=假）	0∨0=0（假∨假=假）	!0=1（!假=真）
0∧1=0（假∧真=假）	0∨1=1（假∨真=真）	!1=0（!真=假）
1∧0=0（真∧假=假）	1∨0=1（真∨假=真）	
1∧1=1（真∧真=真）	1∨1=1（真∨真=真）	

常用数制的转换和运算可以用 Windows 操作系统自带的"计算器"程序实现。单击"开始"按钮，选择"所有程序"→"附件"→"计算器"命令即可启动"计算器"程序，也可通过在"开始"菜单左下角的"搜索程序和文件"文本框中输入 calc 来启动"计算器"。在计算器程序窗口中选择"查看"→"程序员"命令，如图 2-3 所示，在左侧进制栏选择相应进制即可。

图 2-3　计算器实现数制转换

2．数据的单位与存储形式

在计算机内部，数据是以二进制形式存储和运算的。数据的存储单位有位、字节和字。

（1）位

一个二进制位称为一位（bit），位是数据的最小单位，用 0 或 1 表示一位二进制信息。

（2）字节

8 个二进制位称为一个字节（Byte），简写为 B，1 B=8 bit，字节是数据存储最常用的单位。一个英文字符的编码通常用一个字节来存储，一个汉字的机内编码通常用两个字节来存储。

将 2^{10} 字节即 1 024 字节称为千字节，记为 1 KB；2^{20} 字节称为兆字节，记为 1 MB；2^{30} 字节称为吉字节，记为 1 GB；2^{40} 字节称为太字节，记为 1 TB；2^{50} 字节称为拍字节，记为 1 PB；2^{60} 字节称为艾字节，记为 1 EB，则 1 EB=2^{10} PB=2^{20} TB=2^{30} GB=2^{40} MB=2^{50} KB=2^{60} B。

（3）字

字（Word）是计算机最方便、最有效地进行操作的数据或信息长度，一个字由若干字节组成。字又称为机器字，将组成一个字的位数称为该字的字长，机器字长越长容纳的位数越多，机器的运算速度就越快，处理能力就越强。字长是计算机硬件的一项重要技术指标，微机字长有 32 位和 64 位。

3．字符编码

字符编码就是规定用二进制码如何来表示字母、数字和其他专用符号。在计算机系统中，目前主要用 ASCII 码，它是美国标准信息交换码（American Standard Code for Information Interchange），已被国际标准化组织（ISO）定为国际标准。ASCII 码有 7 位 ASCII 码和 8 位 ASCII 码两种。

（1）7 位 ASCII 码

7 位 ASCII 码称为基本 ASCII 码，是国际通用的。用 7 位二进制表示 128 个字符，包括 10 个阿拉伯数字、52 个英文大小写字母、32 个标点符号和运算符，以及 34 个控制符。7 位 ASCII 码在计算机中用一个字节表示，将最左边一位（最高位）置为 0。如数字 0 的 ASCII 码是 00110000，对应的值是 48；字母 A 的 ASCII 码是 01000001，对应的值是 65。

（2）8 位 ASCII 码

8 位 ASCII 码称为扩充 ASCII 码，将 7 位码扩展成 8 位码，可以表示 256 个字符。表示每个字符的字节最高位可以是 0，也可以是 1。

4．汉字编码

计算机对汉字的处理要比西文字符复杂，主要体现在数量繁多、字形复杂和字音多变上，因此，汉字的编码上也要复杂得多。

（1）国标码

由于汉字的数量巨大，不可能对所有的汉字都进行编码，因此，可以在计算机中处理的汉字是指由国家或国际组织制定的汉字字符集中的汉字，如我国使用的汉字字符集 GB18030，也称为国标码。

（2）汉字的输入码

为将汉字输入到计算机而设计的编码称为汉字输入码，目前主要是利用西文键盘输入汉字。因此，输入码是由键盘上的字母、数字或符号组成的。例如，搜狗拼音输入法、智能 ABC 输入法、五笔字型输入法等。

（3）机内码

汉字的机内码是供计算机内部进行汉字存储、处理和传输而统一使用的代码。

（4）汉字字形码

汉字字形码又称汉字字模，用于汉字在显示屏或打印机上输出。每一个汉字的字形都预先存放在计算机内。汉字字形主要有点阵和矢量两种表示方法，如图 2-4 所示。点阵字形是用一个排列成方阵的点的黑白来描述汉字，凡笔画所到的格子点为黑点，用二进制数 1 表示；否则为白点，用 0 表示。一个 16×16 点阵的字形码需要 16×16÷8=32 字节存储空间。汉字的矢量表示法是将汉字看作由笔画组成的图形，提取每个笔画的坐标值，所有坐标值组合起来就是该汉字字形的矢量信息。汉字的矢量表示法不会有失真的现象，可随意缩放，而点阵字形在放大后会出现马赛克。

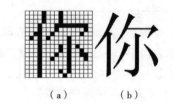

（a）　　　　（b）

图 2-4　点阵字模和矢量字模

5．多媒体数据

计算机除了要存储和处理数值、字符外，还要处理图形、图像、音频、视频、动画等多媒体信息。这些多媒体信息在计算机中都是采用二进制表示的，需要对各种媒体信息进行不同的编码，具体内容参见第 4 章。

2.2　微型计算机硬件系统

2.2.1　中央处理器

中央处理器（Central Processing Unit，CPU）包括运算器和控制器两大部件，是计算机的核心部件，可以直接访问内存。CPU 一般安插在主板的 CPU 插座上，负责系统的数值运算和逻辑运算，并将结果分送内存或其他部件，以控制计算机的整体运作。

CPU 是一小块集成电路，如图 2-5 所示。目前世界上生产微机 CPU 的厂家主要有 Intel（英特尔）和 AMD（超微）两家公司。

CPU 的性能指标直接决定微型计算机的性能指标，它的性能指标主要包括主频、字长、高速缓存、制造工艺等。

图 2-5　CPU

1．主频

主频也称时钟频率（Clock Speed），单位是 MHz（或 GHz），表示在 CPU 内数字脉冲信号振荡的速度。主频越高，CPU 在一个时钟周期里所能完成的指令数就越多，CPU 的运算速度也就越快。CPU 主频的高低与 CPU 的外频和倍频系数有关，其计算公式为

$$CPU\ 主频 = 外频 \times 倍频系数$$

实际应用中主频只代表 CPU 技术指标的一部分，并不能代表 CPU 的实际运算能力的全部，CPU 的实际运算能力还与 CPU 工作流水线和总线等其他方面的性能指标有关。

小知识：

外频是 CPU 与主板之间同步运行的速度，目前绝大部分计算机系统中外频也是内存与主板之间同步运行的速度，因此 CPU 的外频直接影响内存的访问速度。外频速度越高，CPU 就可以同时接收更多的来自外围设备的数据，从而使整个系统的速度进一步提高。人们通常所说的超频，主要是指超 CPU 的外频。

倍频系数是 CPU 的运行频率与整个系统外频之间的倍数。在相同的外频下，倍频越高，CPU 的频率也越高。通常 CPU 的外频在 5～8 倍时，其性能能够得到比较充分的发挥。

2．字长

计算机系统中，CPU 在单位时间内能处理的二进制数的位数叫字长。如果一个 CPU 单位时间内能处理字长为 32 位数据，通常称这个 CPU 为 32 位 CPU。同理，字长为 64 位的 CPU 一次可以处理 64 位数据，即 8 字节，如 Intel Core i7 是 64 位 CPU。

3．高速缓冲存储器（Cache）

高速缓冲存储器是一种速度比内存更快的存储器，CPU 读数据时直接访问 Cache，只有在 Cache 中没有找到所需数据时，CPU 才去访问内存。Cache 相当于内存和 CPU 之间的缓冲区，实现内存和 CPU 的速度匹配，当前一般构建在 CPU 芯片内部。

4．制造工艺

CPU 制造工艺指在硅材料上生产 CPU 时内部各元器材的连接线宽度，制造工艺的趋势是向密集度更高的方向发展。当前 CPU 的制造工艺一般用纳米表示，数值越小制作工艺越先进，CPU 可以达到的频率越高，集成的晶体管就更多。例如，Intel Core i7 3770 CPU 采用 22 nm 的制造工艺。

5．多核技术

多核技术是指单芯片多处理器，即一块芯片上包含多个"执行内核"，使处理器能够彻底、完全地并发执行程序的多个线程。多核处理器可以在处理器内部共享缓存，提高缓存利用率，还可以共享内存和系统总线结构，进而提高计算机的性能。

小知识：

进程指系统中正在运行的一个应用程序，一个应用程序同时被执行两次，就产生两个进程。线程是系统分配处理器时间资源的基本单元，或者说进程之内独立执行的一个单元。

2.2.2　存储器

存储器分为内存储器（简称内存）和外存储器（简称外存）两大类。

1. 内存储器

内存储器是计算机各种信息存放和交换的中心，当前运行的程序和数据必须在内存中。内存以字节（8 位二进制）为存储单元，一个存储器包含若干存储单元，每个存储单元有唯一的编号，称为单元的地址。CPU 根据存储单元地址从内存中读出数据或向内存写入数据。内存容量就是所有存储单元的总数，以字节为基本单位。

按存取方式，内存可分为只读存储器（Read Only Memory，ROM）和随机存取存储器（Random Access Memory，RAM）。

ROM 的特点是只能从中读出信息，不能随意写入信息，是一个永久性存储器，断电后信息不会丢失。ROM 主要用来存放固定不变的程序和数据，如机器的自检程序、初始化程序、基本输入/输出设备的驱动程序等。

RAM 随着计算机的启动，可以随时存取信息，特点是断电后信息会丢失。通常，微型计算机的内存容量配置就是指 RAM，它是计算机性能的一个重要指标。目前，一般内存选配容量在 4 ~ 16 GB 之间。内存条插在主板的存储器插槽上，其外观如图 2-6 所示。

（a）正面　　　　　　　　　　　　　　　　（b）背面

图 2-6　金士顿 8GB DDR3 1600 内存

由于 RAM 的读/写速度比 CPU 慢得多，当 RAM 直接与 CPU 交换数据时，会出现速度不匹配，所以现在的计算机系统在内存和 CPU 间配有高速缓冲存储器。

2. 外存储器

外存储器的特点是存储容量大，信息能永久保存，但相对内存储器存储速度慢。目前，常用的外存储器有硬盘、光盘和可移动外存。

（1）硬盘

硬盘存储器（Hard Disk Driver，HDD）简称硬盘，是微机的主要外部存储设备，用于存放计算机操作系统、各种应用程序和数据文件。硬盘大部分组件都密封在一个金属外壳内，如图 2-7 所示。

图 2-7　硬盘及内部结构

硬盘在使用前要经过分区和格式化。分区是将硬盘空间划分成若干逻辑磁盘，每个磁盘可以单独管理，单独格式化。一个逻辑磁盘出现问题不会影响其他逻辑盘。格式化是在硬盘上划分磁道、扇区，并建立存储文件的根目录。格式化时，逻辑盘上的文件会被删除，格式化前应做好备份。用手拿硬盘时要注意轻拿轻放，不要磕碰或者与其他坚硬物体相撞。另外，不能用手随便触摸硬盘背面的电路板，否则"静电"可能会伤到硬盘上的电子元件。

硬盘的参数有容量、平均寻道时间、转速和接口等。硬盘容量的大小和硬盘驱动器的速度也是衡量计算机的性能指标之一。目前，微机上主要使用 SATA 接口类型的硬盘。

小知识：

盘面：硬盘由多个盘片构成，每一个盘片都有两个盘面，一般每个盘面都可以存储数据。

磁道：磁盘在格式化时被划分成许多同心圆，这些同心圆轨迹称为磁道，如图 2-8 所示。

柱面：所有盘面上的同一磁道构成一个圆柱，通常称为柱面。

扇区：将每个磁道分成若干弧段，每个弧段称为一个扇区。

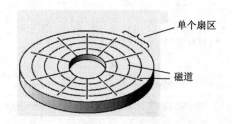

图 2-8　磁盘上的磁道和扇区

硬盘容量=磁头数×柱面数×扇区数×每扇区字节数。

（2）光盘

高密度光盘（Compact Disk，CD）简称光盘，是广泛使用的外存储器。光盘按读/写限制分为只读光盘、只写一次光盘和可擦写光盘，前两种属于不可擦除的，如 CD-ROM（Compact Disk-Read Only Memory）是只读光盘，CD-R（Compact Disk-Recordable）是只写一次光盘。光盘按物理格式划分，通常分为数字视盘（Digital Video Disk，DVD）和 CD，目前单面 DVD 容量为 4.7 GB，双面 DVD 容量为 8.5 GB，CD 的容量一般为 650 MB。

小知识：

蓝光光盘（Blue-ray Disk，BD）是 DVD 的下一代光盘格式。单层的蓝光光盘的容量为 25 GB，双层容量为 50 GB，目前已有技术将单层容量提高到 33.4 GB。蓝光刻录机是指基于蓝光 DVD 技术标准的刻录机。

光驱又称光盘驱动器，用来读取光盘中的信息，通常操作系统及应用软件的安装需要依靠光驱完成。刻录机又称光盘刻录机，其外观与光驱相似，但除了具有光驱的全部功能外，还可以在光盘上写入或擦除数据。目前，DVD 刻录机已成为市场主流，如图 2-9 所示。

图 2-9　刻录机及光盘

（3）可移动外存

常见的可移动外存储设备有闪存卡、U 盘和移动硬盘，如图 2-10 所示。

（a）闪存卡　　　　　　　　　（b）闪存盘　　　　　　　　（c）移动硬盘

图 2-10　可移动外存

闪存（Flash Memory）卡基于半导体技术，具有低功耗、高可靠性、高存储密度、高读/写速度等特点，其种类繁多，有 Compact Flash（CF）卡、索尼公司的 Memory Stick（MS）和 Scan Disk（SD）卡等。目前，基于闪存技术的闪存卡主要面向数码照相机、智能手机等产品，可通过读卡器读取闪存卡上的信息。

U 盘又称闪存盘，是闪存芯片与 USB 芯片结合的产物，具有体积较小、便于携带、系统兼容性好等特点，目前容量通常在 8 GB ~ 1 TB 之间。

移动硬盘又称 USB 硬盘，是一种容量更大的移动存储设备，能在一定程度上满足需要经常传送大量数据的用户的需要，容量可达几百吉字节到几太字节。

2.2.3　输入/输出设备

1. 输入设备

输入（Input）设备是将数字、字符、图像、声音等形式的信息输入到计算机中的设备，基本的输入设备有键盘、鼠标、扫描仪等。

（1）键盘

键盘（Keyboard）是计算机系统的重要输入设备，也是计算机与外界交换信息的主要途径，通常有 104 键，分为主键盘区、数字键区、功能键区和编辑键区，如图 2-11 所示。

图 2-11　键盘

目前，键盘大多采用 USB 接口或无线方式与主机相连。随着用户层次的多样化，键盘具有如下特点：有多媒体功能键，如上网快捷键、音量开关键等；支持人体工程学；具有防水功能。

小知识：

人体工程学键盘将指法规定的左手键区和右手键区分开，并形成一定角度，使操作者不必有意识地夹紧双臂，保持一种比较自然的形态，也称自然键盘。

（2）鼠标

鼠标是增强键盘输入功能的重要设备，利用它可以快捷、准确、直观地使光标在屏幕上定位。对于屏幕上较远距离光标的移动，用鼠标远比用键盘移动光标方便，同时鼠标有较强的绘图能力，是视窗操作系统环境下必不可少的输入工具。目前，鼠标大多采用 USB 接口或无线方式与主机相连，外观如图 2-12 所示。

图 2-12　鼠标

现在大多数高分辨率的鼠标都是光电鼠标，市面上的鼠标还有采用激光引擎、蓝影引擎和 4G 鼠标。激光鼠标适用于竞技游戏；微软蓝影鼠标在拥有激光鼠标快速反应性能的同时，兼备了光电鼠标强大兼容性的特点；4G 鼠标具有更高分辨率（dpi，指鼠标每移动 1 英寸能准确定位的最大点数），感应性更好。

小知识：

蓝影引擎（Blue Track）是微软于 2008 年 9 月推出的引擎技术，是传统光学引擎与激光引擎相结合的技术，使用的是可见的蓝色光源。它可以适应的桌面非常广，如地毯、大理石桌面等，同时游戏反应速度强，被称为"第三代鼠标引擎技术"。

（3）其他输入设备

其他输入设备还有扫描仪、条形码阅读器、手写笔、摄像头等，如图 2-13 所示。扫描仪是图像和文字的输入设备，可以将图形、图像、文本或照片等直接输入到计算机中，扫描仪的主要技术指标有分辨率（dpi，每英寸扫描所得的像素数）、灰度值或颜色值、扫描速度等。条形码阅读器是用来扫描条形码的装置，可以将不同宽度的黑白条纹转换成对应的编码输入到计算机中。

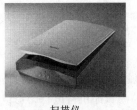　　　

扫描仪　　　　　　条形码阅读器　　　　　　手写笔　　　　　　摄像头

图 2-13　其他输入设备

2. 输出设备

输出（Output）设备将主机内的信息转换成数字、文字、符号、图形、图像或声音进行输出。常用的输出设备有显示器、打印机和绘图仪等。

（1）显示器

显示器按工作原理分为阴极射线管显示器（CRT）、液晶显示器（LCD）、等离子显示器（PD）等，是计算机必备的输出设备，如图 2-14 所示。

显示器的主要技术指标包括以下几个方面：

① 屏幕尺寸：用屏幕对角线尺寸来度量，以英寸为单位，如 19 英寸、24 英寸等。

② 点距：显示器所显示的图像和文字都是由"点"组成的，即像素（pixel）。点距就是屏幕上相邻两个像素点之间的距离。点距是决定图像清晰度的重要因素，点距越小，图像越

清晰。

③ 分辨率：是显示器屏幕上每行和每列所能显示的像素点数，用"横向点数×纵向点数"表示，如 1 024×768 像素、1 920×1 080 像素等。分辨率越高显示效果越清晰，高清晰度的图像在低分辨率的显示器上是无法全部显示的。

显示器通过显卡与主机相连。显卡又称显示适配器，它将 CPU 送来的影像数据处理成显示器可以接收的格式，再送到显示屏上形成影像，其外观如图 2-15 所示。为了加快显示速度，显卡中配有显示存储器（简称显存），当前主流的显存容量为 1 GB 或 2 GB。

图 2-14　显示器　　　　　　　　　　　　　　图 2-15　显卡

（2）打印机

打印机是计算机常用的输出设备，目前打印机主要通过 USB 接口与主机连接。其外观如图 2-16 所示。

（a）针式打印　　　　　　（b）激光打印机　　　　　　（c）喷墨打印机

图 2-16　常见打印机

根据打印方式可将打印机分为击打式打印机和非击打式打印机。击打式打印机主要是针式打印机，又称点阵打印机，其结构简单，打印的耗材费用低，特别是可以进行多层打印。目前，针式打印机主要应用在票据打印领域。

非击打式打印机常用的有激光打印机和喷墨打印机。这类打印机的优点是：分辨率高，噪声小，打印速度快，价格比较贵。用喷墨打印机还能打印大幅画，用彩色喷墨打印机可以打印彩色图形。

小知识：

3D 打印机是快速成形技术的一种机器，它以数字模型文件为基础，运用粉末状金属或塑料等可黏合材料，通过逐层打印的方式来构造物体。3D 打印机可以应用到需要模型和原型的任何行业，如国防科工、医疗卫生、建筑设计、家电电子、配件饰品等。目前，受价格、原材料、行业标准等因素影响，其发展存在一定瓶颈。

（3）绘图仪

绘图仪是输出图形的主要设备。绘图仪在绘图软件的支持下绘制出复杂、精确的图形，是各种计算机辅助设计（CAD）系统不可缺少的工具，其外观如图 2-17 所示。

绘图仪的性能指标主要有绘图笔数、图纸尺寸、打印分辨率、打印速度、绘图语言等。

图 2-17　绘图仪

3. 输入/输出设备

同一设备既可以输入信息到计算机，又可以将计算机内信息输出，称为输入/输出设备。常见的输入/输出设备有磁盘、磁带、可读/写光盘、触摸屏、通信设备等。

触摸屏是通过用户手指在屏幕上的触摸来模拟鼠标的操作，如手指的单击相当于鼠标的单击，如图 2-18 所示。近年来，伴随着智能手机、平板电脑等电子产品风靡全球，触摸屏市场进入了高速增长期。触摸屏按工作原理和传输信息的介质，分为电阻屏、电容屏、红外屏和超声屏，当前智能手机通常采用多点触控的电容屏。

图 2-18　触摸屏

小知识：

可弯曲触摸屏是触摸屏的发展趋势，这种触摸屏可以任意的折叠弯曲，轻贴在普通的计算机屏幕上，就能让普通的计算机屏幕变身为触摸屏，而可穿戴式设备如智能手表、头戴式智能眼镜等都需要可弯曲显示屏。

2.2.4　总线与主板

1. 总线

微机系统中各种芯片、各种板卡之间的连接是通过总线进行的，总线（Bus）是计算机系统各部件间信息传送的公共通道，总线结构是微型计算机硬件结构的最重要特点。根据总线内所传送的信息将总线分为三类，如图 2-19 所示。

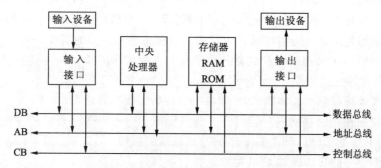

图 2-19　微型计算机总线化硬件结构图

地址总线（Address Bus，AB）用来传送地址信息。地址总线采用统一编址方式实现 CPU 对内存或 I/O 设备的寻址，CPU 能直接访问内存地址的范围取决于地址线的数目。

数据总线（Data Bus，DB）用来传送数据信息。数据信息可以由 CPU 传至内存或 I/O 设备，也可以由内存或 I/O 设备送至 CPU。数据总线的位数是 CPU 一次传输的数据量，决定了 CPU 的类型与档次。

控制总线（Control Bus，CB）用来传输 CPU、内存和 I/O 设备之间的控制信息，这些控制信息包括 I/O 接口的各种工作状态信息、I/O 接口对 CPU 提出的中断请求、CPU 对内存和 I/O

接口的读/写信息、访问信息及其他各种功能控制信息，是总线中功能最强、最复杂的总线。

根据连接设备的不同，总线又可以分为内部总线、系统总线和外部总线。内部总线位于CPU芯片内部，用于运算器、各寄存器、控制器和 Cache 之间的数据传输；系统总线是连接系统主板与扩展插卡的总线；外部总线则是用于连接系统与外围设备的总线。

2. 主板

主板又称主机板（Main Board）、系统板（System Board）或母板（Mother Board），是微机最基本的也是最重要的部件之一，其外观如图 2-20 所示。主板通常是矩形印刷电路板，其上的 CPU、内存插槽、总线扩展槽、芯片组及 ROM BIOS 决定了这台计算机的档次。主板安装在计算机机箱内，它将计算机的各个部件紧密地联系在一起，是计算机稳定运行的重要保障之一。

图 2-20 主板

主板上一般包括以下部件：

① 一个 CPU 插座，不同的主板使用不同的微处理器，微处理器升级时，一般主板也要更换。

② 存储器插槽是用来安装内存条，内存条的引脚必须和插槽的引线一致。

③ 主板芯片组，用来控制对存储器的访问和对外围设备的接口，主要包括北桥芯片、南桥芯片、BIOS 芯片等三大芯片。

④ 系统总线和外部总线，实现 CPU 和各个部件的连接和通信。

⑤ 各种接口插槽用来接插各种接口卡，如视频卡、电视卡等。现在的主板连接外围接口板的插槽主要是 PCI-E 插槽，即支持 PCI-E 总线标准的插槽。

⑥ 各种外围设备的接口，如 USB 接口、并行接口等。

现在的主板集成度越来越高，声卡、网卡等一般都集成到主板上，芯片数目越来越少，故障率逐步降低，速度及稳定性也随之提高。

2.3　计算机软件系统

2.3.1　软件与软件系统

计算机软件是指运行在计算机上的程序、运行程序所需的数据和相关文档的总称。计算机软件系统包括系统软件和应用软件。

　　系统软件是指管理计算机资源、分配和协调计算机各部分工作，增强计算机的功能，使用户能方便地使用计算机而编制的程序，常用的系统软件有操作系统、计算机语言处理程序、数据库管理程序等。

　　应用软件是用户为了解决某些特定具体问题而开发和研制或外购的各种程序，它通常涉及应用领域知识，并在系统软件的支持下运行，如文字处理、图形处理、动画设计、网络应用等软件。

　　随着计算机软硬件技术的不断发展，系统软件与应用软件的划分并不严格，如有些常用应用软件集成在操作系统中。

2.3.2　系统软件

1．操作系统

　　操作系统是管理和控制计算机硬件、软件资源，方便用户充分而有效地使用这些资源的程序集合。它是系统软件的核心，是最基本的系统软件，其他所有软件都是建立在操作系统基础上的。计算机系统中的主要部件之间相互配合、协调一致的工作，都是靠操作系统的统一控制才得以实现的。

　　用户通过操作系统使用计算机，操作系统是沟通用户与计算机之间的"桥梁"，是人机交互的界面。

　　操作系统功能分为处理器管理、存储管理、设备管理、文件管理和作业管理五大部分。其中，处理器管理主要负责处理器的调度，存储管理主要是对内存资源的管理，设备管理负责除CPU 和主存储器以外的其他计算机硬件资源的管理，文件管理主要负责计算机系统中软件资源的管理，作业管理负责用户和操作系统的接口管理。

　　操作系统的种类繁多，有嵌入式操作系统、个人计算机操作系统、多处理器操作系统、网络操作系统和大型机操作系统等，如广泛使用在智能手机或平板电脑的嵌入式操作系统Android、iOS 等，主要用于个人计算机上的桌面操作系统 Windows、Mac OS 等，主要用于大型机上的服务器操作系统 Windows Server、Red Hat Linux 等。

2．程序设计语言

　　程序设计语言是指编写程序所使用的语言，它是人与计算机之间交流的工具，按照和硬件结合的紧密程度，可以将程序设计语言分为机器语言、汇编语言和高级语言。

　　（1）机器语言

　　机器语言是计算机系统能够直接执行的语言，用机器语言编写的程序采用二进制的形式。它的特点是计算机能够识别，用其编写的程序执行效率高，但编写困难、可移植性差、可读性差，并且不易掌握。

　　（2）汇编语言

　　汇编语言也是面向机器的语言，它采用比较容易识别和记忆的符号来表示程序，例如使用ADD 表示加法。用汇编语言编写的程序比用机器语言编写的程序易于理解和记忆。汇编语言编写的程序在执行之前必须先翻译成机器语言程序，程序执行效率较高，但可移植性差。

　　（3）高级语言

　　高级语言接近自然语言，不依赖计算机硬件，通用性和可移植性较好。用高级语言编写的程序，计算机硬件同样不能直接识别和执行，也要经过翻译后才能执行，但可读性好、易掌握、可移植性好。

　　高级语言种类较多，常用的语言有 Visual Basic、Visual C++、C#、Java 和 Python 等。

3．语言处理程序

计算机硬件能识别和执行的是用机器语言编写的程序，如果是使用汇编语言或高级语言编写程序，在执行之前要先进行翻译，完成这个翻译过程的程序称为语言翻译程序，有汇编程序、解释程序和编译程序 3 种。

（1）汇编程序

汇编程序的作用是将用汇编语言编写的源程序翻译成机器语言的目标程序。

（2）解释程序

解释方式是通过解释程序对源程序一边翻译一边执行，如 Java 就是属于解释型。

（3）编译程序

大多数高级语言编写的程序采用编译的方式，如 C、Visual C++。编译过程是先将源程序编译成目标程序，然后通过连接程序将目标程序和库文件连接成可执行文件，通常可执行文件的扩展名是.exe。由于可执行文件独立于源程序，因此可以反复运行，运行速度较快。

4．数据库

数据库（DataBase）是"按照数据结构来组织、存储和管理数据的仓库"。

数据库管理系统（DataBase Management System，DBMS）是一种操纵和管理数据库的大型软件，用于建立、使用和维护数据库。用户通过 DBMS 访问数据库中的数据，数据库管理员也通过 DBMS 进行数据库的维护工作。

数据模型是对现实生活中各种数据特征的抽象，是数据库中数据的存储方式。每一种数据库管理系统都是基于某种数据模型的，目前应用最广泛的是关系模型，在数据库产品中关系模型占主导地位。现在流行的关系数据库产品有 Microsoft Access、MySQL、SQL Server 和 Oracle 等。

5．工具软件

实用工具软件是系统软件的一个组成部分，用来帮助用户更好地控制、管理和使用计算机的各种资源，如显示系统信息、磁盘优化、制作备份、系统监控、病毒查杀等。Windows 7 中自带的一些系统工具如图 2-21 所示。

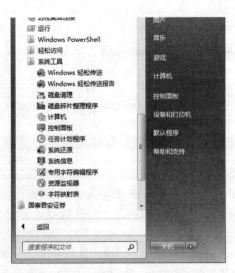

图 2-21　Windows 7 中系统工具

小 结

本章介绍了计算机系统的组成。计算机系统由硬件系统和软件系统两部分组成，其中硬件是计算机系统的物质基础，软件是计算机的灵魂。现在的计算机仍然采用冯·诺依曼提出的"存储程序和程序控制"基本工作原理，计算机包含运算器、控制器、存储器、输入和输出设备五大功能部件，数据在计算机内部以二进制形式存储。

本章也介绍了微机的硬件系统。CPU 是计算机的核心部件，负责算术运算和逻辑运算，并将结果发送给内存或其他部件，以控制计算机的整体运作。存储器是计算机的记忆部件，存放数据和程序。输入/输出设备通过总线接口与主机相连，而系统各组成部件间的连接是通过总线实现的。

计算机的软件系统分成系统软件和应用软件，其中常用的系统软件有操作系统、计算机语言处理程序、数据库管理程序等，常用的应用软件有文字处理、图形处理、网络应用等软件。

习 题

1. 一个完整的计算机系统由哪些部分组成？各部分之间的关系如何？
2. 计算机内部的信息为什么采用二进制编码来表示？
3. 衡量 CPU 性能的主要技术指标有哪些？
4. 存储器为什么要分为外存储器和内存储器？两者有什么区别？
5. 高速缓冲存储器的作用是什么？
6. USB 接口有哪些特点？
7. 主板主要包括哪些部件？
8. 什么是操作系统？它的主要功能是什么？
9. 什么是机器语言、汇编语言、高级语言？
10. 微处理器、微机、微机硬件系统、微机软件系统、微机系统相互之间的区别是什么？

第**3**章 操作系统与办公软件的应用

本章引言

操作系统是最基本的系统软件,其他所有软件都是建立在操作系统基础上的。本章首先介绍 Windows 7 操作系统,包括 Windows 7 的基本操作、文件管理、程序管理、系统管理等。

在信息化快速发展的今天,办公软件的使用成为学习、工作不可缺少的部分,如公文制作、报刊排版、数据的统计分析、图表制作、宣传演示等。Office 软件是 Microsoft 公司推出的普及率非常高的一套办公软件。本章将介绍 Office 2010 套装软件中的 Word 2010、Excel 2010、PowerPoint 2010 的主要功能,并结合实际应用给出众多案例和应用技巧。

内容结构图

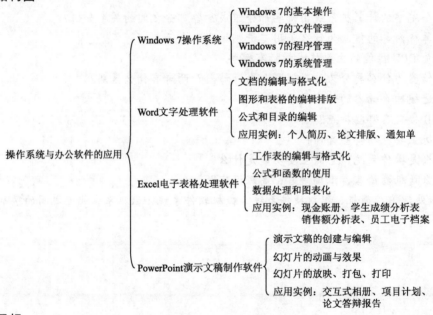

学习目标

① 了解:Windows 7 操作系统故障的排除方法,以及办公软件的应用领域。

② 理解:Windows 7 操作文件夹树状结构,程序与快捷方式之间的关系。

③ 应用:Windows 7 的基本操作,文件及程序的管理。掌握 Word 2010、Excel 2010、PowerPoint 2010 软件的使用方法,并能在实践中灵活应用。

3.1 Windows 7 操作系统

Windows 7 是微软公司推出的操作系统,相较于以往的 Windows 系统,无论是系统界面,还是性能和可靠性方面,Windows 7 都进行了很大的改进。

3.1.1 Windows 7 的基本操作

1．Windows 7 桌面

桌面指 Windows 所占的屏幕空间，是 Windows 的操作平台。对系统进行的所有操作，都是从桌面开始的。Windows 7 桌面如图 3-1 所示。

图 3-1   Windows 7 桌面

（1）桌面个性化

右击桌面，在弹出的快捷菜单中选择"个性化"命令，或在控制面板中单击"个性化"链接，打开"个性化"窗口，如图 3-2 所示。可以通过下方的"桌面背景""窗口颜色""声音""屏幕保护程序"等超链接进行个性化设置，还可以将这些设置后的效果保存为自己的主题。Windows 7 默认将桌面主题设置为 Windows 7 Aero 主题。

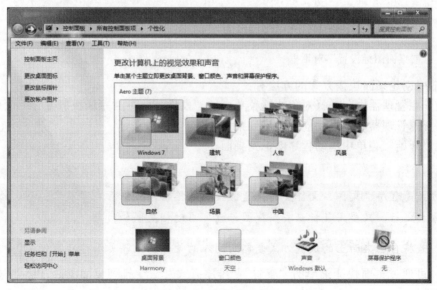

图 3-2   "个性化"窗口

小知识：

Windows 7 家庭普通版没有个性化设置功能，可以在控制面板中进行上述桌面设置。

Aero 特效即透明玻璃效果，是 Windows 7 图形和用户界面的中心主题。Windows Aero 中包含 Aero Flip 3D、Aero Shake、Aero Peek、Aero Snap 等功能，可通过"个性化"窗口开启和关闭 Aero 特效。Windows 7 家庭普通版不支持部分 Aero 特效。

（2）桌面图标

桌面图标可以分为 Windows7 系统图标和快捷方式图标两类。可单击"个性化"窗口中的"更改桌面图标"超链接，在弹出的"桌面图标设置"对话框中添加和更改系统图标，如图 3-3 所示。

快捷方式是 Windows 提供的一种快速启动程序、打开文件或文件夹的方法。它和程序既有区别又有联系。快捷方式图标的左下角有一个小箭头，它是指向程序、文件或文件夹的图标，它并不是实质性的程序、文件或文件夹。右击桌面，在弹出的快捷菜单中选择"新建"→"快捷方式"命令，打开图 3-4 所示的对话框，根据向导选择快捷方式指向对象的位置及快捷方式名称即可。

图 3-3　"桌面图标设置"对话框

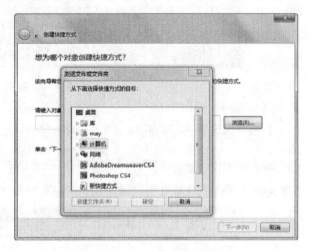

图 3-4　创建快捷方式

其他常用创建桌面快捷方式的方法有：

① 在资源管理器中，选择对象快捷菜单中的"发送到"→"桌面快捷方式"命令。

② 在资源管理器中，拖动应用程序到桌面。

③ 在"开始"菜单中拖动程序图标到桌面。

小知识：

快捷方式是程序、文件、文件夹的快速链接，链接信息被保存在扩展名为.lnk 的文件中。有了快捷方式之后，只要用鼠标双击快捷图标就可启动相关联的对象。

思考：若将自己桌面上的快捷方式复制到别人的计算机上，是否能正常使用？

此外，可通过桌面快捷菜单的"查看""排序方式"命令排列桌面图标，还可以删除一些不必要的图标。

（3）"开始"菜单

"开始"菜单由位于屏幕左下角的"开始"按钮启动，是 Windows 桌面的一个重要组成部分，用户对计算机所进行的各种操作，主要是通过"开始"菜单进行的，如打开窗口、运行程序等。"开始"菜单的功能布局如图 3-5 所示。

① 常用程序列表。

通常"开始"菜单的左窗格显示常用程序列表，是"开始"菜单最近调用过的程序跳转列表，分为锁定和非锁定区，由半透明线分隔，可以添加、锁定、解锁、删除程序列表项。

当单击"所有程序"时显示系统已安装的所有程序列表，且无论程序列表中有多少快捷方式，都不会超出当前"开始"菜单的显示范围，此时"所有程序"显示为"返回"，单击"返回"按钮，则关闭"所有程序"列表，返回常用程序列表。

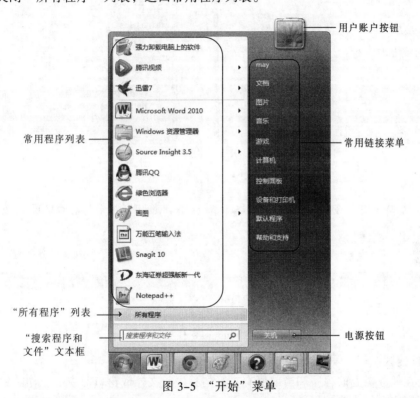

图 3-5 "开始"菜单

② "搜索程序和文件"文本框。

通过输入搜索内容可在计算机上查找程序和文件，此时左窗格显示搜索结果，且搜索结果是动态筛选的，用户输入搜索内容的第一个字符时，筛选就开始了。

另外，"搜索程序和文件"文本框兼容了 Windows 旧版本中"运行"对话框的功能，所有的运行命令在这里都有效。

③ 常用链接菜单与跳转列表。

"开始"菜单的右窗格通常显示 Windows 7 经常用到的系统功能，提供对常用文件夹、文件、设置和功能的访问链接。

当鼠标移到"开始"菜单常用程序列表上的某一程序上，短暂停留或单击右侧的 按钮，系统在右窗格中显示该程序最近打开过的文档，即跳转列表，如图 3-6 所示，单击其中的项目即可快速打开该文件，可以通过单击项目右侧的 和 按钮锁定和解锁跳转列表项。

在"开始"按钮或任务栏空白处右击，在弹出的快捷菜单中选择"属性"命令，打开"任务栏和「开始」菜单属性"对话框，在"「开始」菜单"选项卡下单击"自定义"按钮，出现如图 3-7 所示的对话框，通过选项可以自定义设置开始菜单。

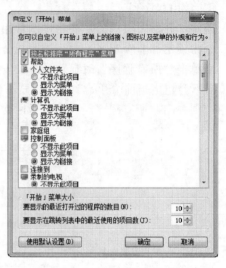

图 3-6　Windows 7 跳转列表　　　　　图 3-7　自定义"开始"菜单

（4）任务栏

任务栏包括"开始"按钮、任务按钮区、语言栏、通知区域、"显示桌面"按钮等，如图 3-8 所示。

图 3-8　Windows 7 任务栏

① 任务按钮区。

放置固定在任务栏上的程序和当前所有打开的程序、文档或窗口对应的工作按钮，用于快速启动相应程序或在任务窗口间进行切换。

通过拖动程序图标到任务栏，可以将使用频率较高的应用程序添加到任务栏，如图 3-9（a）所示。通过任务按钮快捷菜单中的"将此程序从任务栏解锁"命令，可以将不需要的程序图标从任务栏移除，如图 3-9（b）所示。用户也可以拖动任务按钮，改变其在任务栏的显示位置。

（a）锁定到任务栏　　　　　　　　　　（b）从任务栏解锁

图 3-9　任务栏图标的锁定与解锁

Windows 7 默认将相似的活动任务合并分组，用一个任务按钮显示，其中呈平面形态的按钮表示锁定在任务栏的非活动程序，如图 3-9（a）中的 Notepad++；呈凸起形态的按钮是活动任务窗口，如图 3-9（a）中的 Word。

将鼠标移动到任务按钮上短暂停留后会出现缩略窗口预览面板，如图 3-10（a）所示，通过该预览面板可以预览、切换、关闭任务。当播放音频、视频时，预览窗口中会显示播放控制按钮，可以进行暂停、播放等操作，如图 3-10（b）所示。

（a）缩略窗口　　　　　　　　　　　　　　　　　（b）播放控制按钮

图 3-10　预览面板

② 通知区域。

Windows 操作系统中，一些运行中的应用程序及系统音量、网络图标等会显示在任务栏右侧的通知区域。鼠标指向图标时会显示该图标的名称或设置的状态，单击图标会打开相关的程序或设置。

随着通知区域图标数量的增多，可以将一些不常用的图标隐藏，以增加任务栏的可用空间。Windows 7 操作系统中设置图标隐藏、显示或查看隐藏图标可以全部在通知区域中进行操作。单击通知区域的 按钮，出现隐藏图标面板，可以将该面板中的图标拖向通知区域，使其显示出来，如图 3-11 所示，也可将显示的图标拖向 按钮使其隐藏。还可单击隐藏图标面板中的"自定义"超链接，在打开的控制面板中选择通知区域出现的图标和通知。

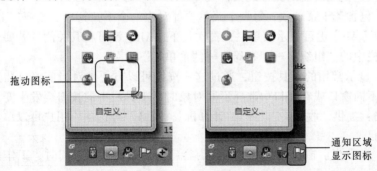

图 3-11　显示图标

任务栏的时钟显示当前日期和时间，具有多时钟功能。单击时钟区域，在时钟框中单击"更改日期和时间设置"链接，在弹出的"日期和时间"对话框中可以更改时间、附加时钟，还可设置与 Internet 时间同步。

2．窗口的基本操作

对窗口的操作是 Windows 操作系统中最频繁的操作，每当用户打开程序、文件或文件夹时，都会在桌面上相应的窗口中显示其内容。当同时打开多个窗口时，用户当前操作的窗口称为活动窗口，其他窗口是后台窗口。

（1）窗口的组成

Windows 7 中窗口的基本外观相同，包括标题栏、地址栏、菜单栏、工具栏、导航窗格、工作区、细节窗格等。典型的 Windows 7 窗口如图 3-12 所示。

图 3-12　典型的 Windows 7 窗口

① 标题栏：显示窗口的标题名称，右侧的控制按钮区分别控制窗口的"最小化""最大化/还原"和"关闭"。

② 地址栏：显示当前内容的地址或路径。

③ 搜索框：对当前位置的内容进行搜索，搜索结果与关键字相匹配的部分以黄色高亮显示，使用户可以快速找到所需的文件或文件夹。

④ 菜单栏：包含若干菜单项，每一个菜单项都对应一个下拉菜单。若窗口上没有菜单栏，则按【F10】键或【Alt】键可显示菜单栏，再次按下【Alt】键可将其关闭。若要永久显示菜单栏，可选择工具栏中的"组织"→"布局"→"菜单栏"命令。

⑤ 工具栏：显示常用的工具按钮，通过这些按钮可以方便地对当前窗口和其中的内容进行操作。当打开不同窗口或在窗口中选择不同对象时，工具栏中的按钮会发生变化。

⑥ 导航窗格：提供"收藏夹""库""计算机""网络"等选项，用户可以单击任意选项快速跳转到相应的目录。

⑦ 工作区：显示当前窗口中的内容，当内容超出窗口的显示空间时，工作区右侧和下方会出现滚动条。

⑧ 预览窗格：当用户选中文件时，预览窗格会调用与文件相关联的应用程序进行预览，如预览使用图标无法预览的音乐文件。通过工具栏右侧的 按钮可以显示/隐藏该窗格。

⑨ 细节窗格：用于显示选中对象的详细信息。

⑩ 状态栏：显示当前窗口的相关信息或选中对象的状态信息，状态栏可通过菜单栏中的"查看"→"状态栏"命令实现隐藏和显示之间的切换。

（2）窗口的基本操作

窗口的基本操作包括调整窗口大小、移动窗口、切换窗口等。

小知识：

Windows 7 操作系统中，用户可以用鼠标将窗口拖动到屏幕两侧，当鼠标指针与屏幕边缘碰撞出气泡时松开鼠标左键，窗口即可快速以屏幕 50% 的尺寸排列，这样可以并排两个文档。若要还原窗口，只需将窗口拖回系统桌面中央即可。

切换窗口：单击要进行操作的窗口的可见部分，或单击任务栏中该窗口对应的按钮（或缩略窗口预览面板中的缩略窗口）即可将该窗口切换为活动窗口，也可使用【 Alt+Tab 】、【 Alt+Shift+Tab 】、【 Alt+Esc 】组合键切换窗口。使用【 Alt+Tab 】或【 Alt+Shift+Tab 】组合键切换时，切换面板中会显示窗口的缩略图，如图 3-13 所示。

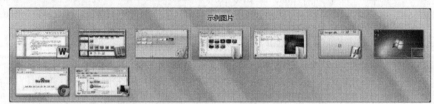

图 3-13　窗口切换面板

3.1.2　Windows 7 的文件管理

1. 文件与文件夹的基本概念

计算机中的所有资源都是以文件形式组织存放的，文件夹则用于对文件进行分类管理。

文件在计算机中使用"文件名"来进行识别。文件名由文件主名和扩展名两部分组成，扩展名代表文件格式的类型，它们之间由一个小圆点隔开。在 Windows 操作系统下，文件主名可由 1 ~ 255 个字符组成，不能出现\、/、:、*、?、"、<、>、|等特殊字符，扩展名至多有 188 个字符，通常由 1 ~ 4 个字符组成。表 3-1 中列出了常见的扩展名对应的文件类型。

表 3-1　常见的扩展名及对应文件类型

扩 展 名	文 件 类 型	扩 展 名	文 件 类 型
.exe	可执行文件	.txt	文本文件
.sys	系统文件	.xls/.xlsx	电子表格文件
.ini	系统配置文件	.bmp	位图文件
.dll	动态链接库文件	.jpg	压缩图像文件
.bak	备份文件	.mp3	音频文件
.dbf	数据库文件	.avi	视频文件
.rar	压缩文件	.htm	网页文件

文件夹也称目录，Windows 操作系统中的文件夹采用树形结构，如图 3-14 所示。

文件夹中包含文件或下一级文件夹，可以通过文件夹对不同的文件进行归类管理。访问文件时，需要知道文件的路径。文件路径分为绝对路径和相对路径。绝对路径是从根目录开始到某个文件的完整路径；相对路径是从当前目录开始到某个文件的路径。

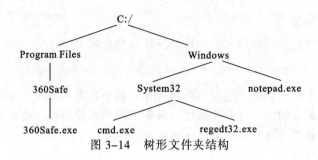

图 3-14　树形文件夹结构

2．资源管理器和库

（1）资源管理器

资源管理器是 Windows 操作系统提供的资源管理工具，可以通过它查看计算机上的所有资源，能够清晰、直观地对计算机上的文件和文件夹进行管理。

打开资源管理器的常用方法有：

① 双击"计算机"图标，或其他文件夹、文件夹快捷方式。

② 在"开始"菜单中，选择"所有程序"→"附件"→"Windows 资源管理器"命令。

③ 右击"开始"按钮，在弹出的快捷菜单中选择"打开 Windows 资源管理器"命令。

④ 右击任务栏的任务按钮，在转跳列表中选择"Windows 资源管理器"命令。

⑤ 使用【Win+E】组合键。

资源管理器窗口如图 3-15 所示，左侧是导航窗格，显示资源列表；右侧是工作区，显示当前文件夹下的子文件夹或文件目录列表。

鼠标移到导航窗格中，若目录前有▷按钮，表示包含子文件夹，单击该按钮可以展开下一级目录，此时该按钮变为◢状态，单击◢按钮则可折叠子文件夹的显示。

可以通过资源管理器地址栏左侧的"前进"按钮◆和"返回"按钮◆实现目录间的跳转操作，单击▼按钮会出现最近访问内容的列表，如图 3-16 所示，通过选择相应项进行跳转。地址栏中每个文件夹按钮后都有一个▶按钮，单击该按钮会变成下拉按钮▼，同时弹出该文件夹的子文件夹列表，如图 3-17 所示。若当前资源管理器窗口中已访问过某个文件夹，则单击地址栏最右侧的▼按钮，在弹出的下拉列表中选择相应项也可实现快速跳转。

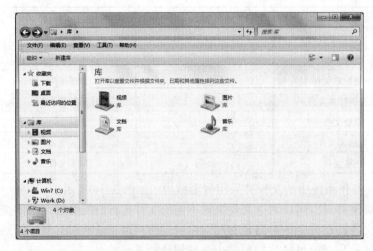

图 3-15　资源管理器窗口

图 3-16　最近访问内容列表

小知识：

虽然 Windows 7 的地址栏使用按钮形式，但在地址栏空白处单击可以复制、粘贴目录路径。

Windows 7 系统提供了图标、列表、详细信息、平铺和内容等文件/文件夹显示方式，单击窗口工具栏右侧的 ▣ ▾ 按钮，在图 3-18 所示的列表中选择相应命令，即可使用该显示方式显示当前文件夹中的内容。通过在窗口工作区右击，在弹出的快捷菜单中选择"查看"命令的子菜单项也可以选择文件/文件夹的显示方式。

图 3-17　目录下拉列表　　　　图 3-18　显示方式列表

Windows 7 系统提供了对磁盘中文件进行排序和分组查看的功能，用户可以根据需要对文件以名称、修改日期、类型、大小、递增或递减的方式进行排序或分组。在窗口工作区右击，在弹出的快捷菜单中选择"排序方式"或"分组依据"命令的子菜单项即可。

Windows 7 系统中用户可以隐藏重要的文件或文件夹，隐藏文件的扩展名等，通过"工具"菜单中的"文件夹选项"命令打开"文件夹选项"对话框，在"查看"选项卡下即可进行设置，如图 3-19 所示。

（2）库

Windows 7 系统中的"库"是一个特殊的文件夹，它可以将文件夹集中到一起，像个收藏夹一样，只要单击库中的链接就能快速打开添加到库中的文件夹。库中的文件夹实际还是保存在计算机原来的位置，并没有移动到库中，只是相当于在库中建立了一个快捷方式，当原始文件夹发生变化时，库会自动更新。Windows 7 系统中默认有文档、音乐、图片、视频 4 个库，用户可以添加库或向已有的库中导入文件夹。

打开"库"文件夹，在窗口右侧工作区右击，在弹出的快捷菜单中选择"新建"→"库"命令，或单击工具栏中的"新建库"按钮，输入库名称如"下载"后即创建了一个新库，进入该库后单击"包括一个文件夹"按钮，在打开的对话框中选择文件夹即可，如图 3-20所示。

在窗口导航窗格中右击某一库，在弹出的快捷菜单中选择"属性"命令，打开该库的属性对话框，如图 3-21 所示，在其中可以对该库的类别进行优化，还可以添加或删除文件夹。在窗口工作区单击库名下方的"N 个位置"，可打开库位置对话框，在其中也可以添加或删除文件夹，如图 3-22 所示。

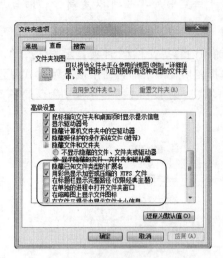

图 3-19 "文件夹选项"对话框

图 3-20 新建库

图 3-21 库属性对话框　　　　　　　　　图 3-22 库位置对话框

3. 文件及文件夹操作

利用资源管理器可以方便地对文件及文件夹进行各种管理操作，包括复制、移动、删除、搜索等操作。这些是用户使用计算机时最频繁的操作。

（1）选择文件或文件夹

对文件或文件夹进行操作前，必须先选择该文件或文件夹。单击可以选择某个项目；选择一个项目后，按住【Shift】键，再单击其他项目可选取连续项目，或者直接按住鼠标左键拖动鼠标，拖动范围内的项目即全部被选中；选择一个项目后，按住【Ctrl】键，再单击其他项目，被单击的项目将全部被选中；按【Ctrl+A】组合键，或通过工具栏中的"组织"→"全选"命令，菜单栏中的"编辑"→"全选"命令可选中当前窗口中的全部项目。

（2）创建文件夹

创建文件夹前要选定需要创建文件夹的位置，单击工具栏中的"新建文件夹"按钮，或选择"文件"→"新建"→"文件夹"命令，或右击并在弹出的快捷菜单中选择"新建"→"文件夹"命令，输入文件夹名后按【Enter】键即可。

（3）移动文件及文件夹

将文件或文件夹从一个文件夹转移到另一个文件夹，操作步骤如下：

选定要移动的文件或文件夹，选择工具栏中的"组织"→"剪切"命令或菜单栏中的"编辑"→"剪切"命令或按【Ctrl+X】组合键，在目标文件夹中选择"组织"→"粘贴"命令或"编辑"→"粘贴"命令或按【Ctrl+V】组合键，即可完成移动操作。

另外，如果在同一个驱动器中的不同文件夹间移动，可以直接用鼠标选中文件或文件夹并拖到目标位置。如果在不同驱动器之间移动，拖动时需按住【Shift】键。

（4）复制文件及文件夹

文件或文件夹的备份可以通过复制操作来完成，操作步骤如下：

选定要复制的文件或文件夹，选择工具栏中的"组织"→"复制"命令或菜单栏中的"编辑"→"复制"命令或按【Ctrl+C】组合键，在目标文件夹中选择"组织"→"粘贴"命令或"编辑"→"粘贴"命令或按【Ctrl+V】组合键，即可完成复制操作。

另外，如果在同一个驱动器中的不同文件夹间复制，用鼠标选中对象后，拖动时需按住【Ctrl】键。如果在不同驱动器之间复制，直接将文件或文件夹拖到目标位置即可。

（5）删除文件及文件夹

选中要删除的文件或文件夹，按【Delete】键或选择"组织"→"删除"命令或"文件"→"删除"命令，或右击文件或文件夹并在弹出的快捷菜单中选择"删除"命令，在"确认删除"对话框中单击"是"按钮，即可将该对象放入回收站。

如果想删除硬盘上的对象而不放入"回收站"，在选择"删除"命令的同时按住【Shift】键即可。

（6）重命名文件及文件夹

选中要重命名的文件或文件夹，按【F2】键或者选择"组织"→"重命名"命令或"文件"→"重命名"命令，或右击文件或文件夹并在弹出的快捷菜单中选择"重命名"命令，在文本框中输入新名称后按【Enter】键即可。

（7）压缩与解压缩文件

压缩文件可以节省文件所占的存储空间，压缩后的文件不能直接打开，需要解压缩后才能打开它们。

安装 WinRAR 软件后，在进行文件压缩时，只需右击该文件，在弹出的快捷菜单中选择压缩文件的命令即可。压缩命令包括"添加到压缩文件""添加到×××.rar""压缩并 E-mail""添加到×××.rar 并 E-mail"。选择"添加到压缩文件"命令后，打开"压缩文件名和参数"对话框，如图 3-23 所示，可以设置不同的压缩选项。

对文件进行解压缩也称释放文件。右击压缩文件，在弹出的快捷菜单中选择解压文件的命令。解压缩命令包括"解压文件""解压到当前文件夹""解压到×××"。选择"解压文件"命令后打开"解压路径和选项"对话框，如图 3-24 所示，可以设置不同的解压缩选项。

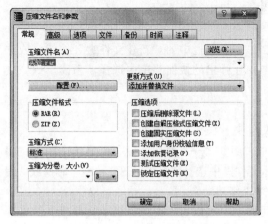

图 3-23 "压缩文件名和参数"对话框   图 3-24 "解压路径和选项"对话框

4. 剪贴板

剪贴板是从一个地方复制或移动并打算在其他地方使用的信息的临时存储区域。可以选择文本或图形，然后使用"剪切"或"复制"命令将所选内容移至剪贴板，在使用"粘贴"命令将该内容插入到其他地方之前，它会一直存储在剪贴板中。大多数 Windows 程序中都可以使用剪贴板，剪贴板一次只能保留一条信息，每次将信息复制到剪贴板时，剪贴板中的旧信息均由新信息所替换。

按【Print Screen】键可以将整个桌面画面送至剪贴板，按【Alt+Print Screen】键可以将当前活动窗口的界面送至剪贴板。

5. 文件的搜索

对于名称和位置不明确的文件，可以利用 Windows 7 的"搜索"功能帮助查找。

通过"开始"菜单中的"搜索程序和文件"文本框搜索，只能对所有的索引文件进行检索，而无法搜索到那些没有加入到索引当中的文件。Windows 7 的这种索引搜索模式可以大大提升搜索速度，但只针对建立了索引的文件和文件夹。

通过资源管理器窗口的搜索框可以在当前窗口位置搜索指定的文件和文件夹，如在 C:\Windows 目录下搜索 notepad.exe，当输入第一个字符 n 时，窗口中自动筛选出包含字符 n 的文件及文件夹，如图 3-25 所示。此外，对于文件或文件夹名称可以使用通配符"?"代替任何一个字符，用通配符"*"代替任意多个字符。可以在搜索完后单击搜索框，从扩展出的筛选条件中选择要添加的搜索条件，如图 3-26 所示。

小知识：

通过控制面板的"索引选项"可以添加、删除和修改索引位置。通过窗口菜单栏中的"工具"→"文件夹选项"命令可以设置搜索内容、搜索方式等。

6. 回收站

回收站用于临时存放用户删除的文件或文件夹，回收站中的项目并没有真正被删除。对于误删除的项目，可以随时通过回收站恢复；回收站中的项目也可以被永久删除，清空回收站即可，如图 3-27 所示。

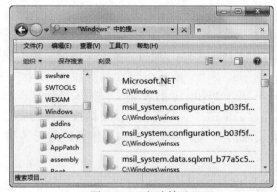

图 3-25　自动筛选

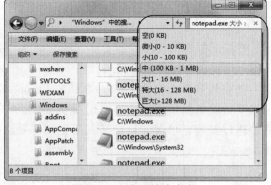

图 3-26　设置搜索条件

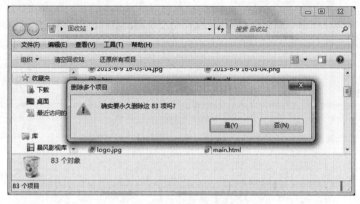

图 3-27　清空回收站

选中回收站中的对象后，可以通过下述"还原"操作将选定的项目送回到原来的位置：

① 选中对象并右击，在弹出的快捷菜单中选择"还原"命令。

② 单击工具栏中的"还原此项目"按钮。

③ 选择"文件"→"还原"命令。

④ 将文件直接拖动到导航窗格中的目标位置。

3.1.3　Windows 7 的程序管理

1. 任务管理器

Windows 任务管理器提供正在计算机上运行的程序和进程的相关信息。利用任务管理器可以查看正在运行的程序的状态、切换程序、终止已停止响应的程序、运行新任务，还可以查看 CPU 和内存的使用情况。

右击任务栏，在弹出的快捷菜单中选择"启动任务管理器"命令，或直接按【Ctrl+Alt+Del】组合键并单击"启动任务管理器"链接，可打开"Windows 任务管理器"窗口，如图 3-28 所示。

2. 应用程序的安装与管理

程序以文件的形式存储在外存储器上，对应用程

图 3-28　"Windows 任务管理器"窗口

序的操作有启动、关闭、程序间切换等。

（1）应用程序的安装

直接运行应用程序安装文件，通常是 Setup.exe 或 Install.exe，便可启动安装向导，根据向导提示可完成应用程序的安装。

如在计算机上安装 Microsoft Office Professional Plus 2010，运行安装文件输入序列号，选中接受协议条款复选框后，出现图 3-29 所示的界面，单击"立即安装"按钮则按默认的安装路径进行安装，单击"自定义"按钮则需要选择安装内容、安装位置和用户信息，如图 3-30 所示。

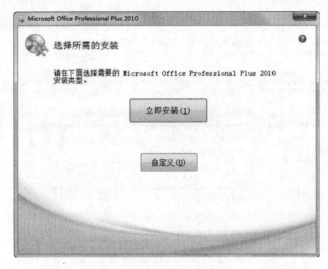

图 3-29　选择安装类型

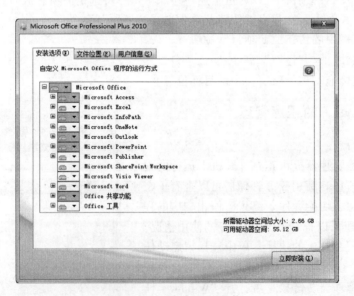

图 3-30　"自定义"安装

选中安装类型后安装程序开始自动安装并显示安装进度，程序安装完成后单击"关闭"按钮即可完成安装。

小知识：

目前很多软件在安装过程中会默认安装一些附加软件，因此安装时应注意每个环节的提示选项，取消不需要选项前的复选框。

（2）应用程序的切换与关闭

多个应用程序之间的切换可以通过【Alt+Tab】组合键或【Alt+Shift+Tab】组合键实现，还可以通过任务栏中的应用程序按钮或任务管理器窗口中的"切换至"按钮实现。

常用的应用程序关闭方法有：

① 按【Alt+F4】组合键。

② 单击窗口标题栏右侧的"关闭"按钮。

③ 选择"文件"→"退出"命令。

④ 在任务管理器中单击"结束任务"按钮。

（3）应用程序的查看与管理

双击 Windows 7 控制面板中的"程序和功能"图标，可切换到"卸载或更改程序"界面，如图 3-31 所示。该界面与 Windows 7 资源管理器类似，可以以图标、列表、详细信息等方式查看当前系统中已经安装的应用程序，还可以通过窗口右上角的搜索框进行搜索。

图 3-31　"卸载或更改程序"界面

选中应用程序后根据安装程序的不同，可以在工具栏看到"卸载""更改""修复"等按钮，用户可根据实际需要进行相应操作。如选择已经安装的"360 云盘"，单击工具栏中的"卸载/更改"按钮，出现图 3-32 所示的界面，在其中可根据需要进行升级或卸载。应用程序卸载时通常是运行其对应的 Uninstall.exe 程序，可以通过"开始"菜单应用程序子菜单，单击该卸载程序完成相应应用程序的卸载。

单击图 3-31 中窗口左侧的"查看已安装的更新"，可以查看和管理 Windows 及其应用程序已经安装的更新补丁。

3．运行应用程序

启动应用程序的常用方式有：

① 双击应用程序的快捷方式，或右击快捷方式并在弹出的快捷菜单中选择"打开"命令。

② 在"开始"菜单（或其子菜单）或任务栏中单击程序对应的快捷方式。

③ 在"开始"菜单的"搜索程序和文件"文本框中输入要运行的程序的名称。

④ 在任务管理器的"应用程序"选项卡中单击"新任务"按钮，在弹出的"创建新任务"对话框中输入要运行的程序的名称。

若所安装的应用程序版本过于陈旧，在 Windows 7 系统中可能存在不兼容的问题，此时需要根据程序所对应的操作系统版本选择一种兼容模式来运行程序，可以手动选择，也可以让 Windows 7 操作系统自动选择。手动选择可通过应用程序的"属性"命令来设置，如图 3-33 所示，在"兼容性"选项卡下选择合适的操作系统版本。通过选择应用程序快捷方式的快捷菜单中的"兼容性疑难解答"命令，如图 3-34 所示，根据向导可以自动选择兼容模式。

当用户执行的操作超越当前标准系统管理员权限范围时，系统会打开用户账户控制对话框，要求提升权限，用户应该主动以高级管理员的权限运行程序，如图 3-35 所示，在快捷菜单中选择"以管理员身份运行"命令。

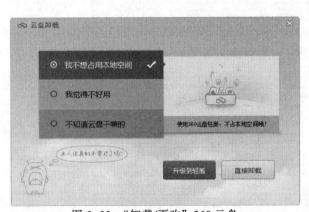

图 3-32　"卸载/更改"360 云盘

图 3-33　手动选择兼容模式

图 3-34　自动选择兼容模式

图 3-35　提升操作权限

小知识：

用户账户控制（User Account Control，UAC）是微软为提高系统安全而使用的技术，它要求用户在执行可能会影响计算机运行的操作或执行更改其他用户的设置的操作之前，提供权限或管理员密码。UAC 可以帮助防止恶意软件或间谍软件在未经许可的情况下在计算机上进行安装或对计算机进行更改。

3.1.4　Windows 7 的系统管理

1．系统工具

安装 Windows 7 后，用户在使用计算机过程中的操作会使系统偏离最佳状态，因此需要经常性地进行系统维护，以加快程序运行。Windows 7 提供了多种系统维护工具，如磁盘清理、磁盘碎片整理、系统备份与还原等。

（1）磁盘清理

磁盘清理工具可以清除系统产生的临时文件，节约硬盘空间，提高系统效率，应该经常使用。选择"开始"→"所有程序"→"附件"→"系统工具"→"磁盘清理"命令，打开图 3-36（a）所示的"磁盘清理：驱动器选择"对话框，选定要清理的驱动器并单击"确定"按钮，系统开始计算当前硬盘中可以释放的空间，在"磁盘清理"对话框中选择要删除的文件类型后开始清理磁盘。

通过右击要清理的磁盘，在弹出的快捷菜单中选择"属性"命令，在属性对话框的"常规"选项卡下也可以单击"磁盘清理"按钮，如图 3-36（b）所示。

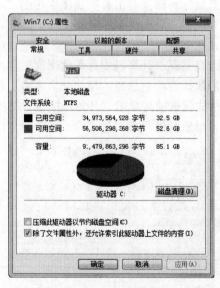

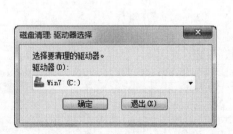

（a）"磁盘清理：驱动器选择"对话框　　　（b）"常规"选项卡

图 3-36　磁盘清理

（2）磁盘碎片整理

Windows 提供了磁盘碎片整理程序，可以重新安排磁盘的已用空间和可用空间，不但可以优化磁盘的结构，而且可以明显提高磁盘读/写的效率。选择"开始"→"所有程序"→"附件"→"系统工具"→"磁盘碎片整理程序"命令，打开图 3-37 所示的"磁盘碎片整理程序"对话框，在"当前状态"列表中选择要整理的磁盘，单击"分析磁盘"按钮，会对磁盘的碎片进行分析并在磁盘信息右侧显示碎片的比例，然后单击"磁盘碎片整理"按钮，开始对磁盘的碎片进行整理。

图 3-37　"磁盘碎片整理程序"对话框

单击磁盘属性对话框"工具"选项卡中的"立即进行碎片整理"按钮也可打开"磁盘碎片整理程序"对话框。

（3）格式化磁盘

当出现磁盘错误、计算机中毒等情况时，用户可以对磁盘进行格式化。右击要格式化的磁盘，在弹出的快捷菜单中选择"格式化"命令，打开图 3-38（a）所示的对话框，设置文件系统、卷标、格式化选项后单击"开始"按钮，在图 3-38（b）所示的提示对话框中单击"确定"按钮，即开始对磁盘进行格式化。

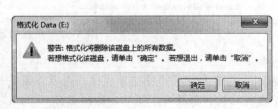

（a）格式化对话框　　　　　　　　　　　（b）格式化提示对话框

图 3-38　格式化磁盘

　　注意：格式化后，磁盘中原来的所有数据将被彻底删除，用户必须先确定磁盘中的数据或文件无用，对于有用的文件先移动到其他磁盘中。

　　（4）备份和还原

　　Windows 7 能够创建个人数据的备份和系统映像的备份，在出现文件损坏和系统故障时可以还原计算机到指定的状态，从而保障用户文件的安全。

　　双击"控制面板"窗口中的"备份和还原"图标，打开图 3-39 所示的"备份和还原"窗口，单击"设置备份"超链接，根据向导分别设置备份文件的保存位置、要备份的内容（或创建系统映像）、备份计划等信息后开始备份文件。建立备份后，在"备份和还原"窗口中单击"还原我的文件"按钮，根据向导选择要还原的文件或文件夹的备份、还原到的位置等信息后开始还原。

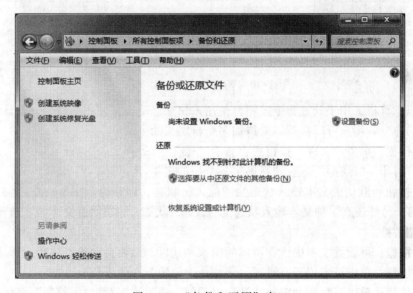

图 3-39　"备份和还原"窗口

2. 硬件的安装与 U 盘的使用

　　目前，硬件大多是"即插即用"的，把设备连接到计算机后，Windows 会自动检测设备，并搜索设备的驱动程序，如果搜索到系统无法识别的设备，会弹出对话框提示用户指定驱动程序的路径。在设备驱动程序加载到系统后，Windows 会为该设备配置属性。

　　U 盘是 USB 设备，将 U 盘直接插到计算机上的 USB 接口，系统会自动识别并在通知区域显示█图标，可以在 U 盘上保存、删除文件。U 盘使用完毕后，从计算机上拔下前要先删除硬件，方法是关闭 U 盘的窗口，再单击通知区域的█图标，选择该 U 盘对应的"弹出 Flash Disk"命令，提示"安全地移除硬件"后即可将其拔下。

3.2　Word 文字处理软件

　　Word 是当前使用最广泛的文字处理软件，其功能非常强大，可完成文字排版、表格设计、图文混排、页面设置及打印等任务。Word 2010 操作界面如图 3-40 所示。

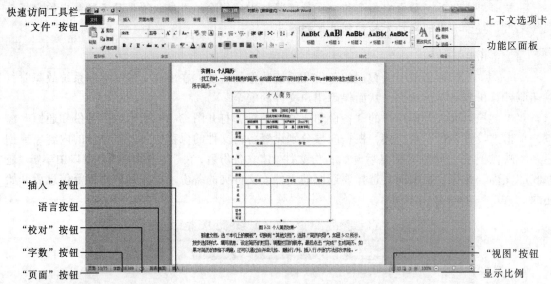

图 3-40　Word 2010 操作界面

快速访问工具栏：用于放置命令按钮，使用户快速启动经常使用的命令。默认情况下，只有数量较少的命令，用户可以根据需要添加多个自定义命令。

"文件"按钮：单击"文件"按钮后会显示"保存""另存为""打开""关闭""信息""最近""新建""打印""保存并发送""帮助"等常用的选项。

"插入"按钮：默认的文本输入状态为"插入"状态，即在原有文本的左边输入文本时原有文本将右移。另外还有一种文本输入状态为"改写"状态，即在原有文本的左边输入文本时，原有文本将被替换。

"语言"按钮：可设置文档中语言所属的国家和地区，以便自动检查拼写、语法等。

"校对"按钮：单击可定位于有拼写、语法错误的地方，便于修改。

"字数"按钮：单击可打开"字数统计"对话框，查看"字数""字符数"等统计信息。

"页面"按钮：单击可打开查找、替换、定位对话框。

上下文选项卡：自动呈现于当前所选对象相关的工具集合，如图片、图标或表格等。

"视图"按钮：在各种视图中切换。

Word 2010 取消了传统的菜单操作方式，取而代之的是各种功能区。单击这些功能区的名称时，切换到与之相对应的功能区面板。每个功能区根据功能的不同又分为若干组，每个功能区所拥有的功能如下：

1．"开始"功能区

"开始"功能区中包括剪贴板、字体、段落、样式和编辑五个分组，对应 Word 2003 的"编辑"和"段落"菜单部分命令。该功能区主要用于帮助用户对 Word 2010 文档进行文字编辑和格式设置，是最常用的功能区。

2．"插入"功能区

"插入"功能区包括页、表格、插图、链接、页眉和页脚、文本、符号七个分组，对应 Word 2003 中"插入"菜单的部分命令，主要用于在 Word 2010 文档中插入各种元素。

3．"页面布局"功能区

"页面布局"功能区包括主题、页面设置、稿纸、页面背景、段落、排列六个分组，对应 Word 2003 的"页面设置"菜单命令和"段落"菜单中的部分命令，用于帮助用户设置 Word 2010 文档页面样式。

4．"引用"功能区

"引用"功能区包括目录、脚注、引文与书目、题注、索引和引文目录六个分组，用于实现在 Word 2010 文档中插入目录等比较高级的功能。

5．"邮件"功能区

"邮件"功能区包括创建、开始邮件合并、编写和插入域、预览结果和完成五个分组，用于在 Word 2010 文档中进行邮件合并方面的操作。

6．"审阅"功能区

"审阅"功能区包括校对、语言、中文简繁转换、批注、修订、更改、比较和保护八个分组，用于对 Word 2010 文档进行校对和修订等操作，适用于多人协作处理 Word 2010 长文档。

7．"视图"功能区

"视图"功能区包括文档视图、显示、显示比例、窗口和宏五个分组，用于帮助用户设置 Word 2010 操作窗口的视图类型，以方便操作。

3.2.1　文件操作

1．创建 Word 文档

要新建 Word 文档，需单击"文件"按钮，在"文件"面板中选择"新建"命令，在打开的"新建"面板中，选中需要创建的文档类型。例如：可以单击"空白文档""博客文章""书法字帖"等 Word 2010 自带的模板创建文档，还可以单击 Office.com 提供的"名片""日历"等在线模板。完成选择后单击"创建"按钮，如图 3-41 所示。

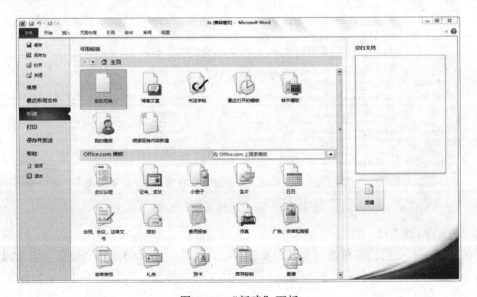

图 3-41　"新建"面板

2．打开 Word 文档

要打开已存在的 Word 文档，需单击"文件"按钮，在"文件"面板中选择"打开"命令，弹出"打开"对话框，如图 3-42 所示，选择文件路径，打开 Word 文档。也可以单击"文件"按钮，在"文件"面板中选择"最近所用文件"命令，默认显示 20 个最近打开或编辑过的 Word 文档，在"文件"面板右侧的"最近使用的文档"列表中，单击准备打开的 Word 文档名称即可，如图 3-43 所示。

图 3-42　"打开"对话框

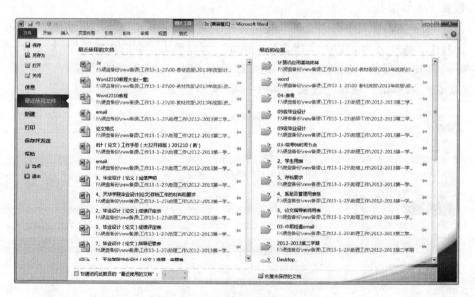

图 3-43　"最近所用文件"选项

3．保存 Word 文档

要保存 Word 文档，需单击"文件"按钮，在"文件"面板中选择"保存"命令，或单击快速访问工具栏中的"保存"按钮，即可保存文档。如果文档已保存过，将以原文件名保存在原来的路径下。

若要改变保存路径、文件名、文件格式，需单击"文件"按钮，在"文件"面板中选择"另存为"命令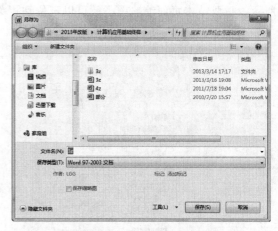，打开"另存为"对话框进行设
置，如图 3-44 所示。

3.2.2　文本编辑

1．剪切、复制、粘贴和删除

"复制"操作是在原有内容保持不变的基
础上，将所选中内容放入剪贴板；"剪切"操作
是在删除原有内容的基础上，将所选中内容放
入剪贴板；"粘贴"操作是将剪贴板的内容放到
目标位置。

要进行"复制""剪切""粘贴"操作，先
选中需要剪切或复制的文本，然后在"开始"

图 3-44　"另存为"对话框

功能区的"剪贴板"分组，单击"剪切"按钮 （快捷键【 Ctrl+X 】）或"复制"按钮 （快捷
键【Ctrl+C】）。将光标定位到插入点，然后单击"剪贴板"分组中的"粘贴"按钮 （快捷键
【 Ctrl+V 】）即可。

另外，当执行"复制"或"剪切"操作后，单击"粘贴"按钮下方的下拉按钮，会出现"粘
贴选项"命令，包括"保留源格式""合并格式""仅保留文本"3 个命令。

① "保留源格式"命令 ：被粘贴内容保留原始内容的格式。

② "合并格式"命令 ：被粘贴内容保留原始内容的格式，并且合并应用目标位置的格式。

③ "只保留文本"命令 ：被粘贴内容清除原始内容和目标位置的所有格式，只保留文本。

"删除"操作可以用【 Delete 】键或【 Backspace 】键完成。

2．撤销、恢复

在编辑文档时一旦操作失误，可以通过单击快速访问工具栏的"撤销"按钮 取消前一步
操作。多次单击"撤销"按钮时，可以一个个地取消之前的操作。

与"撤销"相反，单击"恢复"按钮 可以将已撤销的操作再恢复过来。

3．文档导航、查找、替换

（1）文档导航

文档导航是 Word 2010 的新功能，可以实现文档的快速定位。切换到"视图"功能区，在"显
示"分组中选中"导航"窗格，即可在 Word 2010 编辑窗口的左侧打开"导航"窗格，如图 3-45
所示。导航方式分为 3 种：标题导航、页面导航、搜索导航。

① 标题导航。标题导航类似之前 Word 版本中的文档结构图。打开"导航"窗格后，单击
最左边的"浏览您的文档中的标题"按钮 ，导航方式即可切换到"标题导航"。Word 将所有
的文档标题在"导航"窗格中按层级列出，只要单击标题，就会自动定位到相关章节。

右击标题，可以从弹出的快捷菜单中看到更多丰富的操作功能，如图 3-45 所示，比如升
级、降级、在指定位置插入新标题或者副标题、删除（标题）、选择标题和内容、打印标题和内
容、全部展开、全部折叠、显示标题级别等，可以通过这些命令轻松快速地切换到所需的位置
以及调整文章标题内容。还可以用鼠标轻松拖动"导航"窗格中的文档标题，重排文档结构。

② 页面导航。单击"导航"窗格中间的"浏览您的文档中的页面"按钮 ，即可将导航
方式切换到"页面导航"，Word 会在"导航"窗格上以缩略图形式列出文档页面，如图 3-46

所示，只要单击页面缩略图，就可以定位到相关页面。

图 3-45　"标题导航"选项卡　　　　图 3-46　"页面导航"选项卡

③ 搜索导航。导航方式是通过关键词搜索进行导航，单击"导航"窗格中的"浏览您当前搜索的结果"按钮，然后在文本框中输入搜索关键词，"导航"窗格上就会列出包含关键词的导航块，鼠标指针移到上面会显示对应的页数和标题，单击这些搜索结果导航就可以快速定位到文档的相关位置，如图 3-47 所示。

小知识：

按【Ctrl+F】组合键，可以快速打开 Word 2010 的"导航"窗格，并定位在"搜索导航"选项卡。

还可以对特定对象进行搜索和导航，如图形、表格、公式、批注等。单击搜索框右侧放大镜后面的箭头按钮，从下拉菜单中选择"查找"栏中的相关选项，就可以快速查找文档中的图形、表格、公式和批注。

（2）查找

借助"查找"功能，用户可以在文档中快速查找特定的字符。

要进行查找操作，先在"开始"功能区的"编辑"分组中单击"查找"按钮。在打开的"导航"窗格的文本框中输入需要查找的内容，并单击"搜索"按钮。查找到的目标内容将以黄色矩形底色标识，单击"上一处"或"下一处"按钮，定位到上一个或下一个找到的目标内容，如图 3-47 所示。

用户还可以在"导航"窗格中单击搜索按钮右侧的下拉按钮，在弹出的下拉菜单中选择"高级查找"命令。打开"查找和替换"对话框，在"查找"选项卡的"查找内容"文本框中输入要查找的字符，单击"查找下一处"按钮即可，如图 3-48 所示。

（3）替换

可以借助"替换"功能，快速替换 Word 文档中的目标内容。

要进行替换操作，先在"开始"功能区的"编辑"分组中单击"替换"按钮 ，打开"查找和替换"对话框，并切换到"替换"选项卡。在"查找内容"文本框中输入准备替换的内容，在"替换为"文本框中输入替换后的内容。如果希望逐个替换，则单击"替换"按钮；如果希望全部替换查找到的内容，则单击"全部替换"按钮。

查找和替换功能不仅可以针对普通文本，还可以针对格式、通配符、特殊字符等。

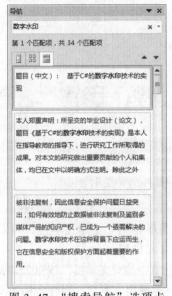

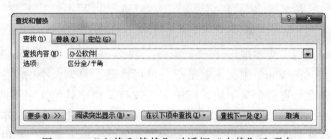

图 3-47　"搜索导航"选项卡　　　　　图 3-48　"查找和替换"对话框"查找"选项卡

注意：在设置格式时，应注意光标的定位。若光标定位在"查找内容"文本框，即对要查找的目标内容设定格式；若光标定位在"替换为"文本框，则是对替换的内容设定格式。

4．文本格式

（1）字体

设置文字格式，需先选中文字，再选择"开始"功能区的"字体"分组中对应命令，设置字体、字号、加粗、倾斜、字间距、特殊效果等；或者右击选中的文字，在弹出的快捷菜单中选择"字体"命令，在打开的"字体"对话框中进行设置。

小知识：

在 Word 2010 中选中对象或右击对象时，会出现浮动工具栏。通过浮动工具栏，可以选择常用的命令进行格式设置。

在"字体"对话框中，选择"高级"选项卡，单击"文字效果"按钮，打开"设置文本效果格式"对话框，如图 3-49 所示，可以得到更丰富的文本效果，如图 3-50 所示。

小知识：

设置文本格式时，字号下拉列表框里最大只能到 72 磅，如果要设置更大的字，可以先选中文字，然后直接在字号框里输入所需的磅数，如 300，按【Enter】键，即可改变文字大小。

用"格式刷"可以高效、快捷地编辑格式。先选中已设置好格式的文字，再单击"开始"功能区"剪贴板"分组中的"格式刷"按钮 ，最后用鼠标选中要使用该格式的文字即可。单击"格式刷"按钮只能改变格式一次；双击"格式刷"按钮，就可以"刷"多次。当不再需要时，只要再次单击"格式刷"按钮或按【Esc】键即可。

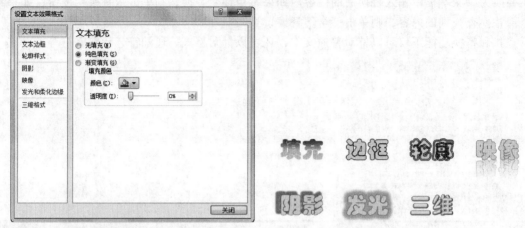

图 3-49　"设置文本效果格式"对话框　　　　　图 3-50　文本效果

（2）文本框

在 Word 中文本框是指一种可移动、可调大小的文字或图形容器。使用文本框，可以在一页上放置数个文字块，或使文字按与文档中其他文字不同的方向排列。

要在文档中插入文本框，先单击"插入"功能区"文本"分组中的"文本框"按钮▤，弹出文本框菜单如图 3-51 所示，选择"绘制文本框"命令，并用鼠标拖动出文本框，可输入横排文本；若选择"绘制竖排文本框"命令，则可输入竖排文本。如果希望修改文本框的格式，需右击文本框的边框，在弹出的快捷菜单中选择"设置形状格式"命令，打开"设置形状格式"对话框，如图 3-52 所示，可以得到丰富的文本框效果，如图 3-53 所示。

图 3-51　文本框菜单

图 3-52　"设置形状格式"对话框

图 3-53　文本框效果

（3）首字下沉

很多报纸、杂志上，文章的第一个字较大、非常醒目，如图 3-54 所示，就是首字下沉的效果，可以突出显示段首或篇首位置。

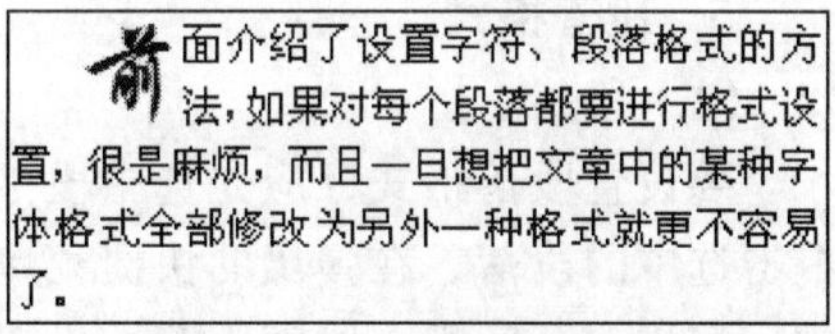

要设置首字下沉的效果，先将光标移动到需要设置首字下沉或悬挂的段落中，单击"插入"功能区"文本"分组中的"首字下沉"按钮，在弹出的"首字下沉"面板中选择"下沉"或"悬挂"选项，如图 3-55 所示，即可实现首字下沉或首字悬挂的效果。在弹出的"首字下沉"面板中选择"首字下沉选项"命令，弹出"首字下沉"对话框，如图 3-56 所示。选中"下沉"或"悬挂"选项，然后可以分别设置字体、下沉的行数，最后单击"确定"按钮即可，

图 3-54　首字下沉效果

图 3-55　"首字下沉"面板

图 3-56　"首字下沉"对话框

（4）符号

用户可以通过"符号"对话框插入任意字符和特殊符号。

在文档中插入字符，先切换到"插入"功能区，在"符合"分组中单击"符号"按钮 Ω。在弹出的"符号"面板中可以看到一些最常用的符号，单击所需要的符号即可将其插入到文档中，如图 3-57 所示。如果"符号"面板中没有所需要的符号，可以选择"其他符号"命令，

打开"符号"对话框，如图3-58所示。在"符号"选项卡下，单击"子集"右侧的下拉按钮，在打开的下拉列表中选中合适的子集（如"数字形式"），然后在符号表格中选中需要的符号，并单击"插入"按钮即可。

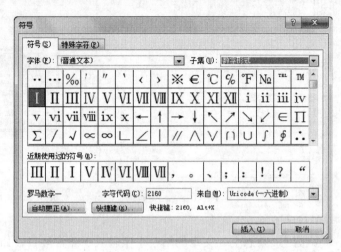

图3-57　"符号"面板　　　　　　　　　　图3-58　"符号"对话框

5. 段落格式

（1）段落

要设置段落格式，应先选中段落，可以选择"开始"功能区"段落"分组中的命令；或者右击选中的段落，在弹出的快捷菜单中选择"段落"命令，在"段落"对话框中可设置对齐方式、缩进、行间距、段间距等，设置的效果如图3-59和图3-60所示。

利用"开始"功能区"段落"分组中的"底纹"按钮，可以为所选文字或段落设置背景色，利用"边框"按钮可以为所选单元格或文字设置边框线。

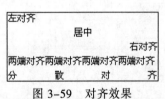

图3-59　对齐效果　　　　　　　　　　图3-60　缩进效果

（2）分栏

很多报纸和杂志将版面做成分栏的效果，使版面美观、方便阅读，如图3-61所示。

要设置分栏，应先选中需要分栏的段落，切换至"页面布局"功能区，单击"页面设置"分组中的"分栏"按钮，弹出"分栏"面板，如图3-62所示，有一栏、二栏、三栏、偏左、偏右和"更多分栏"等选项，可以根据需要选择合适的栏数。需要更多分栏效果，可以选择"更多分栏"命令，打开"分栏"对话框，如图3-63所示，在"栏数"后设定数目（上限为11），还可设定分栏的宽度和间距。如果需要在分栏的效果中加上"分隔线"，选中"分隔线"复选框即可。要取消分栏，只要选中段落，设为一栏即可。

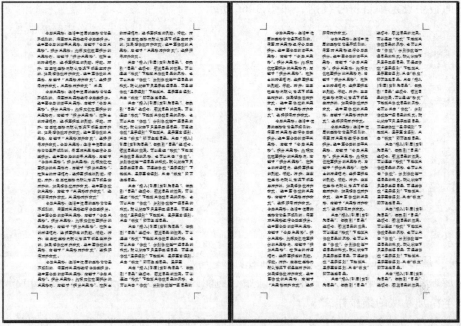

图 3-61　分栏效果

图 3-62　"分栏"面板

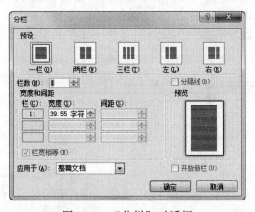

图 3-63　"分栏"对话框

（3）项目符号和编号

① 项目符号是为提纲性的文字添加图标，使提纲更醒目。

要添加项目符号，需先选中文字，在"开始"功能区的"段落"分组中单击"项目符号"按钮，可以为文本添加默认的项目符号样式。

如需其他类型的项目符号，可单击"项目符号"按钮右侧的下拉按钮，弹出"项目符号"面板，如图 3-64 所示。可在面板中选择项目符号图标，也可以选择"定义新项目符号"命令，在打开的对话框中设定"符号""图片""字体""对齐方式"等，如图 3-65 所示。

还可在"项目符号"面板中，选择"更改列表级别"命令，

图 3-64　"项目符号"面板

在弹出的面板中设定项目符号级别，如图 3-66 所示。

图 3-65　"定义新项目符号"对话框　　　　　图 3-66　"更改列表级别"面板

② 编号是为有序的提纲性文字添加编号。

要添加编号，需先选中文字，选择"开始"功能区的"段落"分组，单击"编号"按钮，可以为文本添加默认的编号样式。

如需其他类型的编号，可单击"编号"按钮右侧的下拉按钮，弹出"编号"面板，如图 3-67 所示。可在面板中选择编号格式，也可以选择"定义新编号格式"命令，在打开的对话框中设定"编号样式""字体""编号格式""对齐方式"等，如图 3-68 所示。

还可在"编号"面板中，选择"更改列表级别"命令，在弹出的面板中设定编号级别。选择"设置编号值"命令，在打开的对话框中设定是开始新列表还是延续上一列表，如图 3-69 所示。

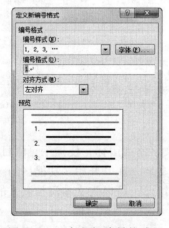

图 3-67　"编号"面板　　　图 3-68　"定义新编号格式"　　　图 3-69　"起始编号"
　　　　　　　　　　　　　　　　　　对话框　　　　　　　　　　　对话框

6．页面格式

（1）页面设置

使用 Word 编辑好文档之后，需要进行文档的打印。打印前需要进行页面设置。图 3-70 所示为页面设置后的效果。

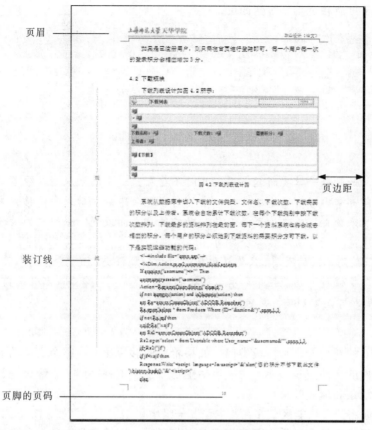

页眉

页边距

装订线

页脚的页码

图 3-70 页面格式

选择"页面布局"功能区的"页面设置"分组中的命令，可以设置文字方向，上、下、左、右页边距，页面排版是横向还是纵向，打印纸是 A4、B5 还是其他大小等。单击该分组中的"对话框启动器"按钮，打开"页面设置"对话框，如图 3-71 所示，可以对页边距、纸张、版式、文档网格等进行详细设置。

（2）页眉和页脚

在编辑书、论文、企划书时，为了使文档看起来更正规、更美观，需要加入页眉、页脚，提供文档相关的信息，如书名、作者、页码、论文题目、公司徽标、日期等。

要添加页眉和页脚，先单击"插入"功能区"页眉和页脚"分组中的"页眉"按钮或"页脚"按钮，在弹出的下拉面板中选择一种"页眉"或"页脚"样式，或者单击"编辑页眉"按钮，即可在"页眉"或"页脚"

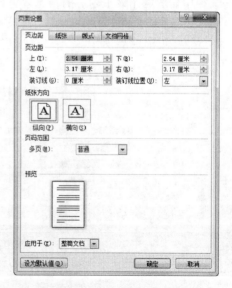

图 3-71 "页面设置"对话框

区域输入文本内容，还可以在自动显示的"页眉和页脚工具/设计"功能区中选择插入页码、日期和时间等对象，设置奇偶页用不同的页眉和页脚，首页与其他页不同等，如图 3-72 所示。

完成编辑后单击"关闭页眉和页脚"按钮即可。

图 3-72 "页眉和页脚工具/设计"功能区

小知识：

在写毕业论文时，一般每一章要新起一页，此时不要在前一章的末尾输入很多回车符来分页。因为这样做一旦前一章内容有所增减，下一章的内容也会跟着向后或向前移。要另起一页时，应该用"分隔符"来分页。单击"页面布局"功能区"页面设置"分组中的"分隔符"按钮 ，在弹出的面板中选中"分页符"命令即可。

要使论文不同章节使用不同的页眉，只要将两章之间的分隔符更改为"分节符"，并在图 3-72所示的"页眉和页脚工具/设计"功能区中取消"链接到前一条页眉"命令，断开与前节的链接，这样每章的页眉和页脚即可互不影响、单独编辑。

（3）主题

主题是 Word 2010 的新功能，和模板类似。如果希望能够快速变换整个文档的显示风格，则可以应用 Office 提供的文档主题功能。主题包括主题颜色、主题字体（各级标题和正文文本字体）和主题效果（线条和填充效果）。

首先切换到"页面布局"功能区，并在"主题"分组中单击"主题"按钮 下的下拉按钮。在弹出的"主题"面板中选择合适的主题，如图 3-73 所示。当鼠标指向某一种主题时，会在文档中显示应用该主题后的预览效果，可以选择合适的主题。通过单击"主题"分组中的"颜色"按钮 、"字体"按钮 、"效果"按钮 ，在弹出的面板中选择相应项修改当前主题，如图 3-74 和图 3-75 所示。

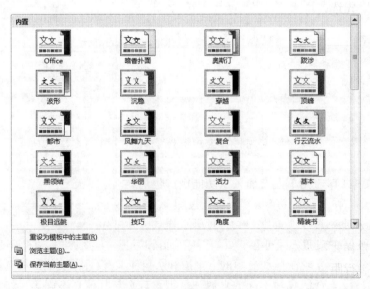

图 3-73 "主题"面板

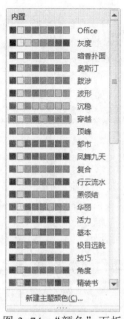

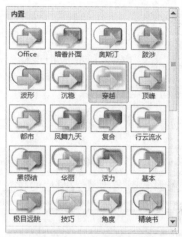

图 3-74　"颜色"面板　　　　　　　　　　　图 3-75　"效果"面板

如果希望将主题恢复到 Word 模板默认的主题，可以在"主题"面板中选择"重设为模板中的主题"命令。

3.2.3　样式操作

1. 样式

在编辑文档时，如果对每个段落都要进行格式设置，比较麻烦，而且一旦需要将文档中的某种字体格式全部修改为另外一种格式就更不容易了。使用"样式"功能可以解决这些问题。

使用样式时，先选中文字，在"开始"功能区"样式"分组选中某种样式即可，如图 3-76 所示。

图 3-76　"样式"分组

2. 编辑样式

（1）新建样式

可以对常用的字体、段落格式进行设置并保存成样式，以便于反复使用，提高编辑效率。在"开始"功能区"样式"分组中单击"对话框启动器"按钮，弹出图 3-77 所示的"样式"窗格，单击"新建样式"按钮，在打开的"根据格式设置创建新样式"对话框中设置字体、字号、对齐方式、行距、段落间距等，即可生成新的样式。

（2）修改样式

样式的修改非常方便，只要在样式上右击，在弹出的快捷菜单中选择"修改"命令，即可再次编辑该样式，并且所有应用该样式的文字都会发生相应的改变。

（3）删除样式

在"样式"窗口的样式上右击，在弹出的快捷菜单中选择"删除××"命令，删除××样式，所有应用该样式的文字格式都被删除。

3.2.4　图形对象与图文混排

1. 图形对象

（1）图片

Word 文档中可插入多种格式的图片，如 JPG、BMP、GIF、TIF、PNG 等。首先将光标移动到需要插入图片的位置，切换至"插入"功能区，在"插图"分组中单击"图片"按钮，选择图片路径，单击"插入"按钮即可。

图 3-77　"样式"窗格

（2）剪贴画

剪贴画是用各种图片和素材剪贴合成的图片，所以称为"剪贴画"，通常用来制作海报或作为文档的小插图。

要插入剪贴画，先将光标移动到需要插入剪贴画的位置，切换至"插入"功能区，在"插图"分组中单击"剪贴画"按钮，弹出"剪贴画"窗格，如图 3-78 所示。在"搜索文字"文本框中输入关键字进行搜索，例如搜索与"车"有关的剪贴画，还可以在"结果类型"下拉列表框中选择剪贴画的类别。

注意：如果 Office 软件未完全安装，可能无法使用剪贴画、公式编辑器等功能。

（3）形状

文档中可加入 Word 自带的线条、基本形状、箭头、流程图、旗帜、标注等形状。先将光标移动到需要插入形状的位置，切换至"插入"功能区，在"插图"分组中单击"形状"按钮，在弹出的面板中选择合适的形状即可，如图 3-79 所示。

小知识：

如果不希望改变多个图形对象的位置关系，可以将它们组合成一个对象。按住【Ctrl】键选中多个图形并右击，在弹出的快捷菜单中选择"组合"命令，即成为一个对象，可以整体移动、缩放。如果要单独修改某个图形，还可以右击该图形，在弹出的快捷菜单中选择"取消组合"命令。

（4）SmartArt 图形

SmartArt 图形是信息和观点的视觉表示形式，便于用户能够直观、轻松、有效地传达信息，使制作精美的文档图形对象变得简单易行。SmartArt 图形包括图形列表、流程图以及更复杂的图形，例如：思维图、组织结构图等。图 3-80 展示了两个 SmartArt 图形的应用示例。

图 3-78 "剪贴画"窗格

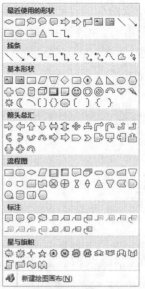

图 3-79 形状

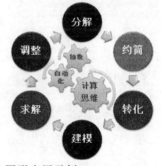

图 3-80 SmartArt 图形应用示例

要在文档中加入 SmartArt 图形,需先将光标移动到要插入 SmartArt 图形的位置,切换至"插入"功能区,在"插图"分组中单击 SmartArt 按钮 ,在打开的"选择 SmartArt 图形"对话框中,单击左侧的类别名称选择合适的类别,然后在对话框右侧选择需要的 SmartArt 图形,并单击"确定"按钮即可,如图 3-81 所示。

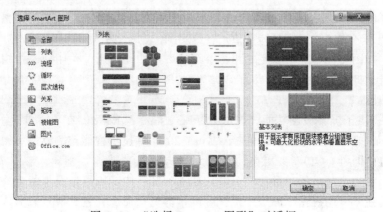

图 3-81 "选择 SmartArt 图形"对话框

插入 SmartArt 图形后，自动显示图 3-82 所示的"SmartArt 工具"动态标签，包括"设计"和"格式"两个选项卡，可实现创建图形、修改元素布局、样式、形状、形状样式、艺术字样式等功能。

图 3-82　SmartArt 动态标签

单击已插入的 SmartArt 图形左侧的按钮，打开"在此处键入文字"对话框，可输入、修改 SmartArt 图形中的文字，也可在 SmartArt 图形上进行输入、修改。

（5）图表

图表是一种将对象属性数据直观、形象地"可视化"的手段。

要在文档中插入图表，先将光标定位在要插入图表的位置，切换到"插入"功能区，在"插图"分组中单击"图表"按钮，打开"插入图表"对话框，在左侧的图表类型列表中选择需要创建的图表类型，在右侧图表子类型列表中选择合适的图表，并单击"确定"按钮，如图 3-83所示。

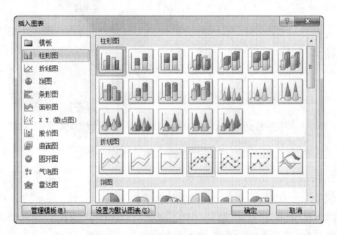

图 3-83　"插入图表"对话框

在并排打开的 Word 窗口和 Excel 窗口中，首先需要在 Excel 窗口中编辑图表数据。例如修改系列名称和类别名称，并编辑具体数值。在编辑 Excel 表格数据的同时，Word 窗口中将同步显示图表结果，如图 3-84 所示。完成 Excel 表格数据的编辑后，关闭 Excel 窗口，即可以在Word 窗口中看到创建完成的图表。

（6）屏幕截图

Word 2010 提供了屏幕截图功能，首先切换到"插入"功能区，在"插图"分组中单击"屏幕截图"按钮，打开"可用视窗"面板，Word 2010 将显示智能监测到的可用窗口。单击需要插入截图的窗口即可。

如果仅需要将特定窗口的一部分作为截图插入到文档中，则可以只保留该特定窗口为非最小化状态，然后在"可用视窗"面板中选择"屏幕剪辑"命令，进入屏幕裁剪状态后，拖动鼠标选择需要的部分窗口即可将其截图插入到当前文档中。

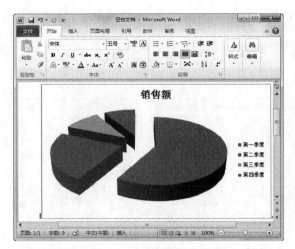

（a）图表同步更改

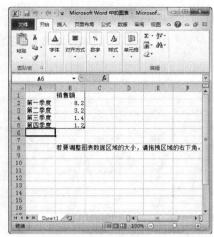

（b）更改数据

图 3-84　编辑图表数据

（7）艺术字

艺术字可以使文字变为图形，产生旋转、阴影、扭曲等效果。

要在文档中插入艺术字，先将光标移动到准备插入艺术字的位置，在"插入"功能区中，单击"文本"分组中的"艺术字"按钮，并在打开的艺术字预设样式面板中选择合适的艺术字样式，如图 3-85 所示。插入点处出现"请在此放置您的文字"占位符，输入的文字将自动覆盖占位符，并自动显示"绘图工具/格式"功能区，如图 3-86 所示。

插入艺术字后，可以随时修改艺术字，只需要单击艺术字即可进入编辑状态，利用自动显示的"绘图工具/格式"功能区（见图 3-86），可修改样式、填充、轮廓、效果等。若要修改字体、字号、颜色，需通过"开始"功能区的"字体"分组中的命令进行。

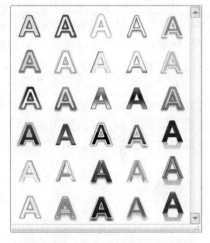

图 3-85　艺术字预设样式面板

图 3-86　"绘图工具/格式"功能区

2．图片编辑

Word 2010 提供了强大的图片编辑功能。

双击图片，自动显示"图片工具/格式"功能区，如图 3-87 所示。在"调整"分组中，可实现删除背景、修改图片的亮度、对比度、颜色、添加艺术效果（类似 Photoshop 中的滤镜效果）以及压缩、更改和重置图片等功能。

图 3-87 "图片工具/格式"功能区

在"图片样式"分组中，可以选择"图片样式"，使图片套用现有样式，效果如图 3-88 所示。可单击"图片边框"按钮✏，对图片添加边框，指定颜色、宽度、线型等。单击"图片效果"按钮🔵，对图片应用某种视觉效果，如阴影、发光、映像、三维旋转等。单击"图片版式"按钮📰，将所选图片转换为 SmartArt 图形。

在"排列"分组中，单击"位置"按钮🔳，文本自动环绕于图片四周，可在弹出的面板中选择图片在文本中的位置。单击"自动换行"按钮🔳，可设置图片周围文本的环绕效果，效果如图 3-89 所示。该分组中的其他按钮还可修改多个图片叠放时的前后顺序和可见性、多个对象的对齐方式、组合、图片的旋转等。

图 3-88　图片样式　　　　　　　　图 3-89　文本环绕效果

在"大小"分组中，可实现裁剪图片，调整图片高度和宽度。

除了使用"图片工具/格式"功能区以外，还可以在图片上右击，在弹出的快捷菜单中选择"设置图片格式"命令，进行图片编辑。

3.2.5　表格对象与编辑排版

1. 创建表格

要在文档中插入表格，先将光标定位到插入点，切换到"插入"功能区，在"表格"分组中单击"表格"按钮▦，弹出"插入表格"面板，如图 3-90 所示。在"插入表格"面板中，有多种创建表格的方式可供选择：

① 利用鼠标上下左右滑动，选择模拟表格的单元格数量。

② 选择"插入表格"命令▦，打开"插入表格"对话框，通过设置列数和行数进行创建，如图 3-91 所示。

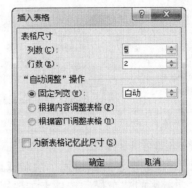

图 3-90 "插入表格"面板　　　　图 3-91 "插入表格"对话框

③ 选择"绘制表格"命令▨，鼠标变成笔的形状✎，通过拖动绘制表格的边框。

④ Word 2010 可以很容易地将文字转换成表格形式。首先，为准备转换成表格的文本添加段落标记和分隔符（如用逗号，必须是英文半角逗号），并选中需要转换成的表格的所有文字，选择"文本转换成表格"命令▥，在打开的对话框中调整列数、分隔符等即可。

将文字转换成表格时，关键是使用分隔符将文本合理分隔。常见的分隔符有段落标记（用于创建表格行）、制表符和逗号（用于创建表格列）。例如，对于只有段落标记的多个文本段落，可以将其转换成单列多行的表格；而对于同一个文本段落中含有多个制表符或逗号的文本，Word 2010 可以将其转换成单行多列的表格；包括多个段落、多个分隔符的文本则可以转换成多行、多列的表格。

⑤ 选择"Excel 电子表格"命令▦插入空白 Excel 表格，可在 Excel 表格中进行数据录入、数据计算等数据处理工作，其功能与操作方法跟在 Excel 中操作完全相同。

⑥ 选择"快速表格"命令▦，在弹出的"内置"表格库面板中，选择所需的表格样式，如图 3-92 所示。

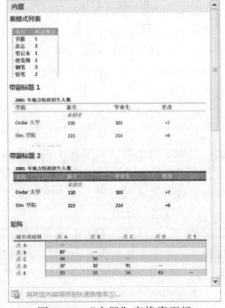

图 3-92 "内置"表格库面板

2．编辑表格

编辑表格主要有两种途径：可以将光标定位在表格中，自动显示"表格工具"功能区，包括"设计"和"布局"两个选项卡，如图 3-93 和图 3-94 所示，使用功能区中相应的命令；也可以选中表格对象并右击，在弹出的快捷菜单中选择相应的命令。

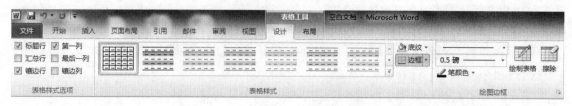

图 3-93　"表格工具/设计"功能区

图 3-94　"表格工具/布局"功能区

"表格工具"功能区的"设计"选项卡主要用来编辑表格的格式。在"表格样式选项"分组中，可以为表格添加行和列。在"表格样式"分组中，可以对表格套用样式、设置底纹、边框。在"绘图边框"分组中，可以用鼠标绘制或擦除表格边框，并设定绘制边框的样式。

"表格工具"功能区的"布局"选项卡主要用来修改表格。在"表"分组中，单击"选择"按钮，可以选中单元格、行、列或整个表格。单击"查看网格线"按钮，可以显示或隐藏表格内的虚线框。单击"属性"按钮，可以弹出"表格属性"对话框，更改高级表格属性，如缩进、文字环绕等。

在"行和列"分组中，单击"删除"按钮，可以删除单元格、行、列或整个表格。利用"在上方插入"按钮、"在下方插入"按钮、"在左侧插入"按钮、"在右侧插入"按钮，可以实现行和列的插入。

在"合并"分组中，选中若干单元格，单击"合并单元格"按钮，可以将多个单元格合为一个。选择一个单元格，单击"拆分单元格"按钮，可以将一个单元格拆分为多行多列。选择表格中的一行，单击"拆分表格"按钮，可以将表格拆分为两个表格，选中行将成为新表格的首行。

在"单元格大小"分组中，单击"自动调整"按钮，可以根据文字自动调整列宽。在"高度"和"宽度"文本框里，设置所选单元格的大小。单击"分布行"按钮和"分布列"按钮，可以在所选行、列之间平均分布高度和宽度。

在"对齐方式"分组中，可以为选中单元格设定文本对齐方式。单击"文字方向"按钮，可以更改所选单元格内文字的方向。单击"单元格边距"按钮，可以修改单元格边距和间距。

在"数据"分组中，单击"排序"按钮，可以按关键字对表格中数据进行排序。单击"重复标题行"按钮，可以对跨多个页面的表格，在每页上重复显示标题行。单击"转换为文本"按钮，通过选择文本分隔符，可以将表格转换为普通文本。单击"公式"按钮，可以在单元格内添加简单的公式用于计算。

下面列举了一些表格常用操作，主要是通过右击完成的，利用"表格工具"功能区的方法不再赘述。

（1）单元格操作

合并单元格：工作和生活中使用的表格常常是不规则的，需要对单元格进行合并或拆分。

选中要合并的若干单元格并右击，在弹出的快捷菜单中选择"合并单元格"命令即可。

拆分单元格：将光标定位在要拆分的单元格内，右击，在弹出的快捷菜单中选择"拆分单元格"命令，在打开的对话框中选择要拆成的列数、行数即可。

对齐：表格内的文字默认情况下都是左对齐的，如果需要修改对齐方式，可选中要修改的单元格并右击，在弹出的快捷菜单中选择"单元格对齐方式"命令，在打开的对话框中选择所需的对齐方式即可。

（2）行列操作

添加行/列：将光标定位在要插入处并右击，在弹出的快捷菜单中选择"插入"命令，在弹出的级联菜单中选择"在左侧插入列""在右侧插入列""在上方插入行""在下方插入行"等命令即可。

删除行/列：将光标定位在要删除处并右击，在弹出的快捷菜单中选择"删除单元格"命令，在打开的对话框中，选择"右侧单元格左移""下方单元格上移""删除整行""删除整列"等命令即可。

（3）表格操作

选中表格：不论是对表格做复制、粘贴、删除、移动等操作，都要先选中整个表格。将鼠标移到表格内，表格左上角会出现一个控制图标⊞，单击控制图标即可选中表格。

表格属性：选中表格并右击，在弹出的快捷菜单中选择"表格属性"命令，在打开的"表格属性"对话框中可以设置表格、行、列、单元格的大小、对齐方式、边框、底纹等。

3.2.6 数学公式的编辑

利用公式编辑器可以方便地插入数学符号（如 λ、$\pm$、$\subseteq$）、公式（如 $y = \sum\limits_{i=1}^{100} c_i - \dfrac{|x|}{\beta^2}$）。

要插入公式，切换至"插入"功能区，在"符号"分组中单击"公式"按钮 π 下面的下拉按钮 ▾，在弹出的面板中可以选择内置公式，如"二项式定理"公式、"傅里叶级数"公式等。也可以选择"插入新公式"按钮输入公式。在进行公式编辑时，会自动显示"公式工具/设计"功能区，利用该功能区可以对公式进行修改，如图 3-95 所示。

图 3-95 "公式工具/设计"功能区

3.2.7 音频和视频

Word 2010 可以插入音频视频对象，使文档信息更加丰富。

先切换至"插入"功能区，在"文本"分组中单击"对象"按钮，在打开的"对象"对话框中选择"由文件创建"选项卡，单击"浏览"按钮选择音频或视频文件，单击"插入"按钮返回到"对象"对话框，在"对象"对话框中单击"确定"按钮，这时会在当前打开的 Word 文档中多了一个包含音频或视频文件名的图标，只要双击该图标，即可用默认的媒体播放器播放音频或视频文件。

3.2.8　目录

目录可以使读者对书的内容一目了然。下面介绍制作目录的方法。

1. 创建目录

首先切换至"引用"功能区，在"目录"分组中单击"目录"按钮 🔳，弹出图 3-96 所示的"目录"面板，显示"手动目录""自动目录 1""自动目录 2"3 种内置目录样式。如果选择"手动目录"，需要在目录框架下手动填写目录内容。如果选择"自动目录"，则需要先定义文档中的标题级别（如标题 1、标题 2……），然后才能自动生成目录。

还可以单击"目录"面板中的"插入目录"按钮 🔳，打开图 3-97 所示的"目录"对话框，设定插入目录的样式，单击"确定"按钮即可生成目录。

图 3-96　"目录"面板

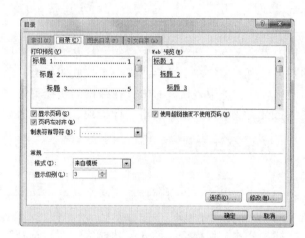

图 3-97　"目录"对话框

2. 修改目录

默认状态下只显示三级目录，可通过修改"目录"对话框中，"显示级别"下拉列表框中的数字，显示更多级别目录。在"目录"对话框中，单击"修改"按钮，可以修改每一级目录的样式。

对文档内容进行调整之后，要及时更新目录。先将光标定位到文档的目录上，切换至"引用"功能区，在"目录"分组中单击"更新目录"按钮 🔳，在打开的对话框中选择"更新整个目录"单选按钮，单击"确定"按钮，即可完成目录文字、页码的更新。

3.2.9　文档打印

单击"文件"按钮，在"文件"面板中选择"打印"命令，在打开的"打印"窗口右侧预览区域可以查看文档打印预览效果，用户所做的纸张方向、页面边距等设置都可以通过预览区域查看效果。用户还可以通过调整预览区下面的滑块改变预览视图的大小，如图 3-98 所示。

在"打印"窗口左侧的设置区域中，可以修改打印份数，选择打印机，设定打印的页码范围，单面打印还是双面打印，当打印很多份时是一份一份地打还是一页全部打完再打下一页，设置纸张方向、纸张类型、页边距、每张纸打印多少页等。单击"打印"按钮 🖨，完成打印输出。

图 3-98　"打印"窗口

小知识：

普通办公使用的打印机一般都没有双面打印功能，因此要实现双面打印，需要手动设置。在"打印"窗口中，单击"单面打印"按钮，在下拉列表选择"手动双面打印"，最后单击"打印"按钮进行打印。Word 首先将 1、3、5……等奇数页文档发送至打印机进行打印，完成单页打印后，会自动弹出对话框提醒用户将纸取出重新放入送纸器，此时需要将纸翻过来，颠倒前后顺序，并继续打印 2、4、6……等偶数页文档。

3.2.10　Word 知识拓展：宏

宏是将一系列命令和指令组合在一起，形成了一个单独的命令，可以实现用一个简单的操作，比如单击，就可以自动完成多项任务，提高编辑效率。例如，从网上复制的网页内容粘贴到 Word 以后，可能会有很多空行，有的行距又很大，手工去除空行、改行距、进行页面设置等很麻烦，如果录制一个编辑格式的宏，只要按一下事先设定的快捷键，一切工作就自动完成了。

Word 提供两种方法来创建宏：录制的方法和编写 VBA 脚本的方法，下面仅介绍录制的方法。

【例 3-1】 利用宏快速插入符号。

在编辑文档时，经常需要插入各种符号，往往要到符号框中查找半天。对于一些常用的符号，如"☑"，利用宏可以使操作简化。

① 定义宏名和触发宏的方式。先切换到"视图"功能区，在"宏"分组中单击"宏"按钮的下拉按钮 ▾。在弹出的宏面板中单击"录制宏"按钮，打开"录制宏"对话框，如图 3-99 所示。在对话框内，输入自定义的宏名。触发宏的方式可以单击"键盘"按钮，弹出"自定义键盘"对话框，如图 3-100 所示，光标定位在"请按新快捷键"文本框内，按下自定义的组合键，如【Ctrl+R】组合键，再单击"指定"按钮，将自定义的组合键添加到当前快捷键中，关闭对话框。

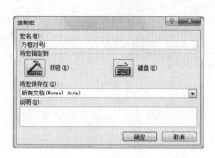

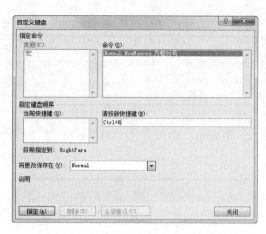

图 3-99 "录制宏"对话框　　　　　图 3-100 "自定义键盘"对话框

② 录制宏。执行完第一步后，鼠标指针右侧出现录音带的图标，表示现在正处在录制宏的状态下，会记录下所有操作步骤，下面只要将宏需要完成的操作都做一遍即可。切换至"插入"功能区，在"符号"分组中单击"符号"按钮Ω，在打开的"符号"面板中选择"☑"符号，将其插入到文档中。再切换到"视图"功能区，在"宏"分组中单击"宏"按钮的下拉按钮，在打开的"宏"面板中选择"停止录制"按钮，完成宏的录制。

这样一个新的宏就创建好了，以后当文档中需要"☑"符号，只需按【Ctrl+R】组合键即可实现该符号的插入，非常便捷。

3.2.11　Word 邮件合并

【例 3-2】利用"邮件合并"功能制作通知单。

日常办公时经常要编辑很多通知、信函，这类文件的大部分内容是相同的，只有个别数据不同。例如：学校开会时，要给老师发放"会议通知单"，如果一个一个地处理，效率非常低。Word 提供了邮件合并功能可以很好地解决这个问题，操作大致分三步。

（1）创建数据文件

新建"数据文档.doc"，并插入表格，将数据输入表格内，如表 3-2 所示。

表 3-2　数 据 表

姓　　名	党 小 组	时　　间	地　　点
沈浩辰	第一党小组	11 月 6 日	日华楼 121
何嘉森	第一党小组	11 月 6 日	日华楼 121
乐珺雯	第二党小组	11 月 9 日	日华楼 210
吕曼宁	第三党小组	11 月 5 日	日华楼 301

（2）创建通知单模板文件

新建"通知单模板.doc"，输入通知内容，将要替换的数据用×× 代替，如图 3-101 所示。

（3）邮件合并

在"通知单模板.doc"内，切换到"邮件"功能区，在"开始邮件合并"分组中单击"开始邮件合并"按钮，在下拉面板中单击"邮件合并分步向导"链接，弹出"邮件合并"窗格，如

图 3-102 所示。第一步，选择文档类型为"信函"。第二步，选中"使用当前文档"单选按钮。第三步，选中"使用现有列表"单选按钮，单击"浏览"链接，弹出"选取数据源"对话框，选择新创建的"数据文档.doc"，单击"打开"按钮，如图 3-103 所示，选择所有人。第四步，做替换，选中信件中第一个××，切换至"邮件"功能区，在"编写和插入域"分组中单击"插入合并域"按钮，在下拉面板中选择"姓名"，即用"姓名域"来替换信件中的××，此时文档中对应位置出现"<<姓名>>"。其他两处替换方法相同。第五步，撰写信函，单击 >> 按钮，预览做好的通知单。第六步，完成合并，选择"打印"或"编辑单个信函"命令完成通知单。

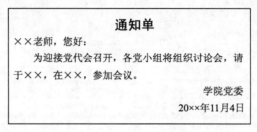

图 3-101　通知单模板

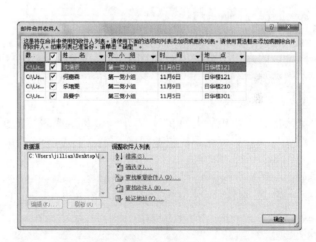

图 3-102　"邮件合并"窗格　　　　　图 3-103　"邮件合并收件人"对话框

3.3　Excel 电子表格处理软件

3.3.1　基本概念

Excel 是 Microsoft 办公套装软件的一个重要的组成部分，它可以进行各种数据的处理、统计分析和辅助决策操作，广泛地应用于管理、统计财经、金融等领域。Excel 2010 界面如图 3-104 所示，该视图为普通视图，可单击视图按钮 更改视图。

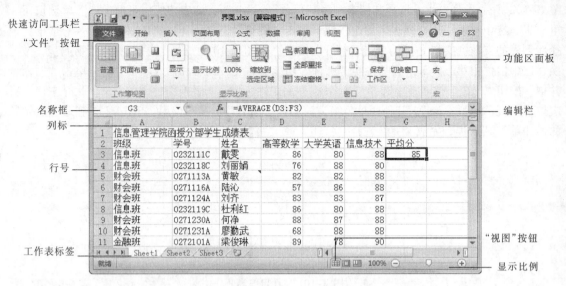

图 3-104　Excel 界面

1. 工作簿

在 Excel 中，用于保存数据信息的文件称为工作簿，其扩展名为.xlsx。一个工作簿可以包含多个不同类型的工作表，默认情况下包含 3 个工作表。

2. 工作表（Sheet）

工作表是显示在工作簿窗口中的表格，由行和列组成。行的编号从 1 到 1 048 576，显示在工作簿窗口的左边，列的编号依次用字母 A，B，…，XFD 表示，显示在工作簿窗口的上边。每个工作表有一个名字，工作表名显示在工作表标签上。

3. 单元格

单元格是表格中行与列的交叉部分，是组成表格的最小单位。单元格的地址以"列标+行号"来确定。例如：C3 指位于第 C 列、第 3 行交叉处的单元格，Sheet2!C3 指位于工作表 Sheet2 的 C3 单元格。

3.3.2　基本操作

1. 工作簿的基本操作

与 Word 文档一样，用户可以对工作簿执行新建、保存等操作。

单击"文件"按钮，在"文件"面板中选择"新建"命令，在打开的"新建"面板中，选中需要创建的文档类型（如"空白工作簿"），单击"创建"按钮，创建一个名为"工作簿 1.xlsx"的工作簿文件。按【Ctrl+N】组合键也可新建一个空白工作簿。

要打开已存在的 Excel 文档，可以单击"文件"按钮，在"文件"面板中选择"打开"命令或"最近所用文件"命令，选择需要打开的文档即可。

单击快速访问工具栏中的"保存"按钮，或单击"文件"按钮，在"文件"面板中选择"保存"或"另存为"命令保存工作簿。

2. 工作表的基本操作

要编辑某个工作表，先要选中该工作表页面。在工作表标签区单击工作表标签可切换到相应的工作表，可配合【Shift】或【Ctrl】键选中多个连续或非连续的工作表。

单击工作表标签区中的"插入工作表"按钮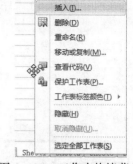，或右击工作表标签区并在弹出的快捷菜单中选择"插入"命令，如图 3-105所示，或在"开始"功能区的"单元格"分组单击"插入"按钮右侧的下拉按钮并在弹出的面板中选择"插入工作表"命令，可以添加工作表。

通过工作表标签的快捷菜单或"开始"功能区的"单元格"分组，还可以对工作表进行删除、重命名、隐藏/取消隐藏、移动或复制、设置工作表标签颜色等操作。

3．数据的输入与编辑

图 3-105　工作表快捷菜单

（1）选择单元格

在单元格中输入数据前，需要选中单元格。根据选择单元格的多少，可以分为以下几种情况：

① 选择单元格：单击单元格，或在名称框输入要选择单元格的地址（如 C3）或名称（如"抽样"），即可选中相应单元格。配合【Shift】或【Ctrl】键可以选中多个连续或非连续的单元格。

② 选中区域：选中区域左上角单元格，按住鼠标左键不放并拖动，至区域右下角单元格时释放鼠标，即可选中一个区域。例如，选中 A2 单元格，拖动鼠标至 D7 单元格，即选中 A2到 D7 的矩形区域。还可以直接在名称框输入区域地址选中区域，如 A2:D7。若要选择数据所在区域的全部单元格，可以先选中一个含有数据的单元格，再按【Ctrl+A】组合键。

③ 选中行/列：单击行号或列标，即可选中该行或列。配合【Shift】或【Ctrl】键可以选中多个连续或非连续的行/列。

④ 选择全部单元格：单击行号与列标交叉处的　　按钮，或选中任意空白单元格后按【Ctrl+A】组合键，可以选中当前工作表中的全部单元格。

（2）输入数据

在 Excel 中，可以单击或双击单元格输入数据，也可以在编辑栏输入数据。当需要输入多行数据时，可以按【Alt+Enter】组合键换行。

为单元格命名或添加批注可以帮助理解单元格的信息。

选中单元格或区域，在名称框输入名称即完成对该单元格或区域的命名。也可通过快捷菜单的"定义名称"命令，或者"公式"功能区的"定义的名称"分组中的"定义名称"按钮实现命名。

右击单元格，在弹出的快捷菜单中选择"插入批注"命令，在批注框内输入批注内容。通过单元格的快捷菜单可以编辑、删除、显示/隐藏批注。

（3）填充数据

在输入大量数据时，可以使用自动填充功能提高输入效率。单击单元格，其右下角会出现"填充柄"（一个黑方块），拖动填充柄可实现自动填充，如图 3-106 所示。

① 复制式填充。直接拖动单元格的填充柄，默认情况下，是以复制单元格的方式填充其他单元格。

② 序列式填充。如果单元格内是数字，还可以填充一个数字序列，只要在填充后，单击右下角的图标，在弹出的快捷菜单中选择"填充序列"命令即可。

③ 自定义填充。单击"文件"按钮，在"文件"面板中选择"选项"命令，打开"Excel选项"对话框，选择左侧列表框中的"高级"选项，单击右侧"常规"类型中的"编辑自定义

列表"按钮，打开如图 3-107 所示的"自定义序列"对话框，可以选择 Office 提供的序列，也可以添加、删除、导入序列。

图 3-106　三种填充方式　　　　　　图 3-107　"自定义序列"对话框

（4）修改与删除数据

选中单元格直接输入数据，可以删除单元格以前的内容，保留重新输入的内容。若只需对单元格的部分数据进行修改，可双击单元格定位光标于修改点进行修改，也可单击单元格后在编辑框中进行修改。

删除数据时，选中单元格或区域，在"开始"功能区的"编辑"分组单击"清除"按钮 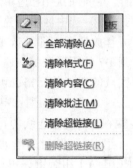，在弹出的面板中选择需要的删除方式，如图 3-108 所示。选中单元格或区域后按【Delete】键可清除单元格或区域中的内容，但会保留单元格格式。

图 3-108　清除数据

（5）复制与移动数据

要实现数据的复制与移动，先选中单元格或区域，在"开始"功能区的"剪贴板"分组，单击"复制"按钮 （快捷键【Ctrl+C】）或"剪切"按钮 （快捷键【Ctrl+X】），再选中目标单元格或区域，单击"剪贴板"分组中的"粘贴"按钮 （快捷键【Ctrl+V】）。其中，粘贴操作会将单元格内的数值、公式、格式、边框、批注一起粘贴过来。如果只需要粘贴数据，可以单击"粘贴"按钮下方的下拉按钮，选择相应粘贴选项，如图 3-109 所示，或右击并在弹出的快捷菜单中选择"选择性粘贴"命令，打开图 3-110 所示的"选择性粘贴"对话框，并进行操作。

小知识：

Office 2010 中，在进行选择性粘贴时，鼠标指针指向某个粘贴方式，可以预览粘贴效果。

（6）查找和替换数据

利用 Excel 的查找和替换功能，可以快速定位到满足条件的单元格，并能将单元格中数据替换为其他数据。

在"开始"功能区的"编辑"分组，单击"查找和选择"按钮下方的下拉按钮，在图 3-111 所示的下拉列表中选择"查找"命令，打开图 3-112 所示的"查找和替换"对话框，输入要查找的数据并设置相应选项后，单击"查找全部"或"查找下一个"按钮即开始查找。在"查找和替换"对话框的"替换"选项卡中设置要替换的内容，单击"全部替换"或"替换"按钮进行替换。通过图 3-111 所示的下拉列表还可选择具有某些条件的单元格。

图 3-109　粘贴选项

图 3-110　"选择性粘贴"对话框

图 3-111　查找和选择选项

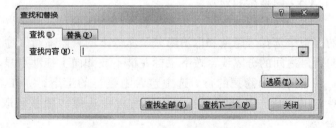

图 3-112　"查找和替换"对话框

注意：

在"查找和替换"对话框的"替换"选项卡中，单击"替换"按钮可实现内容的逐一替换，避免替换掉不该替换的内容。

4．编辑行、列和单元格

（1）插入行、列或单元格

在"开始"功能区的"单元格"分组，单击"插入"按钮 右侧的下拉按钮，在弹出的面板中选择"插入单元格"命令，在打开的"插入"对话框中选择插入方式，即可插入单元格。若在弹出的面板中选择"插入工作表行"命令，则在当前单元格的上方插入一行；若在弹出的面板中选择"插入工作表列"命令，则在当前单元格的左侧插入一列。

（2）删除行、列或单元格

在"开始"功能区的"单元格"分组，单击"删除"按钮 右侧的下拉按钮，在弹出的面板中选择"删除单元格"命令，在打开的"删除"对话框中选择删除方式，即可删除单元格。

若在弹出的面板中选择"删除工作表行"命令，则删除当前单元格所在的整行。若在弹出的面板中选择"删除工作表列"命令，则删除当前单元格所在的整列。

（3）合并、拆分单元格

可将多个单元格合并为一个单元格，以满足大段数据的显示。例如，表格标题的内容较多，通常需要占用多个单元格。也可将合并后的单元格进行拆分，还原为合并前的单元格个数。

选中需要合并的单元格区域，在"开始"功能区的"对齐方式"分组单击"合并后居中"按钮，将合并单元格并居中显示左上角单元格的内容。还可单击"合并后居中"按钮右侧的下拉按钮，在弹出的面板中选择其他合并方式。

注意：

若选择的单元格区域包含多个数据，合并单元格时会出现"合并到一个单元格后只能保留最左上角的数据"的提示信息，需根据实际情况进行选择。

选中合并后的单元格，在"开始"功能区的"对齐方式"分组中单击"合并后居中"按钮，在弹出的面板中选择"取消单元格合并"命令即可拆分单元格。

（4）设置行高、列宽

选中某行，在"开始"功能区的"单元格"分组中单击"格式"按钮，在弹出的面板中选择"行高"命令，在打开的"行高"对话框中设置行高值。也可以将鼠标指针指向行号之间的分隔线，按下鼠标左键不放并拖动调整行高。若要同时调整多行的行高，可以选中多行再进行上述操作。

可以用同样的方法设置列宽。

（5）隐藏行和列

选中需要隐藏的行，在"开始"功能区的"单元格"分组中单击"格式"按钮，在弹出的面板中选择"隐藏和取消隐藏"命令下的"隐藏行"命令即可隐藏该行。或者将鼠标指针指向行号之间的分隔线，按下鼠标左键不放并向上拖动至显示的行高为0。

若要显示隐藏的行，选中包含隐藏行的上下行，在"开始"功能区的"单元格"分组中单击"格式"按钮，在弹出的面板中选择"隐藏和取消隐藏"命令下的"取消隐藏行"命令。

用同样的方法可以隐藏、取消隐藏列。

3.3.3　工作表的格式化

1．单元格格式

选中单元格或区域，在"开始"功能区的"单元格"分组中单击"格式"按钮右侧的下拉按钮，在弹出的面板中选择"设置单元格格式"命令，打开"设置单元格格式"对话框，如图 3-113 所示。在"设置单元格格式"对话框中，可以设置数据格式、对齐方式、单元格的边框和填充效果等，如图 3-114 所示。

（1）数据格式

在"设置单元格格式"对话框的"字体"选项卡中可以设置字体、字形、字号、颜色等。在"数字"选项卡中，可将数字设置成货币、日期、百分比、文本格式等，还可以设置数字的小数位数。

注意：

计算公式时，如果数据是文本格式，需转换成数值类型再进行计算。

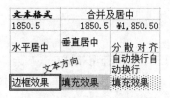

图 3-113　"设置单元格格式"对话框　　　　图 3-114　单元格格式效果

（2）对齐方式

在"设置单元格格式"对话框的"对齐"选项卡中可设置文字在单元格中的水平对齐方式和垂直对齐方式。还可以设置文本的自动换行、文本方向等。

（3）边框和填充

Excel 中的灰色表格线在打印时是不能打印出来的，可以在"设置单元格格式"对话框的"边框"选项卡中设置边框线。另外，在"填充"选项卡中可以对表格设置背景色、填充效果、填充图案等。

2．条件格式

当数据量很大时，如果希望将符合一定要求的数据设成特殊格式，可以使用"条件格式"进行设置。

【例 3-3】将成绩单中低于 60 分的分数用特殊格式来显示。

要将成绩低于 60 分的分数用特殊格式来显示，只要先选中成绩区域，在"开始"功能区的"样式"分组单击"条件格式"按钮 条件格式，在弹出的面板中依次选择"突出显示单元格规则"→"小于"命令，如图 3-115（a）所示，打开图 3-115（b）所示的对话框，将值设为 60，在"设置为"右侧的列表框中选择格式，如通过"自定义格式"选项将格式设置为白色、粗体、红色底色。设置后的效果如图 3-116 所示。

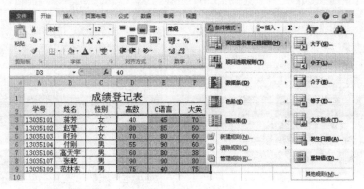

（a）选择"小于"命令

图 3-115　设置条件格式

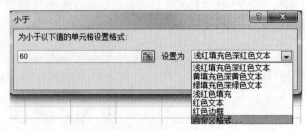

（b）"小于"对话框

图 3-115　设置条件格式（续）

3. 自动套用格式

Excel 提供了多种单元格样式和表格样式，用户可以直接套用到表格中，以快速美化表格。

单元格样式已经设置好了字体格式、边框样式及填充颜色等。选中单元格或区域，在"开始"功能区的"样式"分组中单击"单元格样式"按钮，弹出图 3-117 所示的面板，选择相应样式即可。若面板中没有需要的样式，还可以通过"新建单元格样式"命令进行创建。

成绩登记表					
学号	姓名	性别	高数	C语言	大英
13035101	蒋芳	女	40	45	70
13035102	赵莹	女	80	85	50
13035103	时玲	女	70	80	60
13035104	付刚	男	55	90	60
13035106	高天宇	男	60	80	38
13035107	张乾	男	90	90	80
13035109	范林东	男	75	40	75

图 3-116　条件格式效果

单击"开始"功能区"样式"分组中的"套用表格样式"按钮，可以将现成的表格样式应用到工作表中。图 3-118 所示为应用表格样式后的效果。

小知识：

套用表格样式后，可以将鼠标移到表格区域右下角蓝色标记处，当指针变成斜向双箭头时，拖动鼠标可改变表格样式应用的范围。

注意：

按【Delete】键，只能清除单元格内容，无法清除批注、底纹、底色、边框等。若要一次性清除单元格的内容和格式，可选中单元格，在"开始"功能区的"编辑"分组单击"清除"按钮，在弹出的面板中选择"全部清除"命令。

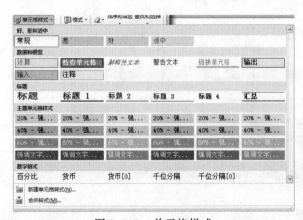

图 3-117　单元格样式

成绩登记表					
学号	姓名	性别	高数	C语言	大英
13035101	蒋芳	女	40	45	70
13035102	赵莹	女	80	85	50
13035103	时玲	女	70	80	60
13035104	付刚	男	55	90	60
13035106	高天宇	男	60	80	38
13035107	张乾	男	90	90	80
13035109	范林东	男	75	40	75

图 3-118　表格样式

3.3.4　公式的编辑与应用

1. 公式

计算数据是 Excel 的重要功能之一。Excel 中的公式是对工作表中数据进行计算的等式，它以等号"="开头，其后是公式的表达式，通过它可以对工作表中的数值进行加、减、乘或除等各种运算。

公式与数据的输入方法相似，选中单元格后直接输入或在编辑框中输入，输完后按【Enter】键结束。公式的输入应遵循特定的语法顺序，即先输入等号"="，再依次输入参与运算的参数和运算符。

参数可以是常量数值、函数、引用的单元格或单元格区域等。运算符是数学中常见的符号，常用的有以下几种：

① 算数运算符：加（+）、减（–）、乘（*）、除（/）、乘方（^）、百分号（%）等。

例如：2^3 表示 8，13%表示 0.13。

② 比较运算符：等于（=）、大于（>）、小于（<）、大于或等于（>=）、小于或等于（<=）、不等于（<>）等，运算结果为 TRUE 或 FALSE。

例如：2<>3 结果为 TRUE。

③ 文字连接符：连接（&）。

例如："a"&"bv"的结果是"abv"。

当单元格中的计算公式类似时，可通过复制公式的方式自动计算出其他单元格的结果。在复制公式时，公式中的单元格地址会自动进行相应的改变。例如：单元格 D1 中的公式为"=A1–B1+C1"，在单元格 D2 中粘贴公式时，公式自动变为 "=A2–B2+C2"。

此外，还可以通过自动填充功能填充公式，以快速完成公式的复制。

2. 引用单元格

在使用公式进行计算时，通常会用到单元格的引用，引用的作用在于标识工作表中的单元格或区域。在公式中，可以引用本工作表单元格的数据，还可以引用其他工作表甚至其他工作簿单元格的数据。引用单元格数据后，公式的运算值随着被引用单元格数据的变化而变化。

在引用单元格时，主要有相对引用、绝对引用和混合引用。例如：在单元格 F2 中输入公式"=D2*0.3+E2*0.7"并复制到单元格 F3 后，由于行号从 2 变成 3，公式也发生了相应的变化，变成"=D3*0.3+E3*0.7"，这里使用的就是相对引用。

（1）相对引用

在相对引用中，当复制、移动公式时，公式中单元格的行号、列标会根据目标单元格的行号、列标变化而自动调整，即被引用的单元格和包含公式的单元格之间的相对位置不变。此时被引用的单元格地址称为相对地址，例如 E3。Excel 中默认使用相对引用。

（2）绝对引用

绝对引用指当复制、移动公式时，不论目标单元格在哪里，被引用单元格的行号、列标始终保持固定不变。使用绝对引用时，需要在被引用的单元格地址的列标和行号前分别加上 "$"符号，例如$E$3。此时被引用的单元格地址称为绝对地址。

（3）混合引用

混合引用是指同时使用了相对应用和绝对应用，当复制、移动公式时，相对应用改变，而绝对应用不变。例如：$E3 表示 E 列固定，E$3 表示第 3 行固定。

还可以通过名称来实现对特定单元格或区域的引用，其实质是绝对引用。若要引用其他工作表中的单元格或区域，在单元格引用的前面加上工作表的名称和感叹号"！"，例如"Sheet2!E3"。若要引用其他工作簿中的单元格或区域，其一般格式为"'工作簿存储地址［工作簿名称］工作表名称!'单元格地址"，例如"'E:\[成绩表.xlsx]'Sheet2!E3"，工作簿打开后其格式变为[成绩表.xlsx]Sheet2!E3。

3.3.5 常用函数的使用

Excel 中，函数实际上是系统预先定义好的公式，利用函数可以大大地简化计算过程，提高计算效率。

常用的函数有 SUM、AVERAGE、COUNT、MAX、MIN、IF 及逻辑函数 AND、OR、NOT 等。函数的一般形式是：函数名(参数 1,参数 2,…)。其中，函数名指定要执行的运算，参数指定运算所使用的数值或单元格。

选中单元格，单击编辑栏中的"插入函数"按钮 f_x，或单击"公式"功能区"函数库"分组中的"插入函数"按钮，打开图 3-119 所示的"插入函数"对话框。在"插入函数"对话框中选择函数并设置参数即可完成函数的插入。"公式"功能区的"函数库"分组也显示了常用的函数，如"自动求和""逻辑""财务"等，如图 3-120 所示。如果可以熟练记住函数的用法，也可以像输入公式一样，直接在单元格内输入函数。

图 3-119 "插入函数"对话框

图 3-120 常用函数

注意：公式和函数中使用的符号是英文字符，例如逗号、双引号。需要将输入法切换成英文模式。

3.3.6 数据管理

完成表格编辑后，可以通过 Excel 的排序、筛选、分类汇总等功能对数据进行管理，以便查看表格中的数据。

1. 排序

Excel 中，对数据排序是常用操作之一。排序可分为单条件简单排序、多条件复杂排序和自定义排序。

（1）单条件排序

单条件排序是依据数据表中某一字段对表格数据进行的排序。将光标定位于要进行排序的列的任意单元格，在"数据"功能区的"排序和筛选"分组中单击"升序"按钮，即可实现对该列数据按照从小到大（或按从 A 到 Z）的升序排序；反之，是从大到小（或按从 Z 到 A）的降序排序。

（2）多条件排序

多条件排序是依据数据表中多个字段对表格数据进行的排序。对表格中的数据进行简单排序后，排序结果中有并列记录时，可以使用多条件排序方式进行排序。选中数据区的任意单元格，在"数据"功能区的"排序和筛选"分组中单击"排序"按钮，在打开的"排序"对话框中分别设置"主关键字""次关键字"的排序依据和次序。

小知识：

如何按姓氏笔画排序？在"排序"对话框中单击"选项"按钮，在打开的"排序选项"对话框中进行设置。默认的排序方式是"字母排序"，只要改成"笔画排序"即可。还可以选择"按行排序"对表格数据进行排序。

（3）自定义排序

在 Excel 中，若要对"学历""职称"等数据进行排序，无论按照怎样的方式进行排序，可能都无法满足用户的需求，此时可以通过自定义的方式进行排序。

2．筛选

筛选是将工表中满足某个条件的数据显示出来，将不满足条件的数据隐藏起来，以便从大量的数据中快速找到需要的数据。筛选可分为自动筛选、自定义自动筛选和高级筛选。

（1）自动筛选

选中数据区的任意单元格，在"数据"功能区的"排序和筛选"分组中单击"筛选"按钮，列名右侧出现下拉按钮。单击下拉按钮，在弹出的列表中选择相应的选项即可进行筛选。当筛选的条件较复杂时，可选择"自定义筛选"命令，在打开的"自定义自动筛选方式"对话框中设置所需条件。

小知识：

如果对单元格设置了填充颜色或对数据设置了字体颜色，还可按照颜色来筛选数据。

（2）高级筛选

利用 Excel 的高级筛选功能，不仅能筛选出满足更复杂条件的数据，还能通过已经设置好的条件对工作表中的数据进行筛选。例如，在工作表的 B40:D41 单元格区域，建立图 3-121（a）所示的筛选条件，在"数据"功能区的"排序和筛选"分组中单击高级按钮，在打开的图 3-121（b）所示的"高级筛选"对话框中设置"列表区域"和"条件区域"，筛选之后的效果如图 3-121（c）所示。

地区	计算机	计算机
上海	>75	<80

（a）设置筛选条件

（b）"高级筛选"对话框

	A	B	C	D
1	姓名	性别	地区	计算机
2	张华	男	上海	78
10	徐丽珍	女	上海	76
37	潘丽丽	女	上海	79
39				
40		地区	计算机	计算机
41		上海	>75	<80

（c）筛选后的效果

图 3-121　高级筛选示例

3．分类汇总

分类汇总是指根据指定的条件对数据进行分类，并计算各分类数据的汇总值，例如求和、求平均值、计数等。

注意： 在进行分类汇总之前，要先对分类字段进行排序。

【例 3-4】 统计出各地区考生计算机、政治、英语的平均分。

首先对数据按地区排序，即完成了数据按地区的分类。然后进行分类汇总，选中数据区的任意单元格，在"数据"功能区的"分级显示"分组中单击 分类汇总 按钮，在打开的"分类汇总"对话框中进行设置，如图 3-122（a）所示。其中，"替换当前分类汇总"复选框在做第一次汇总时要选中，如果是第二次汇总就不用选中，否则会将第一次汇总的结果覆盖掉。分类汇总结果如图 3-122（b）所示。

（a）"分类汇总"对话框　　　　　　（b）分类汇总结果

图 3-122　分类汇总示例

对数据进行分类汇总后，在工作表左侧出现一个分级显示栏，单击分级显示栏中的数字按钮 1 、 2 或 3 可以显示分类的汇总和总计的汇总，单击"显示"按钮 ➕ 或"隐藏"按钮 ➖ ，可以显示和隐藏单个分类汇总的明细行。

如果需要删除分类汇总结果，单击"分类汇总"对话框中的"全部删除"按钮即可。

4．数据透视表

分类汇总可以按一个字段分类，一次或多次汇总。而数据透视表可以对数据进行多角度分析，即按多个字段分类汇总，从而能快速地对工作表中大量数据进行汇总分析。

【例 3-5】 统计三个班级中不同地区学生的计算机和政治平均成绩。

要求先按班级分类，再按地区分类进行统计，而分类汇总只能按一个字段分类，所以本例中只能用数据透视表进行分类汇总。选中要作为数据透视表数据源的单元格区域，在"插入"功能区的"表格"分组中单击"数据透视表"按钮 ，在打开的"创建数据透视表"对话框中设置数据源及数据透视表的位置，如图 3-123（a）所示。单击"确定"按钮后，系统自动创建一个空白数据透视表，并打开"数据透视表字段列表"窗格，如图 3-123（b）所示。在"数据透视表字段列表"窗格中选中需要添加的字段，并通过拖动字段进行布局，数据透视表结果如图 3-123（c）所示。

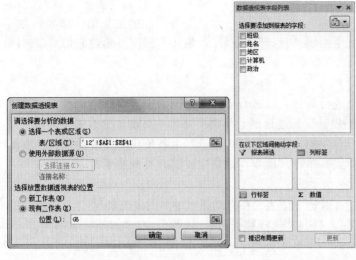

		江苏	上海	浙江	总计
1班					
	平均值项:计算机	81	73	86	80
	平均值项:政治	79	73	86	80
2班					
	平均值项:计算机	87	85	62	80
	平均值项:政治	80	84	83	82
3班					
	平均值项:计算机	73	76	90	78
	平均值项:政治	83	80	81	82
平均值项:计算机汇总		80	77	81	79
平均值项:政治汇总		81	78	85	81

（a）"创建数据透视表"对话框　　　　（b）选中所需字段　　　　（c）数据透视表结果

图 3-123　数据透视表示例

如果要修改数据透视表，包括修改单元格格式、更改数据源、更改汇总方式等，可以右击透视表中的任意单元格，在弹出的快捷菜单中进行选择，或利用"数据透视表工具"的"选项/设计"功能区进行设置。

注意：可以通过单击"数据透视表工具/选项"功能区"显示"分组中的"字段列表"按钮 ，显示或隐藏"数据透视表字段列表"窗格。

3.3.7　数据的图表化

Excel 图表是根据工作表中的一些数据绘制出来的形象化图示，图表可以清晰地显示各个数据之间的关系和数据的变化情况，以便用户对比和分析数据。

1．创建、编辑图表

Excel 中内置了大量图表标准类型，包括柱状图、折线图、饼图等。一个创建好的图表由很多部分组成，包括图表标题、数据系列、图例项、绘图区、坐标轴等，默认情况下只显示其中一部分元素，如图 3-124 所示。

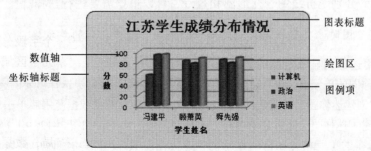

图 3-124　图表结构

选择数据源，在"插入"功能区的"图表"分组中单击准备创建的图表类型对应的按钮，从弹出的样式库中选择，例如"三维堆积条形图"，即可在当前工作表中生成对应的图表。

在工作表中创建图表后，功能区中新增"设计""布局""格式"三项，通过它们可以对图表进行编辑与美化操作。

（1）更改图表类型

图表创建好后，可以对图表类型进行转换，以适合不同类型的数据查看和分析。选中要更改的图表，在自动显示的"图表工具/设计"功能区的"类型"分组中单击"更改图表类型"按钮，打开"更改图表类型"对话框，在左侧"模板"列表中选择准备使用的图表类型，在右侧图表样式库中选择准备使用的图表样式，单击"确定"按钮完成图表类型的更改。

（2）选择图表数据

当希望更改图表中的数据源时，可以选中图表，在自动显示的"图表工具/设计"功能区的"数据"分组中单击"选择数据"按钮，打开"选择数据源"对话框，在"图例项（系列）"列表框中添加、编辑或删除系列，并编辑"水平（分类）轴标签"，单击"确定"按钮即可。

若要更改图表中行与列的显示，可以选中图表，在自动显示的"图表工具/设计"功能区的"数据"分组中单击"切换行/列"按钮。

（3）设置图表布局和样式

Excel 中，默认设计了多种图表布局和样式。选中图表，在自动显示的"图表工具/设计"功能区的"图表布局"分组中单击"快速布局"按钮，在弹出的图表布局库中选择需要的布局，在"图表样式"分组中选择需要的样式，即可自动套用图表布局和样式。

用户还可以根据具体需求，手动设置图表的布局。选中图表，在自动显示的"图表工具/布局"功能区的"标签"分组中可以设置图表标题、坐标轴标题、数据标签等。在"坐标轴"分组中可以设置坐标轴、网格线等。

（4）设置图表格式

选中图表或图表中的元素，在自动显示的"图表工具/格式"功能区的"形状样式"分组中可以设置形状填充、形状轮廓、形状效果等。在"当前所选内容"分组中可以设置所选内容的格式。

2．迷你图

迷你图是 Excel 2010 中的一个新功能，它是工作表单元格中的一个微型图表。使用迷你图可以显示数值系列中的趋势（如经济周期），或者突出显示最大值、最小值。Excel 2010 提供了 3 种类型的迷你图，分别是折线图、柱形图和盈亏，可以根据需要进行选择。

注意：创建迷你图时，其数据源只能是同一行或同一列中相邻的单元格。

【例 3-6】 使用迷你图显示产品的销售情况。

选中要显示迷你图的单元格，在"插入"功能区的"迷你图"分组中选择需要的迷你图类型（如"折线图"），打开"创建迷你图"对话框，如图 3-125（a）所示。选择数据范围后单击"确定"按钮，即在当前单元格创建了迷你图。通过自动填充方式创建其他迷你图，如图 3-125（b）所示。

选中迷你图所在的单元格，在自动显示的"迷你图工具/设计"功能区中可以修改迷你图的数据源和类型、套用样式、修改迷你图颜色等。

（a）"创建迷你图"对话框

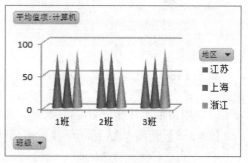

（b）迷你图效果

图 3-125 迷你图示例

3. 数据透视图

数据透视图是对数据透视表中汇总数据的图表显示形式，不能在没有数据透视表的情况下只创建一个数据透视图。例如，根据数据透视表，可以在"数据透视表工具/选项"功能区的"工具"分组中单击"数据透视图"按钮，打开"插入图表"对话框，选择图表类型及样式后，单击"确定"按钮即可创建数据透视图，如图 3-126 所示。

此外，在"插入"功能区的"表格"分组中单击"数据透视表"按钮![]下方的下拉按钮，在弹出的面板中选择"数据透视图"命令，打开"创建数据透视表及数据透视图"对话框，进行相应设置后单击"确定"按钮，则同时创建数据透视表和数据透视图。

图 3-126 数据透视图示例

修改数据透视图中的数据，数据透视表也会发生相应的更改。Excel 中图表的布局、样式、格式等的设置方式也适用于数据透视图。

3.3.8 Excel 知识拓展：VBA

Visual Basic for Applications（VBA）是 Visual Basic 的一种宏语言，主要用来扩展 Windows 的应用程序功能，特别是 Microsoft Office 软件。宏其实是由 Office 软件自动生成的 VBA 程序代码。Excel 中，通过 VBA 可以实现复杂逻辑的统计，例如从多个表中，自动生成按合同号来跟踪生产量、入库量、销售量、库存量的统计清单等。下面通过两个例子简单介绍 VBA 的使用。

【例 3-7】使用 VBA 为 Excel 文档加密。

单击"文件"按钮，在"文件"面板中选择"选项"命令，打开"Excel 选项"对话框，选择左侧列表框中的"自定义功能区"选项，选中右侧"主选项卡"下的"开发工具"选项，单击"确定"按钮即添加"开发工具"功能区。

在"开发工具"功能区的"代码"分组中单击"宏"按钮，打开图 3-127 所示的"宏"对话框，输入宏名，单击"创建"按钮，打开图 3-128 所示的代码编辑窗口。

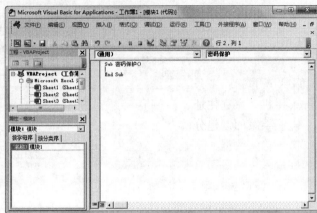

图 3-127 "宏"对话框　　　　　　　　图 3-128 代码编辑窗口

在代码编辑窗口中输入如下代码后关闭窗口。

```
Sub 密码保护()
    ActiveWorkbook.Password = InputBox("输入密码: abc-123")
    ActiveWorkbook.Close
End Sub
```

单击 Excel "开发工具"功能区"代码"分组中的"宏"按钮，在打开的"宏"对话框中，选择宏"密码保护"，单击"执行"按钮，在打开的输入对话框中设置密码，并将工作簿保存为"Excel 启用宏的工作簿(*.xlsm)"类型，即实现了 Excel 文档的加密。

【例 3-8】使用 VBA 给出学生的成绩等级。

在"开发工具"功能区的"代码"分组中单击"宏"按钮，打开"宏"对话框，输入宏名"成绩评定"，单击"创建"按钮，在代码编辑窗口中输入如下代码后关闭窗口。

```
Sub 成绩评定()
    Dim i As Integer
    For i = 2 To 38
        j = Sheets(20).Cells(i, 4).Value      //成绩存放在第 4 列
        If j >= 90 Then
            grade = "A"
        ElseIf j >= 80 Then
            grade = "B"
        ElseIf j >= 70 Then
            grade = "C"
        ElseIf j >= 60 Then
            grade = "D"
        Else
            grade = "E"
        End If
        Sheets(20).Cells(i, 5) = grade        //等级存放在第 5 列
    Next
End Sub
```

在"开发工具"功能区的"控件"分组中单击"插入"按钮，在弹出的下拉面板中选择"按钮（窗体控件）"，在工作表中用鼠标拖动出一个按钮，并在打开的"指定宏"对话框中选择"成

绩评定"后单击"确定"按钮。在工作表中单击插入的按钮即可给出所有学生的成绩等级。

3.3.9 Excel 应用实例

【例 3-9】制作员工电子档案。

要对企业员工资料进行科学化管理，在需要时快速查找员工信息，就要建立员工电子档案。档案中一般包括：工号、姓名、性别、身份证号、出生年月、民族、学历、职务、工龄、奖惩情况、手机、家庭住址、E-mail 等。

电子档案的创建分以下几个步骤：

（1）输入数据

在输入员工数据时需要注意以下几点：

① 数据类型。工号、身份证号要设置成文本格式，否则会当成数字记作 2.10402E+17 形式。

② 自动填充数据。有规律的数字可以用自动填充功能完成，例如：工号 2013A1。

③ 数据有效性检查。有些单元格的数据有一定限制，为防止输入时出错，可以让 Excel 自动检查。例如：身份证号必须是 18 位，选中单元格，在"数据"功能区的"数据工具"分组中单击"数据有效性"按钮，在打开的"数据有效性"对话框中设置文本长度等于 18，如图 3-129（a）所示；在"出错警告"选项卡中设置出错时的消息框标题、错误信息，如图 3-129（b）所示。

 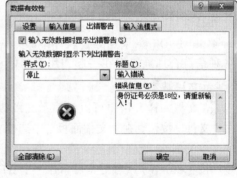

（a）"数据有效性"对话框　　　　　　（b）设置"出错警告"

图 3-129　数据有效性设置

④ 自动计算：工龄是从员工进入单位到当前的年限，可以通过公式计算得到。先计算第一个员工的工龄，在 H3 单元格内输入=YEAR(TODAY())-YEAR(G3)，其余员工的工龄自动填充。其中，YEAR 函数返回日期的年份，TODAY 函数返回系统日期，G3 单元格中存放的是员工的入职日期，两个年份相减得到工龄。员工的工龄决定了福利待遇，工龄大于 10 年得到的是一等福利，否则是二等福利，只要在第一个员工的福利单元格内输入=IF(H3>10,"一等福利","二等福利")，其余员工的福利自动填充。

注意：需要将存放工龄的单元格的格式设置为"常规"类型，否则显示的是一个日期。

（2）美化档案

为表格添加边框，设置标题、列名的底纹、底色、字体等美化表格。

小知识：

员工的信息非常多，为方便查看，可以将员工名、列名冻结起来。先确定冻结窗口的位置，例如选择 C3 单元格，在"视图"功能区的"窗口"分组中单击"冻结窗格"按钮，在弹出的面板中选择"冻结拆分窗格"命令，可以冻结前两行标题和左边两列，这样无论怎样滚动页面，冻结数据始终显示，如图 3-130 所示。

冻结两列

冻结两行

员工电子档案							
工号	姓名	职称	出生日期	学历	入职日期	工龄	待遇
2013A4	秦汉	讲师	1981/9/12	研究生	2006/8/30	7	二等福利
2013A5	刘援	教授	1962/3/25	研究生	1990/8/30	23	一等福利
2013A6	苏昌	副教授	1965/7/10	研究生	1991/8/30	22	一等福利
2013A7	蒋红	工程师	1970/9/19	本科	1997/8/30	16	一等福利
2013A8	王庆	讲师	1973/3/10	研究生	1997/3/1	16	一等福利
2013A9	毕江	助教	1980/4/16	研究生	2009/3/1	4	二等福利

图 3-130　冻结窗格效果

3.4　PowerPoint 演示文稿制作软件

3.4.1　基本操作

PowerPoint 是 Office 系列办公软件中的另一个重要工具组件，它可以将文字、图片、声音、视频等各种信息合理地组织在一起，用于制作和播放多媒体演示文稿。

1. 演示文稿基本操作

与 Word 文档一样，用户可以对演示文稿执行新建、保存、打开、关闭等操作。

单击"文件"按钮，在"文件面板"中选择"新建"命令，在打开的"新建"面板中，选中需要创建的文稿类型如"空白演示文稿"，单击"创建"按钮，创建一个名为"演示文稿 1.pptx"的演示文稿。按【Ctrl+N】组合键也可新建一个空白演示文稿。PowerPoint 2010 中还提供了多种不同类型的演示文稿模板，用户可以使用这些模板快速创建各种专业的演示文稿。

要打开已存在的演示文稿，可以单击"文件"按钮，在"文件面板"中选择"打开"命令或"最近所用文件"命令，选择需要打开的演示文稿即可。

单击"快速访问工具栏"中的"保存"按钮，或单击"文件"按钮并在"文件面板"中选择"保存"或"另存为"命令保存演示文稿。

2. 视图方式

视图是用户操作计算机时的工作界面。PowerPoint 2010 提供了四种视图模式，分别是普通视图、幻灯片浏览视图、阅读视图、幻灯片放映视图。可单击视图按钮更改视图。

（1）普通视图

普通视图是演示文稿的主要编辑视图，主要用于撰写和设计演示文稿，是 PowerPoint 程序的默认视图。界面包括幻灯片编辑区、视图窗格（包括"大纲"和"幻灯片"选项卡）、幻灯片窗格、备注窗格（备注是对幻灯片的说明、解释、提示信息），如图 3-131 所示。

幻灯片选项卡

大纲选项卡

幻灯片编辑区

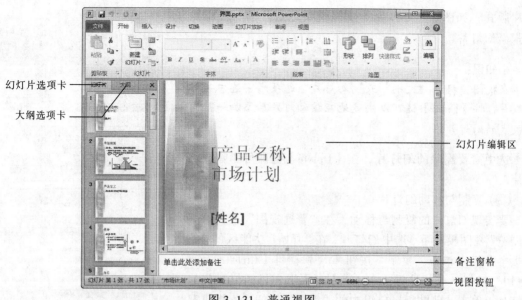

备注窗格

视图按钮

图 3-131　普通视图

（2）幻灯片浏览视图

幻灯片浏览视图是指以缩略图的形式显示幻灯片的视图。在幻灯片浏览视图中，用户可以同时查看文稿中的多个幻灯片，调整幻灯片前后次序，添加或删除幻灯片，从而可以很方便地调整演示文稿的整体效果。

（3）阅读视图

阅读视图是指将演示文稿作为适应窗口大小的幻灯片放映的视图方式。在阅读视图中，用户可以查看到幻灯片的整体放映效果。

（4）幻灯片放映视图

幻灯片放映视图用于切换到全屏显示效果下，对演示文稿中的当前幻灯片内容进行播放。在幻灯片放映视图中，用户可以观看演示文稿的放映效果，但无法对幻灯片的内容进行编辑和修改。

3．幻灯片基本操作

演示文稿是由一张一张的幻灯片组成的，所有对演示文稿的操作，如输入文本、插入图片等，都是在幻灯片中进行处理的。

（1）选择幻灯片

对幻灯片进行相关操作前必须先将其选中。在视图窗格的"大纲"选项卡中单击某张幻灯片相应的标题或序列号、或在"幻灯片"选项卡中单击某张幻灯片的缩略图，即可选中该幻灯片，并在幻灯片编辑区显示该幻灯片。

可配合【Shift】或【Ctrl】键选中多个连续或不连续的幻灯片。按【Ctrl+A】组合键，可选中当前演示文稿中的全部幻灯片。

（2）添加与删除幻灯片

默认情况下，新建的空白演示文稿中只有一张幻灯片，在实际使用中，一篇演示文稿通常需要多张幻灯片。

在视图窗格的"大纲"或"幻灯片"选项卡下选中某张幻灯片，在"开始"功能区的"幻灯片"分组中单击"新建幻灯片"按钮下方的下拉按钮，在弹出的面板中选择需要的幻灯片版式，如图 3-132 所示，即在选中幻灯片的后面添加一张新幻灯片。

小知识：

在视图窗格的"大纲"或"幻灯片"选项卡下选中某张幻灯片，按【Enter】键可以快速地在该幻灯片后添加一张同样版式的幻灯片。

选中需要删除的幻灯片，按【Delete】键即可删除该幻灯片。

（3）复制与移动幻灯片

要实现幻灯片的复制与移动，在"普通视图"或"幻灯片浏览"视图模式下，选中幻灯片，在"开始"功能区的"剪贴板"分组中单击"复制"按钮 📋（快捷键【Ctrl+C】）或"剪切"按钮 ✂（快捷键【Ctrl+X】），再选中目标位置前的幻灯片，单击"剪贴板"分组中的"粘贴"按钮 📋（快捷键【Ctrl+V】）。

此外，还可以通过拖动鼠标的方式移动幻灯片。

（4）更改幻灯片版式

幻灯片版式是幻灯片内容的布局结构，指定幻灯片上使用哪些占位符框及它们的位置。在"普通视图"或"幻灯片浏览"视图模式下，选中幻灯片，在"开始"功能区的"幻灯片"分组中单击"版式"按钮 📋▼，在弹出的面板中选择需要的版式即可。

图 3-132　新建幻灯片

在幻灯片中看到的虚线框就是占位符框，单击占位符框内的文本占位符，如"单击此处添加标题""单击此处添加文本"，提示文字会自动消失，用户可以输入相应的内容。

3.4.2　编辑演示文稿

1. 编辑幻灯片内容

在幻灯片中，合理布局文本、表格、图片、视频等元素，可以制作出生动的演示文稿。

（1）输入与编辑文本

文本是演示文稿的最基本元素，在幻灯片的占位符框中输入需要的文本。选中文本，可以通过"开始"功能区的"字体"分组和"段落"分组中设置文本的字体、颜色、对齐方式、项目符号等。

注意：如果要在没有占位符框的地方输入文本，可以先插入文本框，再在其中输入文本。

（2）插入表格及图表

在"插入"功能区的"表格"分组中单击"表格"按钮，从弹出的面板中选择相应项，可以在幻灯片中插入表格。选中表格，可以在自动显示的"表格工具/设计"和"表格工具/布局"功能区对表格进行设置。

在"插入"功能区的"插图"分组中单击"图表"按钮，在打开的"插入图表"对话框中，选择需要的图表样式，可以在幻灯片中插入图表，同时系统会自动打开与图表数据相关联的工作簿，编辑工作簿中数据，幻灯片中图表的数据会发生相应的变化。选中图表，可以在自动显示的"图表工具/设计""图表工具/布局""图表工具/格式"功能区对图表进行设置。

（3）插入图形图像

在"插入"功能区的"图像"分组，单击相应按钮可以在幻灯片中插入图片、剪贴画等对象。

在"插入"功能区的"插图"分组，单击相应按钮可以在幻灯片中插入自选图形、SmartArt图形等对象。

在"插入"功能区的"文本"分组，单击"艺术字"按钮可以在幻灯片中插入艺术字。

（4）插入多媒体

用户可以在 PowerPoint 中插入视频、声音、动画等多媒体文件。

在"插入"功能区的"媒体"分组中单击"视频"按钮，在打开的"插入视频文件"对话框中选择影片文件，单击"插入"按钮，即可将影片文件插入到演示文稿中。用户可以根据实际需要为演示文稿中的影片添加封面，设置影片播放时的颜色、样式、形状等。

在"插入"功能区的"媒体"分组中单击"音频"按钮，在打开的"插入音频"对话框中选择音频文件，单击"插入"按钮，即可将音频文件插入到演示文稿中。还可通过单击"音频"按钮下方的下拉按钮，插入 PowerPoint 2010 系统自带的剪贴画音频。

若在 PowerPoint 中插入 Flash 动画，首先单击"文件"按钮，在"文件"面板中选择"选项"命令，打开"PowerPoint 选项"对话框，选择左侧列表框中的"自定义功能区"选项，选中右侧"主选项卡"下的"开发工具"选项，单击"确定"按钮即可添加"开发工具"功能区。

在"开发工具"功能区的"控件"分组中单击"其他控件"按钮，打开图 3-133 所示的"其他控件"对话框，选择控件列表中的 Shockwave Flash Object 选项后单击"确定"按钮。在幻灯片页面中，用鼠标拖动出一个 Flash 控件并右击该控件，在弹出的快捷菜单中选择"属性"命令，在打开的"属性"对话框中设置 Movie 属性的值，即 Flash 动画文件的完整路径。

2．母版设计与使用

母版是定义演示文稿中所有幻灯片或页面格式的幻灯片视图或页面。母版中含有可出现在每一张幻灯片上的显示元素，如占位符、图片、按钮等，使用母版可以统一幻灯片的风格。

在"视图"功能区的"母版视图"分组中单击"幻灯片母版"按钮，即在演示文稿中打开母版视图，如图 3-134 所示。

图 3-133　"其他控件"对话框

图 3-134　母版视图

在母版视图下，可以根据需要编辑母版的内容。例如，在"幻灯片母版"功能区的"母版版式"分组中单击"插入占位符"下拉按钮，在弹出的面板中可以根据需要添加占位符；在"幻灯片母版"功能区的"背景"分组中单击"背景样式"下拉按钮，在弹出的面板中可以选择准备应用的背景；在"幻灯片母版"功能区的"编辑主题"分组中单击"主题"按钮可以应用内置的主题。还可以在母版中设置页眉、页脚、日期和时间等。

在"幻灯片母版"功能区的"关闭"分组，单击"关闭母版视图"按钮，即可关闭母版视图返回到演示文稿。设置好自定义的母版和版式后，即可在演示文稿中应用母版。

3. 主题设计与应用

主题是一组统一的设计元素，包括特定的颜色和字体形式等效果方案，可以使演示文稿具有统一的风格。

PowerPoint 2010 中自带了大量默认主题，可以根据需要应用主题样式。在"设计"功能区的"主题"分组的"所有主题"面板中选择主题，如图 3-135 所示，即可应用该主题到演示文稿的所有幻灯片上。若只需将主题样式应用到部分幻灯片上，先选中幻灯片，在"设计"功能区的"主题"分组右击需要的主题样式，在弹出的快捷菜单中选择"应用于选定幻灯片"命令即可。

在演示文稿中，可以更改主题样式中的颜色、字体、线条和填充效果等，分别通过"设计"功能区的"主题"分组的"颜色"按钮、"字体"按钮、"效果"按钮实现。

4. 幻灯片背景

更改幻灯片的主题时，背景样式也会随之发生改变，从而反映新的主题颜色和背景。用户可以使用 PowerPoint 2010 提供的内置背景色样式，也可以根据需要自定义其他背景样式，如纯色、渐变色或图片等。

在"设计"功能区的"背景"分组中单击"背景样式"按钮，在弹出的面板中选择需要的背景样式，即可更改演示文稿中幻灯片的背景样式。若只需将背景样式应用到部分幻灯片上，先选中幻灯片，在"设计"功能区的"背景"分组，右击需要的背景样式，在弹出的快捷菜单中选择"应用于选定幻灯片"命令即可。

在"设计"功能区的"背景"分组中单击"背景样式"按钮，在弹出的面板中选择"设置背景格式"命令，打开图 3-136 所示的"设置背景格式"对话框，可以设置背景图片、填充方式等。

图 3-135　主题样式库

图 3-136　"设置背景格式"对话框

3.4.3　制作幻灯片动画效果

1．添加超链接

在演示文稿中，可以对文字、图片等设置超链接，链接到另一张幻灯片、网页、文件或程序等。选择要添加超链接的对象，在"插入"功能区的"链接"分组中单击"超链接"按钮，打开图 3-137 所示的"插入超链接"对话框。在该对话框中，用户可以根据需要将链接目标设置为同一演示文稿中的其他幻灯片、其他演示文稿中的幻灯片、电子邮件等。放映演示文稿时，将鼠标指针放在具有超链接的对象上，指针会变成手形，单击即可实现跳转。

图 3-137　"插入超链接"对话框

若要删除超链接，只需右击链接对象，在弹出的快捷菜单中选择"取消超链接"命令即可。

2．动作按钮

通过动作按钮，可以实现在播放幻灯片时切换到其他幻灯片、返回目录幻灯片或直接退出演示文稿播放状态等操作。在"插入"功能区的"插图"分组中单击"形状"按钮，在弹出的面板中选择相应的动作按钮，如图 3-138 所示。在幻灯片页面中，用鼠标拖动出一个动作按钮，并打开图 3-139 所示的"动作设置"对话框。设置相关参数后，单击"确定"按钮，即可在幻灯片中添加动作按钮。

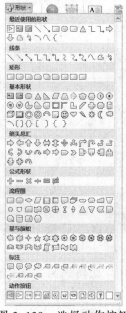

图 3-138　选择动作按钮

图 3-139　"动作设置"对话框

3．动画效果

为幻灯片中的标题、文本和图片等对象添加动画效果，可以使演示更直观、有趣，吸引观众的注意力。

（1）应用动画样式

用户可以使用 PowerPoint 2010 自带的动画样式，增强幻灯片的演示效果。选中需要添加动画效果的对象，在"动画"功能区的"动画"分组中单击"动画样式"按钮，弹出图 3-140 所示的动画样式库面板，选择需要的动画样式即可为所选对象添加相应的动画效果。可以为同一对象添加多个动画效果。

若要删除动画效果，只需在动画样式库面板中选择动画样式为"无"即可。

（2）自定义动画

自定义动画是指用户自己定义文字或图片的进入效果、强调效果、退出效果、动作路径等。选中需要添加动画效果的对象，在"动画"功能区的"高级动画"分组中单击"添加动画"按钮，在弹出的面板中选择需要的动画。

在"动画"功能区的"高级动画"分组中单击"动画窗格"按钮 ，打开动画窗格，可以单击"播放"按钮 预览动画效果。在动画窗格中，单击动画效果列表项右侧的下拉按钮，打开图 3-141 所示的对话框，可以设置动画效果。

通过"动画"功能区"高级动画"分组的"动画刷"按钮 ，可以复制动画效果。

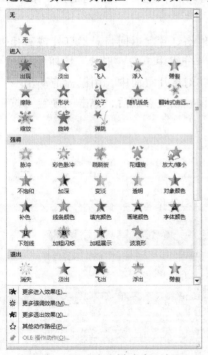

图 3-140　动画样式库面板

图 3-141　设置动画效果

4．幻灯片切换效果

幻灯片的切换效果指幻灯片播放过程中，从一张幻灯片切换到另一张幻灯片的效果、速度及声音等。

选中需要设置切换方式的幻灯片，在"切换"功能区的"切换到此幻灯片"分组中单击"切换方案"按钮，弹出图 3-142 所示的面板，在面板中选择需要的切换方式即可。

通过"切换"功能区"计时"分组的"声音"下拉列表框、"持续时间"微调框，可以设置幻灯片切换时的声音效果和切换速度。

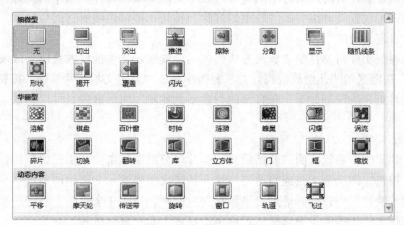

图 3-142　幻灯片切换效果库面板

3.4.4　演示文稿的放映与打包

1．演示文稿的放映

（1）设置放映方式

PowerPoint 2010 提供了演讲者放映（全屏幕）、观众自行浏览（窗口）、在展台浏览（全屏幕）三种放映方式，用户可以根据具体需求设定幻灯片的放映方式。

在"幻灯片放映"功能区的"设置"分组中单击"设置幻灯片放映"按钮，打开图 3-143 所示的"设置放映方式"对话框。可以设置放映类型、放映选项、放映范围和换片方式等参数。

如果希望演示文稿按照指定的时间间隔自动放映，可以单击"幻灯片放映"功能区"设置"分组中的"排练计时"按钮，进入幻灯片放映视图并弹出"录制"对话框，放映幻灯片并记录每张幻灯片的放映时间，所有幻灯片的放映时间都录制完成后，保留幻灯片排练时间即可。

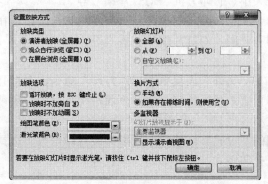

图 3-143　"设置放映方式"对话框

小知识：

在展示会上，如何让介绍产品的幻灯片自动循环播放？参展前，先预演并记录时间保存排练计时，系统会自动记录每张幻灯片播放所需的时间。到了展会上，只要将"放映类型"设置成"在展台浏览（全屏幕）"、换片方式设置成使用排练计时方式即可。按【Esc】键可以退出放映。

当放映的场合或针对的观众群不同时，可以不放映某些幻灯片。选中幻灯片，单击"幻灯片放映"功能区"设置"分组中的"隐藏幻灯片"按钮，即可隐藏所选幻灯片。

（2）设置自定义放映

用户可以根据实际需要自定义放映方式，包括设置演示文稿的放映顺序、放映内容等。在"幻灯片放映"功能区的"开始放映幻灯片"分组中单击"自定义幻灯片放映"按钮，在弹出的菜单中选择"自定义放映"命令，在打开的"自定义放映"对话框中，可以新建、编辑、删除自定义放映方式。

（3）放映幻灯片

在"幻灯片放映"功能区的"开始放映幻灯片"分组中单击"从头开始"按钮或"从当前幻灯片开始"按钮，即从第1张或当前幻灯片开始依次放映演示文稿中的幻灯片。

在幻灯片放映过程中，可以通过单击鼠标向后翻页，按【↑】、【↓】键前后翻页，或者右击幻灯片并在弹出的快捷菜单中选择"定位至幻灯片"命令进行跳转。

注意：按【F5】快捷键可以开始播放幻灯片，按【Esc】快捷键可以快速退出幻灯片放映模式。

2．演示文稿的打包

打包后的文件可以方便地在未安装 PowerPoint 的其他计算机上演示。打开演示文稿，单击"文件"按钮，在"文件"面板中选择"保存并发送"命令，在打开的"保存并发送"面板中，选择"将演示文稿打包成 CD"选项，单击右侧的"打包成 CD"按钮，在打开的"打包成 CD"对话框中进行设置，即可将演示文稿复制到计算机上的文件夹或刻录到 CD 光盘中。

3.4.5　演示文稿的打印

1．页面设置

在打印演示文稿之前，用户可以对幻灯片的页面和打印参数进行设置。

在"设计"功能区的"页面设置"分组中单击"页面设置"按钮，在打开的"页面设置"对话框中，可以设置纸张大小、打印方向、幻灯片编号等。

在"插入"功能区的"文本"分组中单击"页眉和页脚"按钮，在打开的"页眉和页脚"对话框中，可以设置日期和时间、幻灯片编号、页脚等。

2．打印演示文稿

单击"文件"按钮，在"文件"面板中选择"打印"命令，在打开的"打印"窗口右侧预览区域可以查看文档打印预览效果，纸张方向、页面边距等设置，还可以通过调整预览区下面的滑块改变预览视图的大小。

在"打印"窗口左侧的"设置"区域中，可以修改打印份数、选择打印机、设定打印的幻灯片范围等。还可以设置打印版式、讲义形式、颜色等。

小知识：

如果墨迹注释已保存在演示文稿中，只要在设置打印版式时选中"打印批注和墨迹标记"复选框，即可打印这些墨迹注释。

3.4.6　PowerPoint 知识拓展：同步声音字幕

通常在电影、电视剧的结尾，伴随着音乐声，会滚动显示导演、编剧、演职人员名单等。PowerPoint 中也可以实现类似的效果。

【例 3-10】制作同步声音字幕效果。

在幻灯片的文本框中输入需要滚动的字幕，并将文本框拖动到幻灯片的下方。选中文本框，在"动画"功能区的"高级动画"分组中单击"添加动画"按钮，在弹出的面板中选择"其他动作路径"选项，在打开的"添加动作路径"对话框中选择"向上"选项，如图 3-144（a）所示。单击"确定"按钮后，在幻灯片页面上会显示两端分别为绿色和红色箭头的路径线，如图 3-144（b）所示。在"动画窗格"单击该文本框对应的列表项右侧的下拉按钮，在打开的"向上"对话框中设置声音为准备好的 music.wav，如图 3-144（c）所示。在"计时"选项卡中设置"期间"为声音文件 music.wav 的时长为 32 s，在"正文文本动画"选项卡中的组合文本下拉列表框中选择"作为一个对象"选项，单击"确定"按钮预览动画效果。

（a）"添加动作路径"对话框

（b）效果图

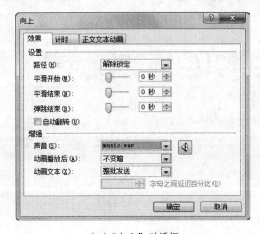

（c）"向上"对话框

图 3-144　同步声音字幕示例

可以在幻灯片页面拖动路径线，调整它的长度和方向，从而控制文本滚动的长度和方向。

小　　结

本章介绍了 Windows 操作系统的基本操作，包括 Windows 操作系统的桌面、窗口的操作，菜单的操作和汉字输入法。计算机中的所有资源以文件形式存放，文件被放置在文件夹或磁盘中。文件及文件夹操作包括创建、移动、复制、删除、重命名等。程序以文件的形式存储在外存储器上，应用程序的操作有启动、关闭、在程序间切换等。可以使用系统工具对系统进行维护，以加快程序运行，常用的系统工具有磁盘清理、磁盘碎片整理、系统还原等。

本章还介绍了 Word 文字处理、编辑排版，Excel 电子表格制作、公式计算、数据图表化、数据排序、数据筛选、数据分类汇总、数据透视表的制作，PowerPoint 幻灯片制作、打印与放映、添加动画效果的方法。

习　　题

1. 如何打开任务管理器？简述任务管理器的作用。

2. 在 Windows 7 操作系统中如何复制文件、删除文件或重命名文件？如何恢复被删除的文件？

3. 打开与关闭"资源管理器"窗口有哪些方法？如何在文件夹下新建和删除一个子文件夹？

4. 回收站的功能是什么？什么样的文件删除后不能恢复？

5. 简述 Windows 7 操作系统中新建快捷方式的方法。

6. 删除对象的快捷方式后如何打开或运行该对象？若程序被删除，还能否通过快捷方式打开运行它？

7. 在 Windows 7 操作系统中，常用应用程序的扩展名有哪些？运行应用程序的方式有哪些？

8. 简述 Windows 7 操作系统提供的一些系统维护工具的功能和用法。

9. 简述"粘贴"和"选择性粘贴"的区别。

10. 简述样式的优点。

11. 简述 Excel 单元格"相对引用"和"绝对引用"的区别。

12. 简述 Excel 中"分类汇总"和"数据透视表"的区别。

13. 简述幻灯片母版的作用。

14. 简述演示文稿中有哪些放映方式。

第4章 多媒体技术基础及应用

本章引言

多媒体技术是20世纪末兴起的，经过几十年的发展，已经成为科技热点之一。多媒体技术的发展改变了计算机的使用领域，使计算机由办公室、实验室中的专用品变成了信息社会的普通工具，广泛应用于学校教育、公共信息咨询、商业广告、军事指挥与训练，甚至家庭生活与娱乐等领域。

本章介绍多媒体的基本概念，图像处理、动画制作、音频处理、视频处理的技术，并结合实际应用给出众多案例和应用技巧。

内容结构图

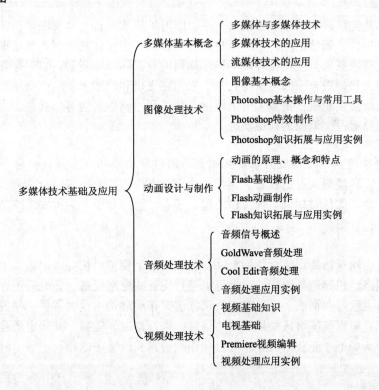

学习目标

① 了解：多媒体的概念、应用领域。

② 理解：图像、动画、音频、视频等相关概念。

③ 应用：掌握 Photoshop、Flash、GoldWave、Cool Edit、Premiere 软件的使用方法，并能灵活应用。

4.1 多媒体基本概念

4.1.1 多媒体与多媒体技术

"多媒体"，顾名思义就是多种"媒体"，这里所说的"媒体"包括文字、声音、图形、图像、动画与视频等。"多媒体技术"是指能够同时获取、处理、编辑、存储和展示两种以上不同类型信息媒体的技术。

多媒体技术涉及面相当广泛，主要包括图像技术（图像处理，图像、图形动态生成）、图像压缩技术（图像压缩、视频压缩）、音频技术（音频采样、压缩、合成及处理，语音识别）、视频技术（视频数字化及处理）、通信技术（语音、视频、图像的传输）等。

4.1.2 多媒体技术的应用

多媒体的应用遍及社会生活的各个领域，如教育与培训、电子出版、影视创作、游戏、旅游与地图、家庭应用、商业、新闻出版、广告宣传、演示系统、咨询服务等。下面简单介绍几个应用。

1. 教育培训

多媒体技术使传统教学的表现手段从文字、图形扩展成声音、动态图像，并具有强大的交互能力，便于学生自己调整进度，达到因材施教的效果。多媒体技术在各种培训项目中被广泛应用。例如：航班乘务人员在模拟环境下训练如何应对国际恐怖行动，以保障安全；交互式的视频和图片被用来培训联合国禁毒机构人员，以便在飞机和船舶上发现可能藏匿毒品的地方；机械师学习如何维修发动机；销售人员了解生产线并利用软件来为客户提供培训；战斗机的飞行员在实战之前要通过全地貌的模拟演练。

2. 虚拟旅游

虚拟旅游是指建立在现实旅游景观基础上，通过模拟或超现实景观构建一个虚拟旅游环境，人们能够身临其境般地逛逛看看。例如：北京故宫博物院推出了一个名为"超越时空"的虚拟旅游项目，游客能任意挑选某种身份游览，还有"网络导游"为网友带路游览，还可以通过单击和景点进行合影。

3. 军事

多媒体技术应用于指挥训练，使网上联合演练、网上模拟对抗等新的训练方法应运而生。部队可以通过网络组织异地集中训练，也可以通过交互式终端设备，适时运用存储于网络中的各种信息进行自主学习和训练。可以在实兵训练前对作战理论、兵力部署、作战意图等内容进行网上对抗演练，根据模拟对抗结果反馈的信息，进行修改、完善，并确定最佳方案，使以往只有在战场和训练场上才能获得的经验可以在作战仿真实验室中取得，节省了时间和花费，安全而有效。

4. 影视后期制作

在影视后期制作中，多媒体技术用于合成影视特效，以此来避免让演员处于危险的境地，减少电影的制作成本，同时使电影更扣人心弦，如楼房倒塌、海啸、火山喷发等场面。

4.1.3 流媒体技术的应用

"流媒体"不是一种新的媒体，而是一种媒体传送方式，即将多媒体文件压缩成一个个数据包，由视频服务器向用户计算机传送，用户不必等到整个文件全部下载完，而是只需几秒便可在计算机上一边下载一边观看。

流媒体技术全面应用后，人们可以在网上语音聊天，如果希望彼此看到对方的容貌、表情，只要双方各有一个摄像头即可；在网上看到感兴趣的商品，单击以后，讲解员和商品的影像就会跳出来。除此之外，流媒体技术还广泛用于多媒体新闻发布、在线直播、网络广告、电子商务、视频点播、远程教育、远程医疗、网络电台、视频会议等。

1. 网络广告

网络广告就是利用网站上的广告横幅、文本链接、多媒体，在互联网刊登或发布广告。例如：在登录网页时强制插入一个广告页面或弹出广告窗口，有全屏形式的也有小窗口形式的，而且互动程度也不同，静态的、动态的都有。

2. 视频点播

视频点播简称 VOD（Video On Demand），用户可以通过计算机、电视机（配机顶盒）等方式收看自己喜爱的节目，并可随时调整放映的进度、快慢等，不再局限于某一时间、日期和固定节目的限制。另外，VOD 也可以应用在公司的职员培训、远距离市场调查等领域。

3. 远程教育

远程教育（Distance Education）是指通过音频、视频（直播或录像）以及包括实时和非实时在内的计算机技术将课程传送到校园外的教育。网上教学信息主要包括教学组织管理信息、课程信息、教学动态、辅导信息、BBS（公告板）、教务管理信息等。

4. 远程医疗

远程医疗（Telemedicine）指医生和患者在不同的地方，医生通过电子医务数据（包括高清晰度照片、声音、视频和病历）来获知患者病情，并为患者提供医疗服务。它包括远程诊断、远程会诊及护理、远程医疗信息服务等所有医学活动。

5. 网络电台

网络电台将传统意义上的电台搬到了网上。这里没有庞大的编录设备，有的只是轻便的计算机；没有发射塔，有的只是四通八达的网络；收听电台不用收音机，只要坐在计算机前轻轻单击就能听到主持人的声音；还可以对接收到的信息做出评价和反馈。

6. 视频会议

视频会议（Video Conference System）是指两个或两个以上不同地方的个人或群体，通过传输线路及多媒体设备，将声音、影像及文件资料互相传送，达到即时且互动的沟通，可以节约时间及企业运营成本，提高工作效率。

4.2　图像处理技术

4.2.1　图像基本概念

1. 图像的大小和分辨率

像素是组成图像的最小单元，每个像素点的色彩、亮度不同，组合在一起形成规则的点阵结构，就构成了图像。

图像分辨率是用于度量图像内数据量多少的一个参数，可用"每英寸像素"（ppi）或图像的长度和宽度来表示。例如，一张分辨率为 1 600×1 200 像素的图像，指图像长度为 1 600 像素，宽度为 1 200 像素，它的像素数就是 200 万。分辨率越高，图像就越清晰。

注意： 分辨率的种类很多，但含义不尽相同，如显示器分辨率、数码照相机分辨率、扫描仪分辨率、图像分辨率等。

像素深度是指存储每个像素所用的位数。像素深度决定彩色图像的每个像素可能有的颜色数，或者确定灰度图像的每个像素可能有的灰度级数。例如，一幅彩色图像的每个像素用红、绿、蓝 3 个分量表示，如果每个分量用 8 位，则一个像素共用 24 位表示，即像素的深度为 24，每个像素可以是 2^{24}=16 777 216 种颜色中的一种。表示一个像素的位数越多，它能表达的颜色数目就越多。

图像的大小是指在计算机内存储图像所需的存储空间。一幅图像越清晰（分辨率高），颜色越丰富（像素深度深），需要的存储空间就越大。

2. 图像格式

各种图像格式通常是为特定的应用程序创建的，不同的图像格式可以通过不同的扩展名来区分，如.jpg、.bmp 等。下面介绍常用的图像格式。

JPEG 格式： 扩展名为.jpg 或.jpeg，其压缩技术十分先进，可去除人眼无法分辨的图像和彩色数据，用最少的磁盘空间展现丰富生动的图像。JPEG 格式的文件较小，下载速度快，目前各类浏览器均支持 JPEG 这种图像格式。

GIF 格式： 可以将数张图片存成一个档案，形成动画效果，也可以是单一的静态图片。它的体积很小，在通信传输时速度较快，网上很多小动画都是 GIF 格式。

BMP 格式： 在 Windows 环境中运行的图形图像软件都支持 BMP 图像格式，它不对图像进行任何压缩，因此 BMP 文件所占用的空间很大。

PSD 格式： 是 Photoshop 的专用文件格式，可以将不同的景物以图层的形式分离存储，便于修改和制作各种特效。

TIFF 格式： TIFF 图片文件大，没有经过任何压缩，因此印刷质量好，多用于广告、杂志等的印刷。

PNG 格式， 即流式网络图形格式，该格式允许连续读出和写入图像数据，可在通信链路上传输图像文件的同时就在终端上显示图像，将整个轮廓显示出来之后逐步显示图像的细节，一般应用于 Java 程序或网页中。

3. 色相、饱和度、亮度和对比度

色相指各类色彩的相貌称谓，也称色调，如大红、普蓝、柠檬黄等。即便是同一类颜色，也能分为几种色调，如灰色可以分为红灰、蓝灰、紫灰等。基本色调如图 4-1 所示。

饱和度指色彩的鲜艳程度，也称色彩的纯度。饱和度取决于该色中"含色成分"和"消色成分"（灰色）的比例。饱和度越小，越接近于灰色；饱和度越大，越接近于纯色。

亮度指颜色的明暗程度。图像亮度低则发黑。

对比度指图像的明暗、色彩反差。增大对比度，使亮处更亮，暗处更暗，明暗更分明。

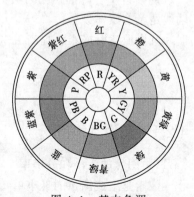

图 4-1　基本色调

4. 色彩模式

色彩模式决定一幅数字图像用什么样的方式显示在计算机屏幕上或打印输出。下面介绍常见的色彩模式。

① RGB 模式将红（R）、绿（G）和蓝（B）三种基色按照亮度值从 0～255 进行混合，产生 256×256×256 种颜色，约为 1 670 万种，可以很好地模拟自然界颜色效果，如图 4-2 所示。例如：纯红色 R 值为 255，G 值为 0，B 值为 0；白色的 R、G、B 都为 255；黑色的 R、G、B 都为 0。RGB 模式适用于显示器、投影仪、扫描仪、数码照相机等。

② HSB 模式是基于人眼对色彩的观察来定义的。在此模式中，所有的颜色都用色相（H）、饱和度（S）、亮度（B）三个特性来描述，如图 4-3 所示。

③ CMYK 模式是一种印刷模式。其中 4 个字母分别指青（Cyan）、洋红（Magenta）、黄（Yellow）、黑（Black），如图 4-4 所示，在印刷中代表 4 种颜色的油墨。CMYK 模式适用于打印机、印刷机等，该模式所包含的颜色最少，因此有些在屏幕上看到的颜色在印刷品上可能无法实现。

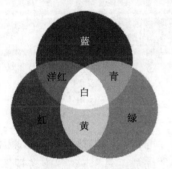

图 4-2　RGB 模式

图 4-3　HSB 模式

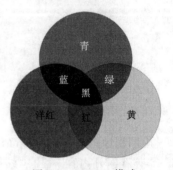

图 4-4　CMYK 模式

5. 无损压缩和有损压缩

数字图像压缩分为无损压缩和有损压缩两种类型。

无损压缩不会使图像细节有任何损失，图像可以完全还原，是对图像的数据存储方式进行优化，采用某种算法表示重复的数据信息。无损压缩的基本原理是相同的颜色信息只需保存一次，压缩图像的软件首先确定图像中哪些区域是相同的，哪些是不同的。例如：包括了重复数据的图像（如蓝天）就可以被压缩，只有蓝天的起始点和终结点需要被记录下来。但是蓝色可能还会有不同的深浅，天空有时会有太阳、云、鸟等对象，这些就需要另外记录。无损压缩的缺点是压缩比不高。

有损压缩根据人眼对图像中的某些频率成分不敏感的特性，允许压缩过程中损失一定的信息；虽然不能完全恢复原始数据，但是所损失的部分对理解原始图像的影响小，却换来了大得多的压缩比。例如：人眼对光线比对颜色更敏感，有损压缩保留了较多的亮度信息，而将色相和饱和度的信息和周围的像素进行合并，合并的比例不同，压缩的比例也不同，由于信息量减少了，所以压缩比可以很高。JPEG 就是图像有损压缩方式。有损压缩的缺点是图像质量会降低。

4.2.2　Photoshop 基本操作

Photoshop 是最常用的图像处理软件之一，广泛应用于图书封面、海报、广告、产品包装的设计，影像创意，婚纱照片设计，建筑效果图后期修饰，网页图像处理等领域。

1．Photoshop 界面

打开 Photoshop CS4 程序，其界面如图 4-5 所示。

图 4-5　Photoshop CS4 界面

应用程序栏是 Photoshop CS4 的新功能，容纳了主要应用命令与工具，包括"启动 Bridge"、"查看额外内容"、"缩放级别"100%、"抓手工具"、"缩放工具"、"旋转视图工具"、"排列文档"、"启动模式"、"基本功能"以及"最小化""最大化""关闭"按钮等。

菜单栏中包含 Photoshop 软件中的所有命令，通过这些命令可以实现对图像的操作。Photoshop CS4 中包含 11 个菜单，分别为"文件"菜单、"编辑"菜单、"图像"菜单、"图层"菜单、"选择"菜单、"滤镜"菜单、"分析"菜单、3D 菜单、"视图"菜单、"窗口"菜单和"帮助"菜单。

选项栏用于显示所选工具的参数。在图像处理中，可以根据需要在选项栏中设置不同的参数。设置的参数不同，得到的图像效果也不同。

工具箱包含了该软件的所有工具。在工具箱中工具图标右下角的黑色三角形按钮上按住鼠标左键，或者在工具图标上右击，都会弹出菜单，显示这组工具中其他隐藏的工具。单击工具箱顶端的 按钮，可以将单栏显示的工具箱调整为双栏显示。

状态栏用来显示图像的缩放比例、图像信息等。右侧是浮动面板，单击面板上的"折叠"按钮 ，可以将面板折叠起来。所有面板都可以关闭，当需要时可从"窗口"菜单中调出来。

2．基本操作

（1）新建、打开、保存图像

选择"文件"→"新建"命令，设置图像大小、颜色模式、背景色，创建空白的图像文件。

通过"文件"→"打开"命令，选择要打开的图像。按住【Ctrl】键可以选中并打开多个图像。

选择"文件"→"存储"命令，图像将以原来的文件名、格式、路径进行存储，因此会覆盖掉原来的图像。

选择"文件"→"存储为"命令，可修改存储图像的文件名、格式、路径。

注意：当新建的图像文件第一次存储时，"存储"和"存储为"命令功能相同，都是将当前图像文件命名后存储，并且都会弹出"存储为"对话框。

（2）复制、粘贴、删除图像

选择"编辑"→"拷贝"命令，或按【Ctrl+C】组合键，复制选区内图像。

选择"编辑"→"粘贴"命令，或按【Ctrl+V】组合键，粘贴选区内图像。

选择"编辑"→"清除"命令，或按【Delete】键，删除选区内图像。

（3）调整图像颜色

选择"图像"→"调整"→"色相/饱和度"命令，可以修改图像的色相、饱和度、亮度。图 4-6 所示为对图片调整色相、降低饱和度、提高亮度的效果。

　（a）原图　　　　　（b）调整色相　　　　（c）降低饱和度　　　　（d）提高亮度

图 4-6　图像色彩

（4）改变图像大小

选择"图像"→"图像大小"命令，可以放大或缩小图像。

（5）变形图像

先选择一个选区，选择"编辑"→"变换"命令或者"编辑"→"自由变换"命令，可以对选区进行缩放、旋转、斜切、扭曲、透视、变形等操作，双击可应用变换。图 4-7 所示为对图片进行各种变形的效果。

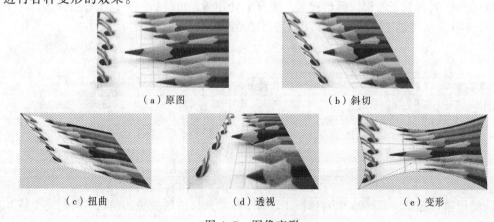

　　　（a）原图　　　　　　　　　　　　　　　（b）斜切

　　（c）扭曲　　　　　　　　（d）透视　　　　　　　　（e）变形

图 4-7　图像变形

（6）"历史记录"面板

如果出现误操作，可以通过图 4-5 中的"历史记录"面板，返回到任意一次操作之前的状态。

4.2.3 Photoshop 常用工具

1. 移动工具

移动工具 是最常用的，在进行图像的布局时，可用来移动图层、选区等。使用方法为：拖动除背景层外的内容，可以将其移动；按住【Alt】键的同时拖动鼠标，可以将其复制。

2. 选区工具

很多时候，不需要对整幅图像进行操作，而是对其中的某个部分进行操作，被选中的部分称为选区。选区是一个封闭的区域，可以是任何形状。选区一旦建立，大部分操作就只对选区范围有效。如果要针对全图进行操作，必须先取消选区。

（1）选区的创建

创建选区可以使用选框工具组、套索工具组、魔棒工具组，以及"选择"菜单。3 个工具组位于工具箱上部，如图 4-8 所示。

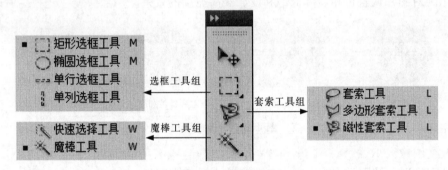

图 4-8　选区工具

选框工具组内包含 4 个工具：矩形选框工具、椭圆选框工具、单行选框工具、单列选框工具。

① 使用矩形选框工具 、椭圆选框工具 ，可以选择形状规则的矩形、椭圆形对象，配合【Shift】键，可得到正方形、圆形选区。配合【Alt】键，可得到一个以鼠标指针落点为中心的选区。图 4-9 所示为创建椭圆选区、圆形选区的效果。

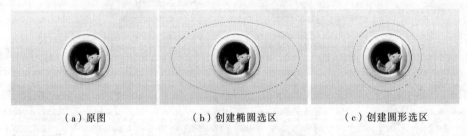

（a）原图　　　　　　　（b）创建椭圆选区　　　　　　　（c）创建圆形选区

图 4-9　椭圆选框工具的应用

② 使用单行选框工具 或单列选框工具 ，在要选择的区域旁边单击，能创建 1 像素宽的单行或单列的选区。

套索工具组内包含 3 个工具：套索工具、多边形套索工具、磁性套索工具。

① 选择套索工具 后，只要按住鼠标左键在图像上拖动，鼠标指针移动的轨迹就是选区的边界。该工具创建选区的形态较难控制，所以一般用于对精确度要求不高的选择。图 4-10 所

示为用套索工具创建任意形状选区的效果。

（a）原图　　　　　　　　　　（b）创建选区　　　　　　　　　　（c）删除选区内图像

图 4-10　套索工具的应用

②　选择多边形套索工具 ![icon] 后，沿要选择的图像边界多次单击，新的鼠标指针落点与前一个落点间会出现一条连线，然后将鼠标指针移回起点，当鼠标指针变为 ![icon] 形状时单击，可闭合连线，构成选区。也可以双击鼠标，自动连接起点和终点，闭合选区。该工具比较适合于边界为直线或边界曲折复杂的图案。图 4-11 所示为用多边形套索工具创建星形选区的效果。

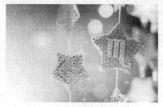  

（a）原图　　　　　　　　　　（b）创建选区　　　　　　　　　　（c）删除选区内图像

图 4-11　多边形套索工具的应用

③　选择磁性套索工具 ![icon] 后，在要选择图像边界与背景颜色差别较大的部分，可以直接沿边界移动鼠标指针，该工具会自动吸附在颜色对比强烈的边缘，按【Delete】键可以取消前一个定位点。在颜色差别不大的部分，可以用多次单击的方法勾选边界。最后，将鼠标指针移回起点，当鼠标指针变为 ![icon] 形状时单击，可闭合连线，构成选区。也可以双击鼠标，自动连接起点和终点，闭合选区。该工具主要适用于选择边界分明的图案。图 4-12 所示为用磁性套索工具创建热气球选区的效果。

（a）原图　　　　　　　　　　（b）创建选区　　　　　　　　　　（c）删除选区内图像

图 4-12　磁性套索工具的应用

魔棒工具组内包含两个工具：魔棒工具、快速选择工具。

①　魔棒工具 ![icon] 用于选择图像中颜色相近的区域，在选项栏中可以设置容差值，以便能够准确地选取需要的选区范围。"容差"是包容颜色差异的数值。容差是 0，只能选择相同的颜色。容差越大，允许的颜色差异就越大，选取的颜色就越广泛。例如：容差是 0 的时候，如果鼠标指针落点是纯蓝色，那么选区中只能包含与落点相邻接的纯蓝色像素点；如果容差是 20，那么选区中就可以包含与落点相邻接的稍微淡些的蓝色和稍深些的蓝色。图 4-13 所示为用魔棒工具选择背景的效果。

（a）原图　　　　　　（b）创建选区　　　　　（c）删除选区内图像

图 4-13　魔棒工具的应用

② 快速选择工具 是利用可调整的圆形画笔笔尖快速"绘制"或者编辑选区。拖动时，选区会向外扩展并自动查找和跟随图像的边缘。要更改快速选择工具的画笔笔尖大小，需单击选项栏中的"画笔"，并输入像素大小或移动"直径"滑块。图 4-14 所示为用快速选择工具绘制黑色棋子选区的效果。

（a）原图　　　　　　（b）创建选区　　　　　（c）删除选区内图像

图 4-14　快速选择工具的应用

此外，还可以利用"选择"菜单创建选区。选择"选择"→"色彩范围"命令，鼠标指针变成吸管形状 ，单击图片上需要选择的颜色，可以选择现有选区或整个图像内指定的颜色，适用于边缘清晰且局部区域颜色反差较大的图像。图 4-15 所示为利用"选择"菜单选择黑色龙形选区的效果。

（a）原图　　　　　　（b）创建选区　　　　　（c）删除选区内图像

图 4-15　"选择"菜单的应用

（2）选区的编辑

选区模式：选择选区工具后，在创建选区前，可以通过选择选项栏中的"新选区" 、"添加到选区" 、"从选区减去" 、"与选区交叉" 等按钮，设定选择模式，如图 4-16 所示。

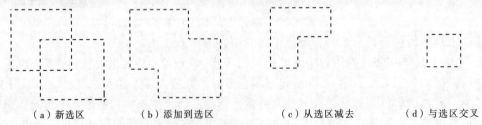

（a）新选区　　　（b）添加到选区　　　（c）从选区减去　　　（d）与选区交叉

图 4-16　选区模式

注意：实际操作时，如果出现图 4-17 所示的警告对话框，说明从选区减去的面积超过了已有选区的面积。选区面积不允许是负数。

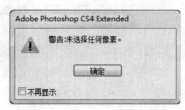

羽化选区：选择选区工具后，在创建选区前，可以在选项栏中修改羽化的像素值，设置选区的羽化效果。羽化的作用就是虚化选区的边缘，以产生较柔和的过渡。羽化半径越

图 4-17　选区操作的警告对话框

大，羽化的效果也越明显，模糊边缘将丢失越多细节，反之越小。效果如图 4-18 所示。

（a）羽化 0 像素　　　　　　　　（b）羽化 10 像素

图 4-18　选区的羽化

移动选区：建立选区后，在工具箱中再选择任意选区工具，然后将鼠标指针移动至选区内部，当鼠标指针显示为箭头形状时，拖动鼠标可以移动选区的位置。

修改选区：在创建选区之后，可以根据需要，通过"选择"菜单对选区进行修改。选择"选择"菜单中的"全部""取消选择"、"反向"命令，可以实现选择全部图像、取消选区、反向选择。选择"选择"→"修改"命令，可以对选区进行平滑、扩展、收缩、羽化，还可以添加边界。选择"选择"→"变换选区"命令，可以对选区进行缩放、旋转和扭曲等变换处理。执行相关命令后，可以在弹出的对话框中设置参数，进而轻松地对选区进行修改。

3.画笔工具组

画笔工具可以用前景色来绘制线条。铅笔工具用来创建硬边线条。这两种工具都可以在选项栏中修改笔的直径、硬度、形状。颜色替换工具能够简化图像中特定颜色的替换，可用于校正颜色。

4.橡皮擦工具组

橡皮擦工具是用于擦除像素的。背景橡皮擦工具用于擦除背景色，使背景变透明。魔术棒橡皮擦工具只需一次单击，就可去除与单击处连通的图案。

5.填充工具组

渐变工具的作用是产生逐渐变化的色彩，操作时需要在选项栏中选择渐变方式和颜色，并用鼠标拖动出一条线，渐变效果如图 4-19 所示。油漆桶的作用是用前景色或图案，按照图像中像素的颜色进行填充，填充的范围是与单击处的像素点颜色相同或相近的像素点，可以在选项栏中设置容差值来调整范围。

注意：除非有选区或蒙版存在，否则无论用鼠标拖动的线条有多长，产生的渐变都将充满整个画面。

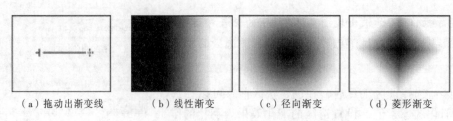

（a）拖动出渐变线　　（b）线性渐变　　（c）径向渐变　　（d）菱形渐变

图 4-19　黑色到白色的渐变效果

6．图章工具组

仿制图章工具 的作用像"复印机"，先从图像中取样，然后将样本仿制到其他图像或同一图像的其他部分，也可以将一个图层的一部分仿制到另一个图层。使用仿制图章工具时要先定义采样点，也就是指定"原件"的位置。方法是按住【Alt】键在图像某一处单击。如图 4-20（a）所示，在①处按住【Alt】键单击，然后在②处拖动鼠标进行涂抹，就会看到①处的像素被复制出来了，效果如图 4-20（b）所示。

（a）原图　　　　　　　　　（b）使用仿制图章工具涂抹后

图 4-20　仿制图章工具复制效果

仿制图章工具经常被用来修补图像中的破损处，方法就是用周围邻近的像素来填充。图案图章工具 可以对图像添加 Photoshop 提供的一些图案样式，或者用图像的一部分作为图案绘画。

7．文字工具组

（1）文字工具

选择横排文字工具 或直排文字工具 后，在画面中单击，出现光标后即可输入文字，或者拖动鼠标绘制一个矩形定界框，先限定文字段落的范围，再输入文字。可以在选项栏或"字符"面板中设置相应的文字选项，可以修改字体、大小、对齐方式、颜色等，还可以使文字产生变形效果，如图 4-21 所示。单击选项栏中的 按钮，完成文字的输入，此时会自动建立一个文字图层。如果要修改已输入文字的内容，先选中文字图层，再选择横排或直排文字工具，将鼠标指针停留在文字上方，单击即可进入文字编辑状态。

（a）旗帜　　　　　　　　（b）扇形　　　　　　　　（c）鱼形

图 4-21　文字变形效果

（2）文字蒙版工具

横排文字蒙版工具 和直排文字蒙版工具 并不显示输入的文字，只创建文字形状的选区，文字选区具有其他选区相同的性质。操作方法为：先选择横排/直排文字蒙版工具，并设置文字选项，在图像中单击，会出现一个红色的蒙版，即可开始输入需要的文字，单击选项栏中的 按钮，即完成文字选区的创建。

4.2.4　Photoshop 特效制作

1. 图层

图层就像是一张透明纸，可以在这张透明纸上绘画，透过图层透明区域可以清晰地看到下面图层中的图像，多个图层叠放在一起就是一个完整的图像。

例如：要绘制一幅画，首先要有画板（画板就是 Photoshop 里新建的图像文件），然后在画板上添加一张透明纸绘制蝴蝶，绘制完成后，再添加一张透明纸绘制花朵……依此类推，从而得到一幅完整的作品，如图 4-22 所示。在这个绘制过程中，添加的每一张纸就是一个图层。使用图层的优点是对某一图层进行修改处理时，不会影响到其他图层。

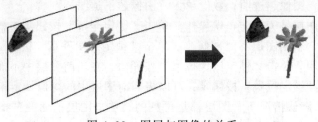

图 4-22　图层与图像的关系

图层的常用操作可以在"图层"面板、"图层"菜单内完成，如图 4-23 所示。

（a）多个图层组成的图像

（b）"图层"面板

图 4-23　图层

选择图层：要编辑图像中的某个对象，必须先选中该对象所在的图层。在"图层"面板中，单击图层以选中，图层会显示深灰色，此时可以对该图层进行移动、调整、填充、变形等各种编辑操作。

新建图层：单击"图层"面板中"创建新图层"按钮 ，可在当前图层上创建新图层。也可以选择"图层"→"新建"→"图层"命令，打开"新建图层"对话框，可以对图层的"名称""颜色""模式""不透明度"进行设置，单击"确定"按钮，完成图层创建。

复制图层：右击图层，在弹出的快捷菜单中选择"复制图层"命令，可创建一个该图层的副本。

删除图层：选中图层，单击"图层"面板中的"删除图层"按钮圙，可删除该图层。或者右击图层，在弹出的快捷菜单中选择"删除图层"命令。

移动图层：图层的堆叠顺序决定图层内容在画面中的前后位置，即图层中的图像是出现在其他图层的前面还是后面。图层的堆叠顺序不同，产生的图像合成效果也不相同。要调整图层堆叠顺序，可以在"图层"面板中，用鼠标拖动图层进行移动。

链接图层：如果需要同时对几个图层进行移动或编辑，可以使用链接图层的方法链接多个图层或组，可以对链接后的图层进行一起复制、粘贴、对齐、合并、应用变换等操作，通过这种方式能够快捷地对图像进行处理。操作方法为：按住【Ctrl】键选择多个图层，然后单击"图层"面板中"链接图层"按钮圙即可。

不透明度：默认情况下，图层的"不透明度"是 100%，即上面图层的内容能完全遮住下面的图层。数值越小，图像越透明；数值越大，图像越不透明。

锁定图层：锁定图层是为了防止误操作。单击"锁定全部"按钮圙，就可将当前选中图层锁定，除非解除锁定，否则图层不能被修改。单击"锁定透明像素"按钮圙，可以使当前图层中的透明区域保持透明。单击"锁定图像像素"按钮圙，在当前图层中不能进行图形绘制以及其他命令操作。单击"锁定位置"按钮圙，可以将当前图层中的图像锁定不被移动。

显示/隐藏图层：默认情况下，图层都是可见的，单击图层前面的"指示图层可见性"图标圙，不再显示圙图标，图层就被隐藏起来，即暂时不可见，但图层仍然存在。

背景层转普通图层：打开一个图像文件，在"图层"面板中默认是被锁定的"背景"图层。当需要对该图层进行编辑时，可以在"图层"面板中双击该"背景"图层，打开"新建图层"对话框，单击"确定"按钮，将背景图层转换为普通图层。

合并图层：选中图层，选择"图层"→"向下合并"命令，可将当前图层和它下面的图层合并为一层。

注意：编辑图像时，必须先选中相应的图层。

2. 图层样式

Photoshop 为图层提供了很多的艺术特效，称为图层样式，如投影、发光、斜面和浮雕、描边等，效果如图 4-24 所示。使用图层样式可以快速完成某些特殊效果。

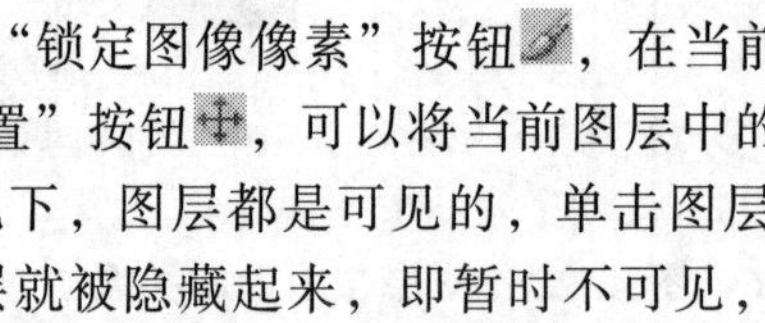

图 4-24　图层样式效果

选中要添加特效的图层，单击"图层"面板中的"添加图层样式"按钮圙，弹出快捷菜单，如图 4-25（a）所示，选择需要的图层样式，即可打开"图层样式"对话框，如图 4-25（b）所示。"图层样式"对话框的左侧是"样式"选项区，用于选择要添加的样式类型；右侧是参数设置区，用于设置每种样式的参数及选项。

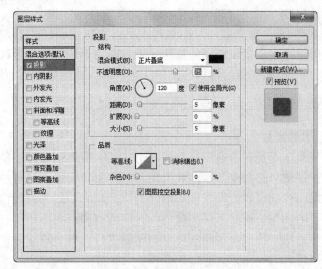

（a）弹出快捷菜单　　　　　　　　　　　　（b）"图层样式"对话框

图 4-25　图层样式

投影：在"图层样式"面板中选中"投影"选项后，能够在选定的文字或图像后面添加阴影，使图像产生立体感的效果。可以在右侧的参数设置区中设置投影的颜色、与下层图像的混合模式、不透明度、是否使用全局光、光线的投射角度、投影与图像的距离、投影的扩散程度和投影大小等，还可以设置投影的等高线样式和杂色数量。

内阴影："内阴影"和"投影"效果基本相同，不过"投影"是从对象边缘向外，而"内阴影"是从边缘向内，从而使图像产生凹陷效果。在右侧的参数设置区中可以设置阴影的颜色、混合模式、不透明度、光源照射的角度、阴影的距离和大小等参数。

外发光："外发光"图层样式是从图层内容的外边缘添加发光效果。如果发光内容的颜色较深，发光颜色需要选择较浅的颜色。在右侧的参数设置区中可以设置外发光的混合模式、不透明度、添加的杂色数量、发光颜色（或渐变色）、外发光的扩展程度、大小和品质等。

内发光："内发光"图层样式是从图层内容的内边缘添加发光效果。和"外发光"图层样式一样，如果发光内容的颜色较浅，发光颜色就必须选择较深的，这样制作出来的效果比较明显。

斜面和浮雕：在"图层样式"面板中，选中"斜面和浮雕"选项，可以使所选图层中的图像或文字产生各种样式的斜面浮雕效果。其中，结构样式包括外斜面、内斜面、浮雕、枕状浮雕和描边浮雕。另外，选择"纹理"选项，然后在"图案"选项面板中选择应用于浮雕效果的图案，还可以使图形产生各种纹理效果。

光泽："光泽"图层样式用来创建光滑光泽的内部阴影。"光泽"效果和图层的轮廓相关，即使参数设置的完全一样，不同内容的层添加光泽样式之后产生的效果也不相同。选择此项后，可以在右侧的参数设置区中设置光泽的颜色、混合模式、不透明度、光线角度、距离和大小等参数。

颜色叠加："颜色叠加"样式可以在所选图层上方覆盖一种颜色，并通过设置不同的混合模式和不透明度使图像产生类似于纯色填充层的特殊效果。

渐变叠加："渐变叠加"图层样式可以在所选图层的上方覆盖一种渐变叠加颜色，使图像产生渐变填充层的效果。在右侧的参数设置区中，可以选择或自定义各种渐变类型，并设置渐变的缩放程度，来调整渐变效果。

图案叠加："图案叠加"图层样式可以在所选图层的上方覆盖不同的图案效果，从而使该层中的图像产生图案填充层的特殊效果。在右侧的参数设置区中，可以选择图案类型。

描边："描边"图层样式是使用颜色、渐变或图案在当前图层上描画对象的轮廓。

注意：背景图层不能添加图层样式，需先将背景层转为普通图层。

3. 图层蒙版

图层蒙版是加在普通图层上的一个遮盖，通过创建图层蒙版来隐藏或显示图像中的部分或全部。图层蒙版是灰度图像，如果用黑色在蒙版图层上进行涂抹，涂抹的区域图像将被隐藏，显示下层图像的内容，即当前图层为透明。反之，如果采用白色在蒙版图像上涂抹，则会显示当前图层的图像，遮住下层图像内容，即当前图层为不透明。如果图层蒙版上是灰色，即当前图层为半透明。使用图层蒙版可以对图像进行无缝合成，制作梦幻般的图像合成效果，而不会影响原图像，对原图像具有保护作用，且操作方便、便于修改。

添加图层蒙版：在"图层"面板中选中需要添加图层蒙版的图层，单击"图层"面板下方的"添加图层蒙版"按钮，即可为该图层添加蒙版。如果已在图像中创建了选区，再单击此按钮，则可以根据选区范围在当前图层上建立图层蒙版。

删除图层蒙版：在"图层"面板中要删除的图层蒙版上右击，在弹出的快捷菜单中选择"删除图层蒙版"命令即可。

编辑图层蒙版：选中图层蒙版，可以用下面4种方法进行编辑。

（1）利用绘图工具编辑图层蒙版

使用绘图工具编辑图层蒙版是最常用的一种蒙版编辑方法。绘图工具操作相对灵活，通过对绘图工具选择的画笔的不同，蒙版效果也会不同。

（2）利用渐变工具编辑图层蒙版

为图层添加图层蒙版以后，常会用到渐变工具对蒙版进行编辑。使用渐变工具可以制作渐隐的效果，使图像过渡的非常自然，在合成图像中常被应用。

【例4-1】用图4-26（a）、（b）所示图片，制作图4-26（d）所示效果。

将图4-26（b）置于图4-26（a）上。对上层图像添加图层蒙版，并选择渐变工具在图层蒙版上，从上向下拖动出黑到白的渐变效果，如图4-26（c）所示，就可得到图4-26（d）所示效果。在图层蒙版中黑色代表完全透明，所以对应部位显示底层天空图像，白色代表不透明，所以对应部位显示上层海洋图像，灰色代表半透明，所以对应部位同时显示上下两层图像，使两幅图片完美融合在一起。

（a）底层图像　　　　　　　　　　　　（b）上层图像

图4-26　渐变工具编辑图层蒙版

（c）图层蒙版设置　　　　　　　　　　　（d）最终效果

图 4-26　渐变工具编辑图层蒙版（续）

（3）利用选区工具与油漆桶工具编辑图层蒙版

图层蒙版创建完成后，单击蒙版缩略图，可以通过选区工具对蒙版图像创建选区，选择油漆桶工具为选区填色。

（4）利用滤镜编辑图层蒙版

滤镜是 Photoshop 中十分强大的功能，使用滤镜可以为图像添加各种特殊效果。滤镜在蒙版编辑中不常用，但对蒙版编辑却起着画龙点睛的作用。

【例 4-2】用图 4-27（a）、（b）所示图片，制作图 4-27（d）所示效果。

将图 4-27（b）置于图 4-27（a）上。对上层图像添加图层蒙版，并选择渐变工具在图层蒙版上，从右向左拖动出黑到白的渐变效果，如图 4-27（c）所示。选中图层蒙版，选择"滤镜"→"纹理"→"龟裂纹"命令，对图层蒙版添加滤镜，就可得到图 4-27（d）所示效果。添加滤镜可以使图层蒙版的效果更丰富。

（a）底层图像　　　　　　　　　　　（b）上层图像

（c）图层蒙版设置　　　　　　　　　　　（d）最终效果

图 4-27　选区工具与油漆桶工具编辑图层蒙版

另外，通过"蒙版"面板，可以更方便地对蒙版进行编辑。通过"蒙版"面板，可以快捷地创建图层蒙版和矢量蒙版，并能对蒙版进行浓度、羽化、调整边缘等编辑。

4.滤镜

滤镜遵循一定的程序算法对图像中像素的颜色、亮度、饱和度、对比度、色相、分布、排列等属性进行计算和变换处理，以制作特殊效果的图像。

在 Photoshop CS4 中的"滤镜"菜单主要将滤镜分为以下类型：独立特殊滤镜、风格化滤镜组、画笔描边滤镜组、扭曲滤镜组、模糊滤镜组、锐化滤镜组等，通过滤镜组的编辑，制作特殊的图像效果。通过"滤镜"菜单，可以快速对整幅图像或选区添加特效，如图 4-28 所示。

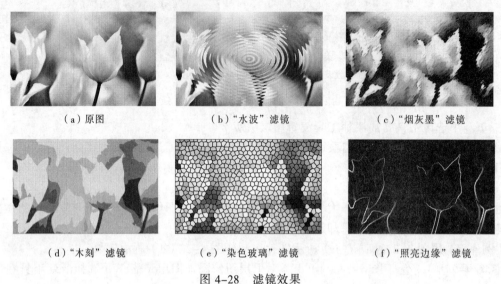

（a）原图　　　　　　（b）"水波"滤镜　　　　　　（c）"烟灰墨"滤镜

（d）"木刻"滤镜　　　　（e）"染色玻璃"滤镜　　　　（f）"照亮边缘"滤镜

图 4-28　滤镜效果

5．动作

动作是对图像操作步骤的记录，便于在其他图像中迅速地再次应用，使用"动作"面板可以快速地完成对图像的调整。

选择"窗口"→"动作"命令，即可打开"动作"面板，如图 4-29（b）所示。在"动作"面板中可以记录、播放、编辑和删除动作，还可以存储和载入动作文件。在"动作"面板中提供了多种预设动作，只需选中所需动作效果，单击"播放选定的动作"按钮▶，即可对图像快速应用效果。使用这些动作可以快速地制作文字效果、边框效果、纹理效果和图像效果等。图 4-29 所示为对图片应用"渐变映射"的动作效果。

（a）原图　　　　　　（b）"动作"面板　　　　　　（c）"渐变映射"效果

图 4-29　应用预设动作

4.2.5　Photoshop 知识拓展：制作 GIF 动画

Photoshop 除了可以编辑静态图片外，还可以制作动画，下面将介绍制作 GIF 动态图片的方法。

【例 4-3】用 3 张静态图片，制作 GIF 格式的变脸动画，效果如图 4-30 所示。

① 制作图层：打开 3 张图片，将图片 2 拖动到图片 1 中，拖动方法有两种：

- 切换到图片 2 窗口，按【Ctrl+A】组合键，选中图片 2，再按【Ctrl+C】组合键复制图片 2，切换到图片 1 窗口，按【Ctrl+V】组合键粘贴。

● 切换到图片 2 窗口，在工具栏中选用移动工具，将图片 2 直接拖入图片 1 中。

最后将图片 3 拖到图片 1 中，如图 4-31（a）所示。此时在图片 1 中共有 3 个图层，分别存放 3 张图片，每张图片的尺寸大小要一致。

（a）第 1 帧　　　　　（b）第 2 帧　　　　　（c）第 3 帧

图 4-30　变脸动画效果

② 从图层建立帧：选择"窗口"→"动画"命令，在 Photoshop 界面的下部弹出"动画设计"面板，包括"动画（帧）"和"测量记录"两个选项卡。单击"动画（帧）"选项卡右侧的下拉按钮，选择"从图层建立帧"选项，将出现 3 个动画帧的缩略图。在面板下方的"选择循环选项"里面选择"永远"选项，即一直循环播放动画。然后单击第 1 帧画面下方的下拉按钮，设置延迟时间 2 s；同样方法设置第 2、3 帧的延迟为 1 s，如图 4-31（b）所示。

（a）图层制作

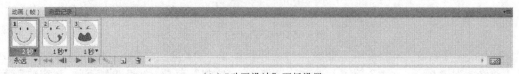

（b）"动画设计"面板设置

图 4-31　动画设置

③ 保存：选择"文件"→"存储为 Web 和设备所用格式"命令，在弹出的对话框中选择"存储"即可将动画保存成 GIF 格式。

4.3　动画设计与制作

4.3.1　动画的原理、概念和特点

动画利用了人的视觉暂留现象，即当人看到的物体消失后，物体的映像在视网膜上还会保留一个非常短暂的时间（1/5～1/30 s）。实验证明，如果每秒放映 24 幅画面，则人眼看到的是连续的画面效果。传统的动画画在纸上的一张张相似却不相同的画面，通过快速播放，就产生了动的感觉。

计算机动画原理与传统动画基本相同，只是在传统动画的基础上将计算机技术用于动画的处理和应用，并可以达到传统动画所达不到的效果。由于采用数字处理方式，动画的运动效果、画面色相、纹理、光影效果等可以不断改变，输出方式也多种多样。

4.3.2　Flash 基本操作

Flash 是集矢量图形编辑、动画创作、交互设计三大功能于一身的专业软件。Flash 动画也是由一系列连续的图片组成的，只不过这些图片有的是用户绘制的，有的是系统自动生成的。Flash 文件尺寸小，因此特别适合于网上传播。由于是矢量图形，因此放大后不会影响画面质量。

1. Flash 界面

打开 Flash CS4 程序，其界面如图 4-32 所示。

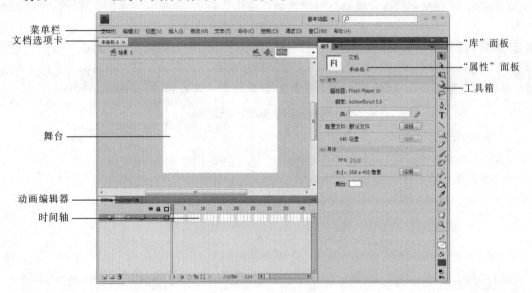

图 4-32　Flash CS4 界面

Flash CS4 中包含 11 个菜单，分别为"文件"菜单、"编辑"菜单、"视图"菜单、"插入"菜单、"修改"菜单、"文本"菜单、"命令"菜单、"控制"菜单、"调试"菜单、"窗口"菜单和"帮助"菜单。

屏幕中间的大白色矩形称为"舞台"。与剧院的舞台一样，Flash 中的"舞台"是播放影片时观众查看效果的区域，它包含出现在屏幕上的文本、图像和视频。把元素移到"舞台"上或者移出"舞台"之外，将把它们移入或移出视野。

"动画编辑器"将补间动画的所有属性直观地显示为图表上的线条，可以方便地同时编辑多种属性。

"时间轴"用于管理动画中的图层和帧，影片中的图层位于"时间轴"的左侧，每个图层包含的帧位于该图层右侧的行中。

"库"面板用于存储和组织在 Flash 中创建的元件，以及导入的文件，包括位图、图形、声音文件和视频剪辑。

"属性"面板位于"舞台"右侧，可以设置选中对象（如 Flash 文档、帧、元件、图形等）的属性。

工具箱包含了该软件的所有工具。在工具箱中工具图标右下角的黑色三角形按钮上按住鼠标左键，或者在工具图标上右击，都会弹出快捷菜单，显示这组工具中其他隐藏的工具。单击工具箱顶端的 按钮，可以将工具栏折叠起来。

2．文件操作

新建：选择"文件"→"新建"命令，在"新建文档"对话框的"常规"选项卡中选择"Flash 文件（ActionScript 3.0）"，单击"确定"按钮，即可新建一个 Flash 文档。

打开：选择"文件"→"打开"命令，弹出"打开"对话框，选择扩展名为 FLA 的 Flash 文档，再单击"打开"按钮，就可以打开该 Flash 文档并进行编辑、修改或调试。

播放：可以拖动播放头，浏览某部分动画效果。如果要观看整个动画，可以选择"控制"→"测试影片"命令。

保存：选择"文件"→"保存"命令，将当前文档保存成 FLA 格式，后面还可以继续编辑。

注意：选择"控制"→"播放"命令也可以播放动画，但有些效果在这种播放状态下无法正常显示。

导出：选择"文件"→"导出"→"导出影片"命令，可以将文档导出成 SWF 格式，这种格式不能编辑，可以使用 Flash Player 或 IE 浏览器播放。

3．工具的使用

Flash 的工具与 Photoshop 有些是类似的，下面只介绍几个与 Photoshop 不相同的常用工具。

选择工具 ：用来选择对象，移动对象，改变线条或对象轮廓的形状。

部分选取工具 ：用来选择图形的边缘线，改变边缘形状。

任意变形工具 ：可以对选中对象进行旋转、缩放、扭曲等操作。

注意：墨水瓶工具 用于给图形边缘上色，颜料桶工具 用于给图形内部上色。

此外，Flash CS4 新增了以下工具：

3D 旋转工具 和 3D 平移工具 ：这两个工具可以在三维空间内对二维影片剪辑元件进行动画处理，即允许在 X、Y、Z 轴上进行动画处理。

喷涂刷工具 ：作用类似于粒子喷射器，使用它可以一次将形状图案"刷"到舞台上。默认情况下，喷涂刷使用当前选定的填充颜色喷射粒子点。但是，可以使用喷涂刷工具将影片剪辑或图形元件作为图案应用。

Deco 工具 ：该工具可以用元件作为图案来填充舞台、元件或封闭区域。填充图案的方式可以是藤蔓式、网格式和对称式。

骨骼工具 和绑定工具 ：使用骨骼工具可以向元件和形状添加骨骼。使用绑定工具可以调整形状对象的各个骨骼和控制点之间的关系。

4．时间轴操作

"时间轴"用于组织在一定时间内播放的图层数和帧数，"时间轴"中的选项如图 4-33 所示。Flash 文档以帧为单位度量时间。在播放影片时，播放头在"时间轴"中向前移过帧。要在"舞台"上显示某帧的内容，可以在"时间轴"中把播放头移到那个帧上。可以选定要修改的帧，然后在"舞台"上更改该帧的内容。在"时间轴"的底部，Flash 会指示所选的帧编号、当前帧速率（每秒播放多少帧），以及到目前为止在影片播放的时间。

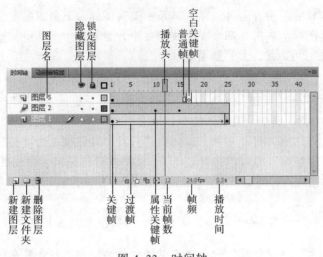

图 4-33　时间轴

"时间轴"还包含图层，它有助于在文档中组织作品。可以把图层看成堆叠在一起的多张透明纸，每个图层中都放着不同的对象，可以在一个图层上绘制和编辑对象，而不会影响另一个图层上的对象。图层按它们出现在"时间轴"中的顺序堆叠在一起，位于"时间轴"最底部图层上的对象将出现在"舞台"上的所有对象的底部。在"时间轴"上还可以实现创建、删除、隐藏或显示、锁定或解锁图层。

注意： 最好将不同的对象放到不同的图层中，这样互不影响，不容易出错。

帧是构成动画的基本元素，简单地讲一幅画面就是一帧，在"时间轴"上用一个小格来表示。帧的插入、转换、删除都可以通过右键快捷菜单实现。帧分为以下几类：

关键帧：定义了动画发生变化的关键画面。在时间轴里，关键帧以实心圆表示。要创建关键帧，先右击要插入关键帧的帧格，在弹出的快捷菜单中选择"插入关键帧"命令。要删除关键帧，先选中该帧并右击，在弹出的快捷菜单中选择"删除帧"命令或"清除关键帧"命令，区别在于"删除帧"是将该帧完全删除，而"清除关键帧"是将该帧的内容删掉，变为普通帧，所清除的关键帧以及到下一个关键帧之前的所有帧的内容，将被所清除的关键帧之前的帧的内容替换。

属性关键帧：属性关键帧对动画组成没有影响，只是对动画中对象的属性进行控制（如缓动、亮度、Alpha 值及位置等）。定义的每个属性都有对应的属性关键帧。如果在单个帧中设置了多个属性，则其中每个属性的属性关键帧都会驻留在该帧中。要创建属性关键帧，先选中舞台中的补间动画对象，并设置其属性（如移动位置、设置 Alpha 值及色相等），就可以自动在当前位置添加一个属性关键帧。要删除属性关键帧，需将播放头置于属性关键帧的位置或选中该属性关键帧并右击，在弹出的快捷菜单中选择"清除关键帧"级联菜单中所需的命令即可。

空白关键帧：在一个关键帧里面，没有添加任何动画对象的帧称为空白关键帧。在时间轴里，空白关键帧以空心圆表示。要创建空白关键帧，先右击要插入空白关键帧的帧格，在弹出的快捷菜单中选择"插入空白关键帧"命令。

普通帧（静止帧）：普通帧的画面是前一个关键帧画面的副本，使关键帧的画面在时间上产生延续，直到下一个关键帧为止。如果希望动画中始终保持可见的背景图像，可以使用普通帧。要创建普通帧，先右击要插入普通帧的帧格，在弹出的快捷菜单中选择"插入帧"命令。要删除普通帧，先选中该帧并右击，在弹出的快捷菜单中选择"删除帧"命令。

过渡帧：由 Flash 根据两个关键帧的内容自动生成的帧，起到过渡的作用。过渡帧不需要用户来创建，删除的方法和删除普通帧一样。

5. 元件操作

"元件"是 Flash 动画中的主要动画元素，分为影片剪辑、按钮、图形 3 种类型。形状的用途非常有限，为了重复使用、方便管理，可以将它转换成元件。操作方法是：选中形状，选择"修改"→"转换为元件"命令，将形状变为图形元件。这时它已经不再是由离散的点构成的图形了，而是一个整体，便于控制和修改。

元件有一个中心点（是一个可移动的白点），控制着元件运动时的轴心，默认是在元件的正中央，也可以双击元件进入编辑模式，根据需要调整元件中心的位置。图 4-34 所示为中心点在元件不同位置的旋转效果。

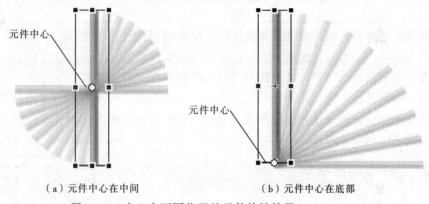

（a）元件中心在中间　　　　（b）元件中心在底部

图 4-34　中心在不同位置的元件旋转效果

选择"窗口"→"库"命令，打开"库"面板，它就像一个"大仓库"，里面存放着当前文档的所有元件，以及导入的文件（包括位图、图形、声音文件和视频剪辑），需要时可从库中拖动到舞台。元件的创建、预览、重命名、复制、删除都可以在"库"面板中完成，如图 4-35 所示。双击"库"面板中的元件，可进入元件编辑界面，单击"场景"链接，可返回到场景。

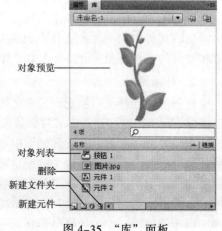

图 4-35　"库"面板

6. 修改属性

"属性"面板中显示的是当前选中对象的属性。

文档属性：单击工作区，显示的是文档属性，如大小、背景色、帧频。

帧属性：选中某一帧，显示的是帧属性，如补间、声音等。

元件属性：先选中元件所在帧，再选择元件，显示元件属性，如亮度、色相、Alpha（透明度）。

形状属性：选中形状，显示的是形状属性，如位置、大小、边线颜色、填充色。

图片属性：选中导入的图片，显示的是位图属性，如位置、大小。

7．导入图像、声音

Flash 支持的图像格式有 BMP、JPG、GIF 等，声音格式有 WAV、MP3 等，视频格式有 AVI、MP4、MOV 等。选择"文件"→"导入"→"导入到库"命令，可将图片、声音导入当前文档的"库"面板中，需要时直接拖动到"舞台"中即可。

小知识：

如果需要有透明度的图像，可导入 PNG 图像；如果想保留来自 Photoshop 文件中的所有图层、透明度和混合信息，则导入 PSD 图像。

8．动画预设

"动画预设"面板存储了许多动画效果，用户可以将其应用于舞台上的不同对象，快速构建复杂的动画，而无须做大量的工作。选择"窗口"→"动画预设"命令打开该面板。"动画预设"面板如图 4-36 所示。

如果希望将做好的动画效果再应用于其他对象，只需选取"时间轴"上的第一个补间动画或者"舞台"上的对象，然后在"动画预设"面板中单击"将选区另存为预设"按钮即可。对动画效果进行命名，并保存在"动画预设"面板中。选取舞台上的一个新对象，并选择动画预设，然后单击"应用"按钮，即可把保存的动画预设应用于新对象。

图 4-36　"动画预设"面板

4.3.3　Flash 动画制作

1．逐帧动画

逐帧动画是一种常见的动画形式，它的原理是在连续的关键帧中分解动画动作，也就是每一帧中的内容不同，连续播放而形成动画。由于逐帧动画的帧序列内容不一样，不仅会增加制作负担，而且最终输出的文件也很大。它的优势也很明显：适合于表演很细腻的动画，如 3D 效果、人物急剧转身等效果。创建逐帧动画的方法有很多，如导入 GIF 序列图像、导入一系列静态图片、用鼠标逐帧绘制动画等。

2．补间形状

补间形状动画可以实现矢量图之间的变形补间动画。例如：由圆形变成三角形，或者字母 A 变成字母 B，这种补间要求对象是矢量图才可以。

创建方法：首先在"时间轴"中建立开始和结束关键帧，然后更改结束关键帧中形状的一种或多种属性，再选取开始关键帧，可以通过右键快捷菜单中的"创建补间形状"命令创建，也可以使用菜单"插入"→"补间形状"命令创建。创建完，两个关键帧之间出现绿色背景的箭头 ┣━━━┫。如果"时间轴"上显示虚线 ┣┄┄┄┄┫，则说明补间是间断的或不完整的，动画有错误，可能是因为一个关键帧是形状，一个关键帧是元件，也可能是某个关键帧已丢失。

创建补间形状动画需要一定的条件。第一，在一个补间形状动画中要有两个关键帧。这两个关键帧中的对象必须是可编辑的矢量图形对象。如果要使用图形元件、文字或位图图像创建补间形状动画，需要先将其分离成矢量图形，即执行一次或多次"修改"→"分离"命令，直到分离成离散的点才能创建变形动画。第二，这两个关键帧中的图形必须有一些变化，否则制作的动画将没有动的效果。

3. 传统补间

创建方法：首先在"时间轴"中建立开始和结束关键帧，然后更改结束关键帧中对象的一种或多种属性（如大小、颜色、位置、透明度），再选取开始关键帧并右击，在弹出的快捷菜单中选择"传统补间"命令，或者使用菜单"插入"→"传统补间"命令。创建结束，两个关键帧之间出现紫色背景的箭头 ●—→。

"传统补间"动画的属性可以通过"属性"面板来设置，先选中开始或结束关键帧，然后设置以下属性：

- 缓动：通过"缓动"选项右边输入一个数值来调整变化速率（值为负数做加速运动，为正数做减速运动），从而创建更为自然地由先慢后快或先快后慢的效果。
- 旋转：用于设置对象旋转的动画。
- 贴紧：选中该项，可以将对象贴紧到引导线上。
- 同步：选中该项，可以使图形元件实例的动画和主时间同步，使动画在场景中首尾连续地循环播放。
- 调整到路径：制作运动引导线动画时，选中该项，可使对象沿设定的路径运动，并随着路径的改变而相应的改变角度。
- 缩放：选中该项，用于改变对象的大小。

注意："动画编辑器"不能用于传统补间动画。

4. 补间动画

"补间动画"构成的元素是元件或文本。创建方法：在"舞台"上创建一个关键帧以后，不需要在时间轴的其他地方再插入关键帧，只需在动画结束的地方插入普通帧，然后在第一个关键帧上右击，在弹出的快捷菜单中选择"创建补间动画"命令，时间轴上补间部分变成蓝色，没有箭头 ，只需要在时间轴上选择需要改变属性的普通帧，直接编辑舞台上的对象，该帧会变为属性关键帧 ，并自动形成一个补间动画。"补间动画"的路径以"点画线"的方式直接显示在舞台上，每个点代表一帧，点的疏密代表了动画的快慢（如稀疏的点代表动画变化的快，密集的点代表动画变化的慢）。可以用"选择工具"或"部分选取工具"或"任意变形工具"调整路径，简化了传统运动引导层的操作。这种制作动画的方法功能强大，且易于创建。

"传统补间"和"补间动画"的区别："传统补间"使用关键帧，而"补间动画"使用属性关键帧；"补间动画"可以为 3D 对象创建动画效果，而"传统补间"不能；只有"补间动画"才能保存为动画预设。

通过动画编辑器可以查看所有补间属性和属性关键帧，从而对补间动画进行全面细致控制。在"时间轴"面板中选择已经创建的补间范围，或者选择舞台中已经创建补间动画的对象后，选择"窗口"→"动画编辑器"命令，弹出图 4-37 所示的"动画编辑器"面板。

在"时间轴"和"动画编辑器"中，播放头将始终出现在同一帧中。动画编辑器使用每个属性的二维图形表示已补间的属性值。每个属性都有自己的图形，每个图形的水平方向表示时间（从左到右），垂直方向表示属性值的变化。特定属性的每个属性关键帧将显示为该属性的属性曲线上的控制点。

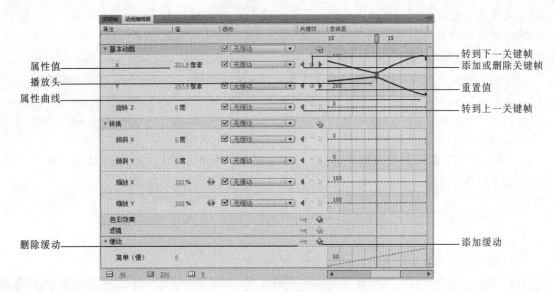

图 4-37 "动画编辑器"面板

【例 4-4】制作青蛙跳跃的动画。

操作步骤如下：

① 将素材"青蛙"导入到库，自动新建元件 1。

② 选中第 1 帧，将青蛙元件放到舞台左侧。在第 40 帧处插入普通帧。选中第 1 帧并右击，在弹出的快捷菜单中选择"创建补间动画"命令，时间轴上 1~40 帧变成蓝色。选中第 20 帧，将青蛙移到舞台中间。再选中第 40 帧，将青蛙移到舞台右侧。此时，时间轴上第 20 帧、第 40 帧变成属性关键帧◆，如图 4-38（b）所示。舞台上出现青蛙从左侧到右侧的直线运动轨迹。

③ 将"选择工具"放到青蛙的运动轨迹上，当"选择工具"右下角出现弧线时，可以调整运动轨迹的弯曲度，如图 4-38（a）所示。选中第一帧，在"属性"面板将"缓动"设为-100，舞台上的运动轨迹点表现为前密后疏，可以实现青蛙先慢后快的跳跃效果。

（a）青蛙的运动轨迹

（b）时间轴的设置

图 4-38 青蛙跳跃的动画

5. 遮罩层动画

遮罩层可以比喻成一面墙，遮罩层中的对象就是墙上的一扇窗，透过它可以看到被遮罩层中的内容。普通图层中使用的补间形状、传统补间、补间动画都可以在遮罩层和被遮罩层中使用。遮罩层中对象的许多属性如图案、渐变色、透明度、颜色和线条样式等是被忽略的，也就是说不能通过遮罩层的渐变色来实现被遮罩层的渐变色变化。

创建方法：在时间轴上选中一个图层并右击，在弹出的快捷菜单中选择"遮罩层"命令，则当前层变为遮罩层■，位于遮罩层下面的一个图层变为被遮罩层■。如果需要将多个图层变为被遮罩层，只需将图层移动到遮罩层下方，当图标由■变为■时，即成为了被遮罩层。取消图层的遮罩属性的方法：在时间轴的遮罩层上右击，在弹出的快捷菜单中选择"遮罩层"命令，当"遮罩层"前没有了"√"符号，就取消了遮罩属性，变为普通图层。

遮罩层中的对象在播放时是看不到的，遮罩层中的内容可以是按钮、影片剪辑、图形、位图、文字等，但不能使用线条，如果一定要用线条，可以将线条转化为"填充"。

注意：遮罩层和被遮罩层默认是被锁定的，要修改得先解锁。解除锁定后，遮罩效果在拖动播放头预览时是看不到的，需要选择"控制"→"测试影片"命令查看。

6. 传统引导层动画

创建方法：在时间轴上右击图层名，在弹出的快捷菜单中选择"添加传统运动引导层"命令，即可在当前图层上增加一个传统运动引导层，当前图层变成被引导层。传统引导层中的引导线可以是用钢笔工具、铅笔工具、线条工具、椭圆工具、矩形工具或画笔工具等绘制出的线条。传统引导层中的内容在播放时是看不到的，而被引导层中的对象沿着引导线运动，可以使用元件、文字等，但不能用形状，所以被引导层中常用的是传统补间动画。

要将普通图层变为被引导层，可以将现有图层拖到传统运动引导层的下面，该图层在传统运动引导层下面以缩进形式显示。要将被引导层变为普通图层，可以向左下方拖动被引导层，使其不再以缩进形式显示。

有两个参数可以控制传统引导层动画中元件沿路径运动的属性，选中被引导层的第一帧，在"属性"面板中设置。

"调整到路径"选项：使对象按曲线路径走向，自身运动角度做出相应调整。图 4-39（a）与图 4-39（b）对比了是否选中"调整到路径"复选框的效果。

"贴紧"选项：可使对象在某一帧处抓取到引导线位置，元件的中心点○（注意：不是注册点＋）会与运动路径对齐。

（a）未调整到路径　　　（b）调整到路径

图 4-39　调整到路径效果

制作引导层动画要注意以下几个方面：

① 引导路径不能出现中断的现象，应是一条流畅、从头到尾连续贯穿的线条。

② 引导线的转折不宜过多，且转折处的线条弯转不宜过急。

③ 引导线不能出现交叉、重叠的现象。

④ 被引导对象必须准确吸附到引导线上。

此外，Flash CS4 中还有一种图层叫"引导层"，起到辅助静态对象定位的作用，无须使用被引导层，可以单独使用，层上的内容不会被输出，和辅助线类似。

7. 骨骼动画

骨骼工具可以很便捷地把动画的各个部分连接起来，形成父子关系，移动父物体时会带动子物体移动，移动子物体时也会影响到父物体，实现类似骨骼关节的运动（即反向运动）。使用骨骼，只需做很少的设计工作（即指定对象的开始位置和结束位置），就可以实现影片元件和形状对象按复杂而自然的方式运动（如四肢的运动、面部表情、摇尾巴、蛇形运动等）。

创建方法：先用骨骼工具对动画对象添加骨骼，在骨架图层的开始关键帧中摆好对象的姿势，然后在后面插入"姿势"（即骨骼图层中的关键帧），并设置不同的骨骼位置，这样 Flash 将使用反向运动原理计算出所有连接点的不同角度，以获得从第一种姿势变为下一种姿势的动画。

注意：骨骼动画只能使用影片剪辑元件和矢量图形。

【例 4-5】绘制人物动画。

操作步骤如下：

① 绘制矢量图形：在图层 1 里，用椭圆和矩形工具，绘制人的头、身体、四肢。

② 对一只手臂添加骨骼：选定一只手臂，选择骨骼工具，从手臂靠近身体的一端开始，逐段拖动出 3 块连续的骨骼，如图 4-40（a）所示。越靠近手部位的骨骼，可以越短些，以便灵活改变位置。完成后，时间轴上出现了"骨架_1"图层，如图 4-41（a）所示。在添加第一块骨骼时，Flash 自动将这只手臂转整个换为骨骼对象，并移动到"骨架_1"图层中，图层 1 中剩下除这只手臂外的其他部位。

注意：在逐段拖动绘制骨骼时，下一块骨骼的起点一定要从上一块骨骼的关节点圆心处●开始，否则无法添加骨骼。

③ 对其他部位添加骨骼：选中图层 1，选择骨骼工具对另一只手臂添加 3 块骨骼，如图 4-40（b）所示。完成后，时间轴图上出现了"骨架_2"图层，Flash 自动将这只手臂转换为骨骼对象，并移动到"骨架_2"图层中。用同样的方法，为两条腿添加骨骼，效果如图 4-40（c）、（d）所示。最后，图层 1 中只剩下头和身体，时间轴共有 4 个骨架图层，如图 4-41（b）所示。

④ 创建骨骼动画：分别在 4 个骨架图层的第 5 帧处右击，在弹出的快捷菜单中选择"插入姿势"命令。在图层 1 的第 5 帧处插入帧。用选择工具调整 4 个骨架图层第 5 帧的骨骼位置，如图 4-42（a）所示。按【Ctrl+Enter】组合键，测试动画效果，绘制的人物会从第 1 帧的姿势变为第 5 帧的姿势，骨骼动画效果如图 4-42（b）所示，最终的时间轴效果如图 4-41（c）所示。

（a）给一只手臂添加骨骼　（b）给另一只手臂添加骨骼　（c）给一条腿添加骨骼　（d）给另一条腿添加骨骼

图 4-40　添加骨骼的过程

（a）添加一只手臂骨骼后时间轴效果　（b）添加全部骨骼后的时间轴效果　（c）骨骼动画最终的时间轴效果

图 4-41　时间轴效果

（a）调整第 5 帧的骨骼位置　　（b）骨骼动画效果

图 4-42　动画效果

4.3.4　Flash 知识拓展：ActionScript

ActionScript 是 Flash 的动作脚本语言，使用它可以在动画中添加交互性动作，从而可以很轻松地做出绚丽的特效。动作脚本由一些动作、运算符、对象等元素组成，可以对影片进行设置，在单击按钮或按下键盘键时触发脚本动作。简单的脚本语言可以实现场景的跳转、动态载入 SWF 文件等操作；高级的脚本语言可以实现复杂的交互性动画、游戏等，并且这些脚本语言会对后台数据库进行操作。

要进行动作脚本设置，需选择"窗口"→"动作"命令，打开"动作"面板，如图 4-43 所示。"动作工具箱"包含了所有 ActionScript 动作命令和相关语法，双击可以添加到"脚本编辑区"。"对象窗口"显示当前 Flash 文档所有添加过脚本的元件，并且在脚本编辑区会显示添加的动作。"工具栏"包含编辑脚本时常用的操作命令。"脚本编辑区"是编写脚本语言的区域。

ActionScript 是一种面向对象的编程语言，下面介绍一些面向对象编程的基本概念。

"属性"是对象的基本特性，如影片剪辑元件的位置、大小、透明度等。要指定对象和它的属性，可以使用点运算符，如 apple.color 指 apple 对象的 color 属性。"方法"是指可以由对象执行的操作。如：对于影片剪辑元件，可以播放或停止该影片剪辑，或者将播放头移动到特定的帧。"事件"用于确定执行哪些指令，以及何时执行的机制。事实上，事件就是指所发生的、ActionScript 能够识别并可响应的事情。许多事件与用户交互动作有关，如单击按钮、按下键盘上的键等。在 ActionScript 中使用对象之前，必须确保该对象的存在。创建对象的一个步骤就是声明变量，我们已经学会了其操作方法。但仅声明变量，只表示在计算机内创建了一个空位置，所以需要为变量赋一个实际的值，这个过程就称为对象的"实例化"。除了在 ActionScript 中声明变量时赋值之外，也可以在"属性"面板中指定对象实例名。

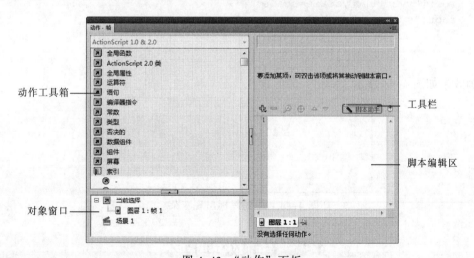

图 4-43　"动作"面板

【例 4-6】制作跟随着鼠标的移动，出现若干花朵的动画。

操作步骤如下：

① 新建一个文档，选择 ActionScript 2.0 环境。由于在 ActionScript 3.0 环境下，按钮或影片剪辑不可以被直接添加代码，只能将代码输入在时间轴上。而本例需要对影片剪辑添加代码，所以要选择 ActionScript 2.0 环境。

② 将素材"花"导入到库，自动创建一个名为"元件 1"的图形元件。新建一个影片剪辑元件"元件 2"，进入"元件 2"的编辑界面，将"元件 1"拖放到"元件 2"的图层 1 上。在第 100 帧处插入关键帧，将"元件 1"向舞台下方移动，并在属性面板设置第 100 帧处"元件 1"的 Alpha 属性为 30。右击第 1 帧，在弹出的快捷菜单中选择"创建传统补间"命令，制作从舞台上向下掉落的动画。右击 1~100 帧中的任意 1 帧，设为逆时针旋转 2 次。

③ 在"元件 2"中，新建图层 2，在第 100 帧处插入空白关键帧，右击该关键帧，在弹出的快捷菜单中选择"动作"命令，打开动作面板，输入如下代码：

```
this.removeMovieClip(); //删除用 duplicateMovieClip 创建的影片
```

④ 返回场景，将"元件 2"移动到舞台，在属性面板中，将"元件 2"的"实例名称"重命名为 syc。

⑤ 在场景中新建图层 2，右击第 1 帧（关键帧），在弹出的快捷菜单中选择"动作"命令，打开动作面板，输入代码：

```
i=1;
syc._visible=false;            //场景中的影片剪辑元件不可见
syc.onMouseMove=function(){
freq=random(20);               //将刷新率设为 20 以内的随机数
if(freq==0){
    scale=Math.random()*100+80;              //产生随机缩放比例
    rotate=Math.random()*180;                //产生随机旋转角度
    this.duplicateMovieClip("syc"+i,i);      //复制影片剪辑
    _root["syc"+i]._x=_root._xmouse;         //跟随鼠标移动
    _root["syc"+i]._y=_root._ymouse;
    _root["syc"+i]._xscale=scale;
    _root["syc"+i]._yscale=scale;
    _root["syc"+i]._rotation=rotate;
}
i++;
};
```

动画效果如图 4-44 所示。

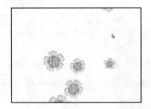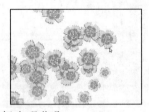

图 4-44　跟随鼠标出现花朵

4.4　音频处理技术

4.4.1　音频信号概述

1. 声音的基本特点

声音是一种通过介质传播的连续波。生活中充满了各种各样的声音，如鸟鸣、乐器声、歌声、鞭炮声。声音有 3 个要素：音调、音强、音色。

音调：声音频率的高低称为音调，频率越大，音调越高。人耳能够听到的声音范围为 20～20 000 Hz。低于这个范围的称为次声，如地震、原子弹爆炸都可以产生次声；高于听力范围的称为超声，常用于测距、清洗、碎石等。

音强：音强又称音量，即声音的强弱（响亮）程度。声音的强弱由振幅决定，振幅越大声音越强，反之则越弱。为了描述声音的强弱，采用分贝（dB）作为音量的单位，分贝数越大代表所发出的声音越大。

音色：音色是声音的特色。日常生活中都有这样的感受，即使在同一音高和同一声音强度的情况下，也能区分出是不同乐器或人发出的，这就是音色。

2．音频信号数字化

计算机只能处理 0、1 数字信号，自然界中的各种声音都是模拟信号，必须经过数字化方可输入计算机进行处理。数字化过程包括采样、量化、编码，如图 4-45 所示。

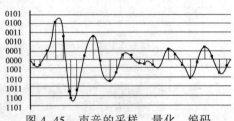

图 4-45　声音的采样、量化、编码

（1）采样

采样就是每隔一段时间在声波上取一个点。经过采样，连续的声音波形变成许多独立的采样点。采样的时间间隔称为采样周期，采样周期的倒数就是采样频率。采样频率越高，采样点越密集，越接近原来的波形，声音的质量越好。常用的音频采样频率有 8 kHz、11.025 kHz、22.05 kHz、44.1 kHz（标准的 CD 音质）。

（2）量化

量化就是将采样时得到的模拟值划分成几个区间，将落在某区间的采样值归成一类，并给出相应的量化值。表示采样值的二进制位数称为量化位数，常用的量化位数有两种：8 位（即将采样点划为 28 个区间）、16 位（可以很好地满足多媒体节目的要求）。

（3）编码

编码是将量化后的数据以一定的格式记录下来。

3．常用的音频文件格式

（1）MP3 格式

MP3 是 Internet 上最流行的音乐格式，将声音文件变为原来大小的 1/12 左右，更利于互联网用户在网上试听或下载到个人计算机。它使用了有损压缩技术。简单来说，就是过滤掉人耳不敏感的高音部分，所以歌曲变成 MP3 格式之后的音质会"有选择性地变差"，但听起来音质与 CD 音质没有区别。

（2）WAV 格式

Windows 所用的标准数字音频称为波形文件，文件的扩展名为.wav，它记录了对实际声音进行采样的数据。它可重现各种声音，但产生的文件很大，不适合长时间记录，必须采用硬件或软件方法进行声音数据的压缩处理。

（3）MIDI 格式

MIDI 不是声音信号，而是一套指令，它指示乐器即 MIDI 设备要做什么、怎么做，如演奏音符、加大音量、生成音响效果等。MIDI 文件的扩展名为.mid。

4.4.2 GoldWave 音频处理

音频数据的处理包括声音的剪辑（删除片段、插入声音、混入声音）、特殊效果的添加等操作。除了 Windows 自带的"录音机"程序可进行音频的制作编辑外，目前广泛使用的音频处理软件还有 GoldWave、SoundForge、Audition、Cool Edit 等。下面以 GoldWave 和 Cool Edit 为例介绍。

1. 界面

GoldWave 界面如图 4-46 所示，由主窗口和控制器窗口构成。对声音波形的各种编辑都在主窗口里完成，控制器可控制录制、播放和一些设置操作。

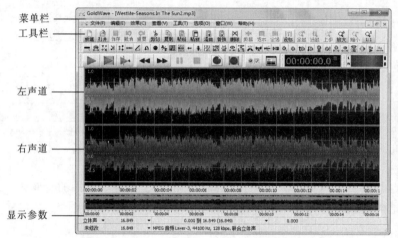

图 4-46 GoldWave 界面

2. 音频格式转换

GoldWave 可以打开的音频文件种类很多，包括 WAV、MP3、VOC、WMA 等，还可以从 VCD、DVD 或其他视频文件中提取声音。要转换音频文件的格式，选择"文件"→"另存为"命令，选择相应的类型，即可实现音频类型的转换。

3. 录音

GoldWave 可以方便地进行录音，先将麦克风插到计算机上，然后按下面步骤操作：

① 选择"文件"→"新建"命令，打开图 4-47 所示的对话框，其中"声道数"可选择单声道或立体声，如果只用一个麦克风录音，录制的是单声道。"采样率"默认是 44100，还有很多选项，可根据需要选择。"初始化长度"是建立声音文件的长度，也就是时间数，输入值按 HH:MM:SS.T 的格式，前面的 HH 表示小时数，中间的 MM 表示分钟数，后面的 SS 表示秒数，以冒号为分界。设置的时间要比所需要录音的时间长一些，用不完可以截去。单击"确定"按钮创建音频文件。

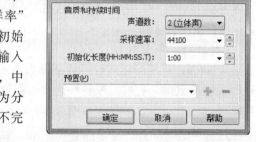

图 4-47 "新建声音"对话框

② 单击控制器窗口中的"开始"按钮 ⬤，开始录制。单击"暂停"按钮 ⏸，暂停录音或取消暂停。单击"停止"按钮 ⏹，停止录音。单击"播放"按钮 ▶，可以试听录好的声音。主窗口和控制器窗口显示已经录制的声音波形。如果不

出现波形，应检查麦克风是否连接正确，同时在 Windows 的录音选项中，录音设备是否选中了麦克风。

③ 选择"文件"→"另存为"命令，输入文件名，选择音频类型，设置音质，单击"保存"按钮。

4．编辑音频

GoldWave 可以对音频文件进行复制、粘贴、剪裁、删除等操作。在进行编辑之前，需要先选中波形，操作如下：

① 选择"文件"→"打开"命令，选择要编辑的音频文件。如果显示两个声道，表示该文件是立体声，其中绿色代表左声道，红色代表右声道。

② 在波形上单击，即可设定开始点。

③ 在波形上右击，选择"设置结束标记"命令，即可在右击的位置设置结束点。选中的波形以亮色显示，如图 4-48 所示。

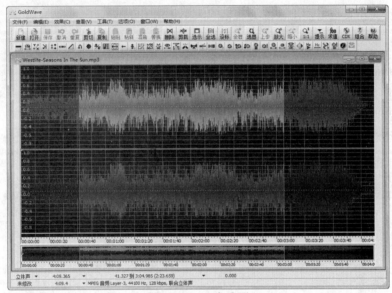

图 4-48 选中波形

（1）复制、粘贴波形

① 选中要复制的波形。如果要复制整个波形，可以不做选中波形的操作，因为默认情况是整个波形都被选中的。

② 选择"编辑"→"复制"命令，复制选中的波形。

③ 在目标位置单击，选择"编辑"→"粘贴"命令，将波形插入到目标位置。

（2）剪裁波形

① 选中要剪裁的波形。

② 选择"编辑"→"剪裁"命令，则未选中的波形被删除，选中的波形自动放大。

（3）删除波形

① 选中要删除的波形。

② 选择"编辑"→"删除"命令，则选中的波形被删除，未选中的波形自动放大。

（4）混音

混音就是将两个音频混合。如可以利用混音制作配乐诗朗诵。用 GoldWave 可以轻松地制作混音效果，操作如下：

① 打开两个声音文件。

② 在一个声音文件窗口，选择"编辑"→"复制"命令。

③ 切换至另一个声音文件窗口，选择"编辑"→"混音"命令，设置进行混音的起始时间，如图 4-49 所示，单击"确定"按钮。

图 4-49　"混音"对话框

5．音频效果制作

声音效果制作包括调整音量、调整音速、降噪、添加回声、淡入/淡出等。

（1）调整音量

声音的音量大小在波形图上表现为振幅的大小。用 GoldWave 可以调整音量，操作如下：

① 打开音频文件，选取要调整音量的波形，如果要调整整个波形，可以不做选择。

② 选择"效果"→"音量"→"更改音量"命令，打开"更改音量"对话框，如图 4-50 所示。向右拖动滑块（或单击"加号"按钮 ┿），增大音量；向左拖动滑块（或单击"减号"按钮 ━），降低音量。单击"播放"按钮 ▶，可以试听调整后的效果。单击"确定"按钮，调整结束。

（2）调整音速

① 打开音频文件，选取要调整音速的波形，如果要调整整个波形，可以不做选择。

② 选择"效果"→"时间弯曲"命令，打开"时间弯曲"对话框如图 4-51 所示。向右拖动滑块（或单击"加号"按钮 ┿），加快音速；向左拖动滑块（或单击"减号"按钮 ━），降低音速。单击"播放"按钮 ▶，可以试听调整后的效果。单击"确定"按钮，调整结束。

图 4-50　"更改音量"对话框　　　　图 4-51　"时间弯曲"对话框

（3）降噪

录音时往往有一定的背景噪音，用 GoldWave 可以过滤掉一些噪音，操作如下：

① 打开音频文件，选取要调整音速的波形，如果要调整整个波形，可以不做选择。

② 选择"效果"→"滤波器"→"降噪"命令，单击"确定"按钮。

上述方法是 GoldWave 软件从很多噪声的频谱取样，然后对照这种普遍的噪声标准，从音频中把这类噪声消除。但毕竟噪声千差万别，每个人的环境、使用设备、工件软件等都不相同，于是该软件还设计了另一种降噪方法，即从音频中取出噪声样本，然后根据样本消噪，操作方法如下：

① 打开音频文件，选取没有语音只有噪声的一段波形。选择 "编辑" → "复制" 命令，以此完成声音的取样。

② 选中整个文件的波形，然后选择 "效果" → "滤波器" → "降噪" 命令，打开 "降噪" 对话框，选择 "使用剪贴板" 单选按钮，单击 "确定" 按钮，如图 4-52 所示。

一般来说这种降噪效果要比前一种方法效果好，因为复制到剪贴板中这一段取出了当前环境噪声作为样本，按照该样本消除当前音频中的噪声更符合实际。

（4）添加回声

① 打开音频文件，选取要添加回声的波形，如果要对整个波形添加，可以不做选择。

② 选择 "效果" → "回声" 命令，打开 "回声" 对话框，如图 4-53 所示。第一行设置产生回音的次数。第二行设置延迟时间，单位是秒，即设置回音与主音或两次回音之间的间隔。第三行音量是指回音的衰减量，以分贝为单位。第四行反馈是指回音对主音的影响，-60 db 即为关闭，就是对主音没有影响。选中 "立体声" 选项可产生双声道回音效果，选中 "产生尾音" 可让回音尾部延长。需注意声音后面要有足够的空白时间以适应尾音的延长，如果结束处没有空白时间，可以在声音最后插入静音时间，最后单击 "确定" 按钮。

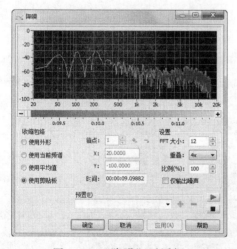

图 4-52　"降噪" 对话框

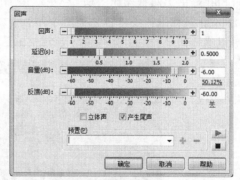

图 4-53　"回声" 对话框

（5）淡入/淡出

在制作背景音乐时，通常将声音设为淡入/淡出的效果，即声音逐渐进入，逐渐消失。

① 打开声音文件。

② 选择 "效果" → "音量" → "淡入" 命令，打开 "淡入" 对话框，如图 4-54（a）所示。拖动 "初始音量" 后面的滑块，在 "渐变曲线" 选项组中选择类型，最后单击 "确定" 按钮。图 4-54（b）所示为添加淡入效果后的音频波形。

③ 选择 "效果" → "音量" → "淡出" 命令，打开 "淡出" 对话框，如图 4-55（a）所示。拖动 "最终音量" 后面的滑块，在 "渐变曲线" 选项组中选择类型，最后单击 "确定" 按钮。

图 4-55（b）所示为添加淡出效果后的音频波形。

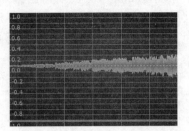

（a）"淡入"对话框   （b）声音的"淡入"效果

图 4-54　淡入

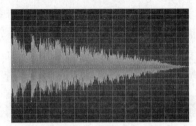

（a）"淡出"对话框   （b）声音的"淡出"效果

图 4-55　淡出

4.4.3　Cool Edit 音频处理

1．界面

Cool Edit 提供了两种操作界面。当组织多个声音文件、制作混音效果时都使用多音轨界面，如图 4-56 所示。如果需要单独编辑某个声音，就单击切换按钮，切换到图 4-57 所示的单音轨界面。可以这样简单理解：如果说多音轨就像是交响乐，那么单音轨就像是钢琴独奏。

图 4-56　Cool Edit 多音轨界面

单音轨和多音
轨切换按钮

工具栏

打开的声音
文件列表

音频波形窗口

声音录放工具

图 4-57 Cool Edit 单音轨界面

2. 基本操作

（1）文件操作

新建：在单音轨界面中选择"文件"→"新建"命令，创建的是单独的声音文件，设置采样率、声道数、采样精度，一般选择 44100、立体声、16 位。在多音轨界面选择"文件"→"新建"命令，创建的是包含多个音轨的工程文件。

打开：在单音轨界面打开的音频文件会显示在文件列表中，双击音频文件，显示当前音频的波形。在多音轨界面，通过"文件"菜单打开的是工程文件，要打开音频文件，就在文件列表中单击"打开文件"按钮 📂，列表中的声音文件可以拖放到某个音轨中。

保存：在单音轨界面保存的是音频文件。在多音轨界面选择"文件"→"保存工程"命令，将保存带多个音轨的工程文件（SES 格式），后续还可以编辑。选择"文件"→"混缩另存为"命令，选择音频格式（如 WAV、MP3），将各个音轨合并保存成单一的音频文件。

（2）声音编辑

声音的编辑主要是复制、剪切、粘贴、删除等操作。

在单音轨界面，操作过程是：在声音波形窗口中选中一段波形（用鼠标拖动选择一段，双击选中整个波形），选择"编辑"菜单中相应的命令即可。

在多轨界面，用右键选中某个音轨的声音文件，可以前后、上下拖动。双击某个音轨，可以进入单音轨界面，编辑该音轨的声音。

3. 录音

在录音之前，先确定将话筒插入计算机声卡的 MIC 插孔内。有以下两种录音方式：

（1）在单音轨界面录音

切换到单音轨界面，新建声音文件，单击声音录放工具中的"录音"按钮 ⏺ 开始录音，单击"停止"按钮 ⏹ 结束录音，单击"播放"按钮 ▶ 试听。

（2）在多音轨界面录音

切换到多音轨界面，单击某个音轨中的 R 按钮 ℝ，使该音轨处录音就绪状态，然后单击

"录音"按钮<img>开始录音。另外，S 按钮<img>是使其他音轨静音，只播放当前音轨的声音；M 按钮<img>是使当前音轨静音，播放其他音轨的声音。

4．音频效果处理

（1）增大、减小音量

在单音轨界面，打开声音文件，双击选中整个波形，选择"效果"→"波形振幅"→"音量标准化"命令，如果按照百分比计算，小于 100%就是音量减小，大于 100%就是音量增大。如图 4-58 所示，图 4-58（a）是声音原来的波形，图 4-58（b）是音量变为原来的 30%之后的波形，可以看到振幅明显变小，振幅的高低表示的就是声音的大小。

（a）声音原来的波形　　　　　　　　　　（b）音量变为原来的 30%的波形

图 4-58　音量改变后波形的变化

（2）常用效果

Cool Edit 提供了很多声音效果供使用，如延迟、回声、合唱、混响等。只要在单音轨界面选中一段波形，选择"效果"→"常用效果器"命令，选择一种效果并设置参数即可。

（3）降噪技术

录音的过程中难免会有环境噪声，可以利用 Cool Edit 方便地去除噪声。图 4-59 所示为降噪前后波形的变化。

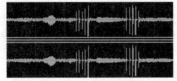 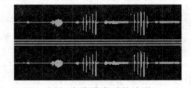

（a）带有噪声的波形　　　　　　　　　　（b）去除噪声后的波形

图 4-59　降噪前后波形的变化

Cool Edit 降噪的方法是：

① 在单音轨界面打开一个含有噪声的声音文件。

② 在语音停顿处，选取一段有代表性的环境噪声，时间最好不超过 0.5 s。

③ 选择"效果"→"噪声消除"→"降噪器"命令，在打开的对话框中使用默认参数，单击"噪声采样"按钮，采样完成后，单击"关闭"按钮。

④ 双击选取整个波形，再次选择"效果"→"噪声消除"→"降噪器"命令，在对话框中单击"确定"按钮即可。

4.5　视频处理技术

4.5.1　视频基础知识

1．视频概述

视频是静态图像序列，其中每一幅图像称作"帧"。每秒连续播放的帧数称为帧频，单位是帧/s。只有帧频达到 24 帧/s，才能使视频看起来顺畅。网络技术的发达也促使视频文件以流媒体的形式存在于 Internet，并可被计算机接收与播放。

视频分为模拟视频和数字视频。早期的电视、录像机播放的是模拟视频。VCD、DVD、计算机、数码摄像机播放的是数字视频。数字视频可以无失真地进行无限次复制，而模拟视频每转录一次，就会有一次误差积累，产生信号失真。模拟视频长时间存放后视频质量会降低，而数字视频便于长时间存放。对数字视频可以进行非线性编辑，并可增加特技效果等。

2．常用的视频文件格式

（1）AVI 格式

AVI 格式的优点是图像质量好，可以跨多个平台使用；其缺点是体积过于庞大，而且压缩标准不统一，因此经常会遇到高版本 Windows 媒体播放器播放不了采用早期编码编辑的 AVI 格式视频，而低版本 Windows 媒体播放器又播放不了采用最新编码编辑的 AVI 格式视频。

（2）MPEG 格式

家里常看的 VCD、SVCD、DVD 就是 MPEG 格式。它采用了有损压缩方法，从而减少运动图像中的冗余信息，就是保留相邻两幅画面绝大多数相同的部分，而将后续图像中和前面图像有冗余的部分去除，从而达到压缩的目的。目前 MPEG 格式有 3 个压缩标准，分别是 MPEG-1、MPEG-2 和 MPEG-4。

MPEG-1：也就是通常所见到的 VCD 制作格式。这种视频格式的文件扩展名包括.mpg、.mlv、.mpe、.mpeg 及 VCD 光盘中的.dat 文件等。

MPEG-2：这种格式主要应用在 DVD/SVCD 的制作（压缩）方面，同时在一些 HDTV（高清晰电视广播）和一些高要求视频编辑、处理上面也有不少的应用。这种视频格式的文件扩展名包括.mpg、.mpe、.mpeg、.m2v 及 DVD 光盘上的.vob 文件等。

MPEG-4：制定于 1998 年，MPEG-4 是为了播放流式媒体的高质量视频而专门设计的，它可利用很窄的带宽，通过帧重建技术压缩和传输数据，以求使用最少的数据获得最佳的图像质量。这种视频格式的文件扩展名包括.asf、.mov、.avi 等。

（3）MOV 格式

MOV 是美国 Apple 公司开发的一种视频格式，默认的播放器是苹果的 QuickTime Player，具有较高的压缩比率和较完美的视频清晰度等特点，其最大的特点是跨平台性，即不仅支持 MacOS，也支持 Windows。

（4）RM 格式

RM 格式是一种流媒体视频文件格式，可以根据网络数据传输的不同速率制定不同的压缩比率，从而实现在低速率的 Internet 上进行视频文件的实时传送和播放。这种格式的另一个特点是用户使用 RealPlayer 或 RealOne 播放器可以在不下载音频/视频内容的条件下，实现在线播放。

4.5.2　电视基础

1．彩色电视制式

电视制式是指一个国家的电视系统所采用的特定制度和技术标准。现行的彩色电视制式有 3 种：NTSC 制、PAL 制和 SECAM 制。

（1）NTSC 制

NISC 制是 1952 年由美国国家电视标准委员会指定的彩色电视广播标准，美国、加拿大、日本、韩国等均采用这种制式。帧速率是 30 帧/s。

（2）PAL 制

PAL 克服了 NTSC 制相位敏感造成色彩失真的缺点。一些西欧国家、中国、澳大利亚、非洲等采用这种制式。帧速率是 25 帧/s。

（3）SECAM 制

SECAM 制是由法国提出的，也克服了 NTSC 制式相位失真的缺点，但采用时间分隔法来传送两个色差信号。使用 SECAM 制的主要是法国以及东欧、中东一带的国家。

2．扫描方式

扫描方式分为"逐行扫描"和"隔行扫描"两种。逐行扫描比隔行扫描拥有列稳定显示效果。早期的显示器因为成本所限，使用逐行扫描方式的产品要比隔行扫描的贵许多，但随着技术进步，隔行扫描显示器现在已经被淘汰。目前，只有家用电视仍然采用隔行扫描方式。

逐行扫描：电子束从显示屏的左上角一行接一行地扫描到右下角，在显示屏上扫描一遍就显示一幅完整的图像。其工作原理如图 4–60 所示。

隔行扫描：电子束扫描完第 1 行后回到第 3 行开始的位置接着扫描，然后在第 5、7、……行上扫描，直到最后一行。奇数行扫描完后接着扫偶数行，这样就完成了一帧（frame）的扫描。因此在隔行扫描中，无论是摄像机还是显示器，获取或显示一幅图像都要扫描两遍才能得到一幅完整的图像。其工作原理如图 4–61 和图 4–62 所示。

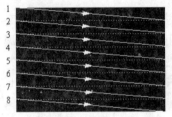 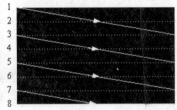 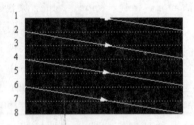

图 4-60　逐行扫描　　图 4-61　隔行扫描（扫描奇数行）　图 4-62　隔行扫描（扫描偶数行）

3．高清数字电视

数字电视是指音视频信号从编辑、制作到信号传输直至接收和处理均采用数字技术的电视系统。数字电视系统一般可分为"标准清晰度数字电视"和"高清晰度数字电视"。

高清电视（HDTV）是"高清晰度数字电视"的简称。完整的高清数字电视体系包括高清电视节目源、高清机顶盒、高清电视机和必要的传输网络，缺一不可。高清数字电视的清晰度是普通电视节目的 5 倍。举例来说，原来的标清在转播足球赛事时，足球场是一片绿色，而高清信号则会让观众看清绿地是由一根根绿草组成的。高清节目信号画面比例为 16∶9，是宽屏画面，视野更宽阔，使电视节目具有更强的逼真性和感染力。高清电视节目将支持杜比 5.1 声道环绕立体声，这将带来超震撼的听觉享受。

4.5.3　Premiere 视频编辑

Premiere 是常用的视频编辑软件，用于制作电视剧、宣传片、电视广告等。可以实现以下功能：视频剪辑、视频转场、视频特效、采集、颜色校正、音频处理、字幕等。

1．Premiere 界面

打开 Premiere 之后，首先出现的是欢迎界面，可以选择新建项目、打开项目或获得帮助。

如果选择新建项目，会弹出对话框让用户对视频进行设置，在"装载预置"选项卡中，选择国内电视制式 PAL 制，即 DV-PAL 下的"标准 48 kHz"（48 kHz 是声音的采样频率，比 32 kHz 的视频声音效果好），设置路径、名称，即可进入图 4-63 所示的 Premiere 主界面。

- 项目窗口：存放素材的地方。
- 素材监视器：可以对视频进行初步剪辑。
- 效果监视器：预览时间线上视频的最终效果。
- 时间线：最重要的一个窗口，对视频进行组织、编辑的地方。

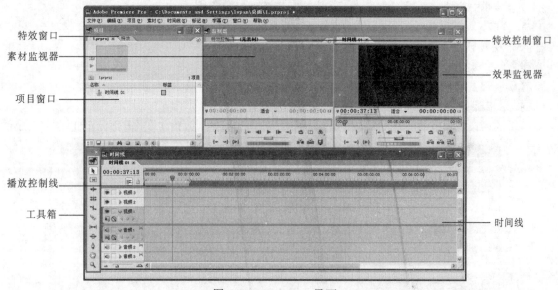

图 4-63　Premiere 界面

2．视频剪辑

拍摄的 DV 有些画面质量不好，可利用 Premiere 的剪辑功能去掉视频中不需要的部分。

【例 4-7】剪辑出视频的第 2～4 秒 10 帧之间的部分。

操作步骤如下：

① 双击项目窗口空白处，打开一段视频，在项目窗口中可以查看视频大小、长度，单击"播放"按钮可以预览视频。

② 选中视频拖放到素材监视器内，拖动播放头，找到视频的第 2 秒处，单击"设定入点"按钮，拖动播放头，找到视频的第 4 秒 10 帧处，单击"设定出点"按钮。找的时候可以单击"单步前进"或"单步后退"按钮，来一帧一帧地精确定位。

③ 在图 4-64 所示的素材监视器中选择视频画面，拖动到时间线的视频 1 轨道中，在效果监视器中单击"播放"按钮，预览剪辑出的影片效果。

小知识：

按【+】、【-】键可以放大或缩小时间线的显示。在时间线上选中视频，按【Delete】键可以删除视频。

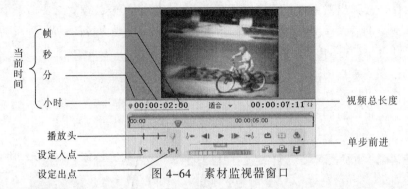

图 4-64　素材监视器窗口

3．视频转场

转场可以使两段视频的衔接更自然。

【例 4-8】 对两段视频添加转场。

操作步骤如下：

① 将两段视频拖动到时间线的视频 1 轨道上，一前一后排列放置并重叠一部分，如图 4-65 所示。

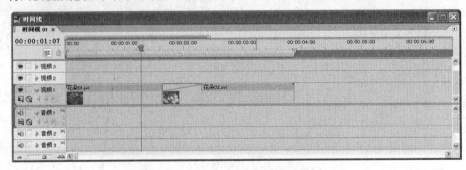

图 4-65　在两段视频之间添加转场

② 选择"窗口"→"特效"命令，在"特效"选项卡中选择"视频转场"→"擦除"→"旋转风车"效果，将该特效拖放到两段视频之间，在效果监视器中可预览转场效果。

选中时间线上的视频转场，切换到特效控制窗口，可以设置转场的属性。在时间线上选中转场，按【Delete】键可以删除转场。

4．视频输出

选择"文件"→"输出"→"影片"命令，默认以 AVI 格式输出。如果希望保存成其他格式，可以单击"输出"对话框中的"设置"按钮进行选择，也可以选择"文件"→"输出"→Adobe Media Encoder 命令，用 MPEG、VCD、DVD 格式输出。

【例 4-9】 制作滚动字幕。

字幕是电视节目中的重要元素，包括文字、图形两类。下面介绍滚动字幕的制作。

（1）创建字幕文件

在项目窗口中单击"新建项目"按钮，选择"字幕"命令，进入字幕编辑界面，如图 4-66 所示。字幕有 3 种类型：静止、向上滚动、向左滚动。这里在"字幕类型"下拉列表框中选择"上滚"选项。

（2）编辑字幕

选择文字工具，在右侧"对象风格"列表框中选择 FangSong_GB2312 字体，输入文字（要在电视中完整显示，字幕最好放置在安全区内，内框是文字安全区，外框是图片安全区），并用移动工具调整字母的位置。将滚动条拖到顶上，在字幕前输入若干回车符，使字幕处在文字安全区以下，此时是字幕开始播放的状态。将滚动条拖到底下，在字幕后输入若干回车符，使字幕处在文字安全区以上，此时是字幕结束播放的状态。关闭字幕编辑界面，并保存。

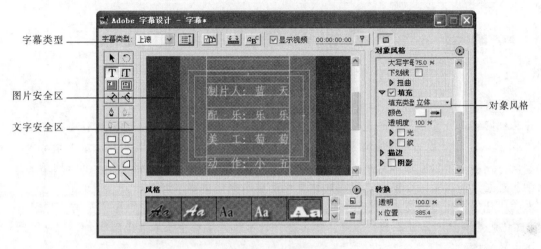

图 4-66　字幕设计窗口

（3）查看效果

保存过的字幕会出现在项目窗口中，将字幕拖放到时间线上，在效果监视器中预览，字幕从屏幕下方一点一点升起，直到全部滚出屏幕为止。

小　　结

本章主要介绍了多媒体技术、图像、动画、音频、视频的相关概念、处理方法和应用。在"多媒体基本概念"这一节中，介绍了多媒体技术的概念以及应用领域。在"图像处理技术"一节中介绍了图像相关概念，以及 Photoshop 的基本操作和工具的使用，选区操作、滤镜、图层样式、图层蒙版等。在"动画设计与制作"一节中介绍了动画的原理，以及 Flash 的基本操作、元件操作、属性操作，如何制作逐帧动画、补间形状动画、传统补间动画、补间动画、遮罩层动画、引导层动画等。在"音频处理技术"一节中介绍了音频相关概念，以及 GoldWave 和 Cool Edit 的文件基本操作、录音、音频效果处理等。在"视频处理技术"一节中介绍了视频基本概念、电视机基础，以及用 Premiere 做视频剪辑、视频转场、视频输出和字幕制作等。本章针对每一部分内容都给出了相应的应用案例。

习　　题

1. 简述说明什么是多媒体技术。
2. 列举 Photoshop 中创建选区的工具。
3. 简述补间形状、传统补间和补间动画的区别。
4. 简述音频的数字化过程包括哪几个步骤。
5. 对比模拟视频，简述数字视频的优点。
6. 简述"逐行扫描"和"隔行扫描"的区别。

第 5 章 计算机网络技术基础及应用

本章引言

    计算机网络是计算机技术与通信技术迅猛发展、相互促进和相互结合的产物。自 20 世纪 50 年代问世以来，计算机网络逐渐影响着人类社会的各个方面。如今，其已广泛应用于政府机关、学校、企事业单位、金融系统、军事指挥系统以及科学实验系统等领域。计算机网络的发展水平也已经成为衡量一个国家现代化和信息化发展水平的重要依据之一。

    本章从计算机网络的基本概念出发，依次介绍计算机网络和 Internet 的基础知识、Windows 7 的网络功能等知识。通过本章的学习，读者会对计算机网络有个基本的了解。

内容结构图

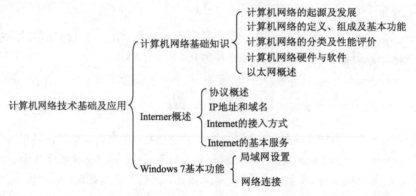

学习目标

    ① 了解：计算机网络的发展过程，网络的定义、组成及基本功能，网络的分类情况，以太网基本知识，Windows 7 网络功能。

    ② 理解：不同类型网络的性能评价，网络安全设置的方法。

    ③ 应用：掌握如何进行局域网的设置、网络连接设置，掌握 Internet 的接入方法和基本服务。

5.1 计算机网络基础知识

    计算机网络是现代通信技术与计算机技术相结合的产物，已成为计算机应用的一个重要领域，它的出现推动了信息产业的发展，对当今社会经济的发展起着非常重要的作用，对人类社会的进步做出了巨大的贡献。

5.1.1 计算机网络的起源及发展

    随着计算机技术和通信技术的不断发展，计算机网络也经历了从简单到复杂、从单机到多机的发展过程。根据不同阶段的应用需求与技术特点，可将计算机网络的发展分为 4 个阶段。

1. 面向终端的第一代计算机网络

早期的计算机网络产生于 20 世纪 50 年代初，当时计算机造价昂贵，计算机资源匮乏，且一般集中存放，人们为了能在不同位置方便地使用计算机，建立了一种联机系统。这种联机系统是将若干台终端（Terminal）经通信线路与一台计算机直接相连，计算机处于主导地位，负责数据处理和通信控制，而各终端（如雷达、测控仪器、监视器、键盘设备或打印设备等）一般只具备输入/输出功能，无数据处理能力，处于从属地位。通常将这种具有通信功能的计算机系统称为面向终端的第一代计算机网络。

1954 年，美国空军建立的半自动化地面防空系统（SAGE）就是面向终端的第一代计算机网络。此系统将远距离的雷达和测控仪器所探测到的信息通过通信线路汇集到某个基地的一台计算机上集中进行信息处理，再将处理过的数据通过通信线路送回终端设备。

当然，严格来讲，面向终端的第一代计算机网络还不能算是真正的计算机网络，但其已经将计算机技术与通信技术结合起来，实现了终端与远程计算机之间的通信，所以一般都将其视为计算机网络的雏形。

2. 以共享资源为主的第二代计算机网络

从 20 世纪 60 年代中期开始，人们希望能够使用其他计算机系统的资源，出现了多个计算机互联的系统。这种系统里，计算机和计算机之间不仅可以彼此通信，还能进行信息的传输与交换，实现了计算机之间的资源共享。这种通过通信线路将若干自主的计算机连接起来的、以资源共享为主的计算机系统，就是第二代计算机网络。

1969 年，美国国防部高级研究计划署（Advanced Research Project Agency，ARPA）将分散在不同地区的计算机组建成了 ARPANET。ARPANET 是第二代计算机网络的主要代表，也是 Internet 的最早发源地，为现代计算机网络的发展奠定了基础。

第二代计算机网络与第一代计算机网络的区别表现在两个方面。其一，互联的计算机是自主的。所谓自主是通信双方都是计算机，且都有进行数据处理和数据通信的能力，不是终端和计算机之间的关系，不存在主导地位和从属地位之分。其二，第二代计算机网络以共享资源为主要目的，而不是以数据通信为主。

3. 体系结构标准化的第三代计算机网络

20 世纪 70 年代后期，由于 ARPANET 的成功，各种各样的商业网络纷纷建立，并提出各自的网络体系结构。比较著名的有 IBM 公司于 1974 年公布的系统网络体系结构（System Network Architecture，SNA），美国 DEC 公司于 1975 年公布的分布式网络体系结构（Distributing Network Architecture，DNA）。不久，世界范围内不断出现了不同体系结构的网络。同一体系结构的网络设备互联是非常容易的，但不同体系结构的网络设备却非常难实现互联。但人们要求不同体系结构的网络互联也易于实现。为此，国际标准化组织（International Standards Organization，ISO）在 1977 年设立了一个分委员会，专门研究一种用于开放系统的计算机网络体系结构，并于 1983 年正式提出了开放系统互连参考模型（Open System Interconnection Reference Model，OSI/RM）。"开放"是指任何计算机系统只要遵守这一国际标准，就能同位于世界上任何地方也遵守该标准的其他计算机系统进行通信。从此，计算机网络走上了标准化的道路。把体系结构标准化的计算机网络称为第三代计算机网络。

4．以 Internet 为核心的第四代计算机网络

1984 年，美国国家科学基金会决定将教育科研网 NSFNET 与 ARPANET、MILNET 合并，向世界范围扩展，并命名为 Internet。进入 20 世纪 90 年代，Internet 把分散在各地的网络连接起来，形成了一个跨越国界范围、覆盖全球的网络，实现了更大范围的资源共享。

Internet 自产生以来就呈现出爆炸式的发展，特别是 1993 年美国宣布建立国家信息基础设施（National Information Infrastructure，NII）后，全世界许多国家都纷纷制定和建立本国的 NII，从而极大地推动了计算机网络技术的发展。全球以 Internet 为核心的高速计算机互联网络已形成，Internet 已经成为人类最重要的、最大的知识宝库，使计算机网络的发展进入一个崭新的阶段，这就是第四代计算机网络。

现今的世界已进入一个以网络为中心的时代，网上传输的信息内容非常丰富，而且形式多样，包括文字、声音、图像、视频等，人们越来越离不开计算机网络了。

当前，第四代计算机网络还在不断发展，发展的基本方向是开放、集成、高速、移动、智能以及分布式多媒体应用，在中国已经被提到历史日程的有"三网合一"。所谓的"三网合一"是将目前广泛使用的通信网络（例如公共电话网）、计算机网络和有线电视网络向单一统一的网络发展，三网合一后将极大方便人们获取信息，共享资源。

5.1.2 计算机网络的定义、组成及基本功能

1．计算机网络的定义

计算机网络是通过通信线路和通信设备，把地理上分散的、具有独立功能的多台计算机互相连接起来，按照共同的网络协议进行数据通信，用功能完善的网络软件实现资源共享的系统。

关于计算机网络的定义，可以从以下几个要素来理解：

① 多台具有独立功能的计算机。一台计算机组成不了计算机网络，至少需要两台计算机，而且这些计算机都不存在依赖关系，具有独立功能，不仅能独立完成通信任务，还有处理数据的能力。

② 通信线路。计算机必须通过通信线路加以连接，通信线路由传输介质和通信控制设备组成，通信媒介可以是有线的，也可以是无线的。

③ 通信协议。联网的计算机之间要互相通信，通信一定有协议。所谓协议是通信中各种规定的集合，为了使联网计算机之间做到有序的交换数据，每个结点都必须遵循一些事先约定好的规则，例如规定何时开始、何时结束等。

④ 以资源共享为目的。计算机网络以资源共享为主要目的，所以计算机网络中必须要有共享的资源，可以是软件资源，例如各种程序、数据等，也可以是硬件资源，例如打印机、硬盘等。

2．计算机网络的组成

从逻辑功能上看，整个网络划分为资源子网和通信子网两大部分，如图 5-1 所示。这种观点更有利于技术实现与功能开发。这两部分的连接是通过通信线路实现的。计算机网络以资源共享为主要目的，网络用户通过终端对网络的访问分为本地

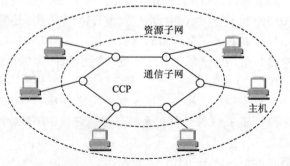

图 5-1 计算机网络组成

访问和网络访问两类。本地访问是对本地主机资源的访问，在资源子网内部进行，它不经过通信子网。终端用户访问远程主机资源称为网络访问，它必须通过通信子网。

（1）资源子网

资源子网代表着网络的数据处理资源和数据存储资源，负责全网数据处理和向网络用户提供资源及网络服务。资源子网由主计算机、智能终端、磁盘存储器、I/O 设备、各种软件资源和信息资源等组成。

① 主机（Host）。在网络中，主机可以是大型机、中型机、小型机、工作站或微型机，它们通过通信线路与通信子网的通信控制处理机相连接，普通用户终端通过主机入网。主机不仅为本地用户访问网络其他主机设备和共享资源提供服务，而且要为网络中其他用户（或主机）共享本地资源提供服务。

② 终端（Terminal）。终端是用户访问网络的界面，它可以是简单的输入/输出终端设备，也可以是带微处理器的智能终端，具有存储预处理信息的能力。

（2）通信子网

通信子网是由负责数据通信处理的通信控制处理机（Communication Control Processor，CCP）和传输链路组成的独立的数据通信系统。它承担着全网的数据传输、加工和变换等通信处理工作。

① 通信控制处理机。通信控制处理机是一种在数据通信系统和计算机网络中具有处理通信访问控制功能的专用计算机。通信控制处理机具有双重作用，它一方面作为与资源子网的主机、终端的接口结点，将主机和终端连入网内；另一方面作为通信子网中的各种数据存储转发结点，将源主机数据准确地发送到目的主机。

② 传输链路。传输链路为主机与通信控制处理机、通信控制处理机与通信控制处理机之间提供通信信道。这些链路的容量可以从每秒几十比特到每秒数千兆比特，甚至更高。近十几年来，卫星信道被广泛用于计算机通信的传输信道。

3．计算机网络的功能

计算机网络的功能归纳起来，主要有以下 3 个方面：

（1）资源共享

资源共享是计算机网络的基本功能之一。计算机网络中可共享的资源主要指计算机硬件资源和软件资源。硬件资源包括网络中的大容量存储器、处理器、打印设备等。软件资源包括各种应用软件、系统软件、大型数据库等。Internet 上的 WWW 服务，即上网浏览网页资源，就是最典型的全球共享资源的例子。通过资源共享，可以大大提高系统资源的利用率。

（2）数据通信

数据通信包括网络用户之间、各处理机之间以及用户与处理机之间的数据通信。计算机网络提供了最快捷、最方便的与他人通信、交换信息的方式。当前，基于数据通信的典型应用有IP 电话、E-mail、网上即时通信软件（例如 QQ）等。

（3）分布式处理

通过适当的方法，将一个复杂的任务分散到几台计算机来完成，这样可以快速圆满完成任务，有时还能完成单机不能完成的任务，这就是计算机网络的分布式处理。例如，在一个分布式的气象信息处理系统中，可以调用遍布在不同地域范围的各计算机一起工作，对所获得的卫星气象数据进行快速、及时处理，以得到准确的气象信息。

5.1.3 计算机网络的分类及性能评价

从不同角度出发，计算机网络有多种分类方法。如按网络拓扑结构分类、按地理范围分类、按信息交换方式分类和按网络的应用范围分类等。其中，最常用的分类方法是按地理范围和网络的拓扑结构进行划分。

1. 按网络覆盖的范围分类

按地理覆盖范围划分是目前最为常用的一种计算机网络分类方法，因为地理覆盖范围的不同直接影响网络技术的实现与选择。计算机网络按照地理覆盖范围划分为局域网、城域网和广域网。

（1）局域网（Local Area Network，LAN）

局域网是将较小地理区域内的计算机或数据终端设备连接在一起的通信网络。局域网覆盖的地理范围比较小，一般在几十米到几千米之间。它常用于组建一个办公室、一栋楼、一个楼群、一个校园或一个企业的计算机网络。局域网可以由一个建筑物内或相邻建筑物的几百台至上千台计算机组成，也可以小到连接一个房间内的几台计算机、打印机和其他设备。局域网主要用于实现短距离的资源共享，数据传输速率快，一般为 10 Mbit/s ~ 10 Gbit/s，具有传输延迟低及误码率低等优点，而且建立、维护与扩展都较为方便。图 5-2 所示为一个由几台计算机和打印机组成的典型局域网。

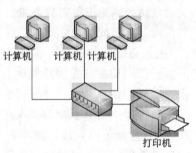

图 5-2　局域网示意图

（2）城域网（Metropolitan Area Network，MAN）

城域网是一种大型的 LAN，它的覆盖范围介于局域网和广域网之间，一般为几千米至几万米。城域网的覆盖范围在一个城市内，它将位于一个城市之内不同地点的多个计算机局域网连接起来实现资源共享。城域网所使用的通信设备和网络设备的功能要求比局域网高，以便有效地覆盖整个城市的地理范围。一般在一个大型城市中，城域网可以将多个学校、企事业单位和医院的局域网连接起来共享资源。图 5-3 所示为不同建筑物内的局域网组成的城域网。

（3）广域网（Wide Area Network，WAN）

广域网是在一个广阔的地理区域内进行数据、语音、图像信息传输的计算机网络。其分布范围通常是几十到几千千米，可以跨越海洋，遍布一个国家甚至全球。由于远距离数据传输的带宽有限，因此广域网的数据传输速率比局域网要慢得多。图 5-4 所示为一个简单的广域网。

图 5-3　城域网示意图

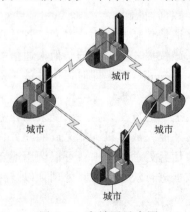

图 5-4　广域网示意图

2．按拓扑结构分类

为了便于对计算机网络结构进行研究和设计，需要对计算机网络的构成进行高度概括，通常用点和线表示网络的整体结构外貌和各模块的结构关系。其中，点表示网络设备，线表示通信线路，这就是拓扑结构表示方法。常见的计算机网络拓扑结构有 5 种：星状结构、总线结构、树状结构、环状结构和网状结构，如图 5-5 所示。

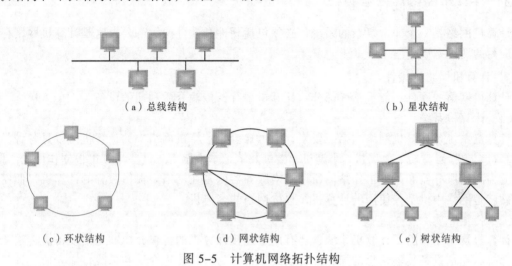

（a）总线结构　　　　　　　　　　　　　　　　　　　（b）星状结构

（c）环状结构　　　　　　（d）网状结构　　　　　　（e）树状结构

图 5-5　计算机网络拓扑结构

（1）总线拓扑结构

如图 5-5（a）所示，总线拓扑结构采用单根传输线路作为公共传输媒介，所有结点都连到这个公共媒介上，这个公共媒介称为信道。任何一个结点发送的数据都通过总线进行传播，同时能被总线上所有的结点接收到。总线拓扑结构形式简单，增删结点容易，易于扩充。

（2）星状拓扑结构

星状拓扑结构是由一个中央结点和若干从结点组成，如图 5-5（b）所示。中央结点可以与从结点直接通信，而从结点之间的通信必须经过中央结点转发。

星状拓扑结构简单，建网容易，传输速率高。每个结点独占一条传输线路，消除了数据传送冲突现象。一台计算机及其接口故障不会影响到整个网络，扩展性好，配置灵活，网络易于管理和维护。网络可靠性依赖于中央结点，中央结点一旦出现故障将导致全网瘫痪。

（3）环状拓扑结构

环状拓扑结构中所有设备被连接成闭合的环，信息是沿着环广播传送的，如图 5-5（c）所示。在环状拓扑结构中，每一台设备只能和相邻结点直接通信。与其他结点通信时，信息必须依次经过两者间的每一个结点。

环状拓扑结构中传输线路方向固定，无线路选择问题，故实现简单。但任何结点的故障都会导致全网瘫痪，可靠性较差。

（4）网状拓扑结构

网状结构是指将各网络结点与通信线路互联成不规则的形状，结点之间的连接是任意的，每个结点至少与其他两个结点相连，或者说每个结点至少有两条链路与其他结点相连，如图 5-5（d）所示。在网状拓扑结构网络中，如果网络中一个结点或一段链路发生故障，信息可通过其他结点和链路到达目的结点，故可靠性高。

（5）树状结构

树状结构是一种分层结构，结点按层次进行连接，如图 5-5（e）所示。在树状结构中，信息交换主要在上下结点之间进行，相邻或同层结点之间一般不进行数据交换。树状结构的优点是通信线路连接简单，网络管理不复杂，维护方便。其缺点是资源共享能力差，可靠性低。

5.1.4 计算机网络硬件与软件

计算机网络是一个非常复杂的系统，必须包括硬件和软件两大部分，这是计算机网络存在并能应用的两大基础。

1. 计算机网络的硬件

计算机网络的硬件一般包括 3 部分：计算机系统、传输介质和通信设备。

（1）计算机系统

计算机系统是计算机网络的第一要素，不可缺少。计算机网络中的计算机可以是各种类型的计算机，包括巨型机、大型机、小型机、微机及笔记本电脑等，这些计算机根据作用的不同，又可分为网络服务器和网络工作站。所谓网络服务器就是在网络中提供服务的计算机，而网络工作站就是网络中供个人使用的计算机，也称网络的客户机。

（2）传输介质

计算机网络中，除了计算机系统，还有用于连接计算机的传输介质和通信设备。传输介质是计算机和通信设备传输信息的媒介。传输介质可分为有线传输介质和无线传输介质。计算机网络中常用有线传输介质有双绞线、同轴电缆、光缆等。

双绞线是由两根绝缘铜导线相互扭绞而成，通常一个绝缘外套封装 4 对双绞线，是目前局域网最常用的一种传输介质。双绞线可分为 3 类、4 类、5 类和超 5 类等多种，目前常用的是 5 类和超 5 类双绞线，如图 5-6 所示。

双绞线使用 RJ-45 连接器（俗称水晶头）来连接计算机和其他网络设备，如图 5-7 所示。RJ-45 连接器的外形和电话插头相似，其实两者完全不同，电话插头是 4 条线，RJ-45 是 8 条线。

图 5-6　双绞线　　　　　　　　　　图 5-7　RJ-45 连接器

同轴电缆由一根空心的外导体和一根位于中心轴线的内导体组成，内导体和外导体及外界之间用绝缘材料隔离。内导体一般是铜芯，外导体一般是金属箔网，如图 5-8 所示。有线电视的连接线就是同轴电缆。同轴电缆分为粗缆和细缆，局域网中的同轴电缆主要是细缆。

光缆（Optical Fiber Cable）主要由光导纤维、塑料保护套管及塑料外皮构成，如图 5-9 所示。光缆传输速度快，传输距离远，抗干扰能力强，目前是最理想的传输介质。

计算机网络中，无线传输介质常用的有无线电波、微波、红外线和激光等，通过无线传输介质可以组成无线网络，无线网络接入方便，便于移动，目前无线网络的使用越来越普遍。

图 5-8 同轴电缆

图 5-9 光缆

（3）通信设备

计算机网络中，通信设备指网络连接设备，常用的有网络适配器、集线器（Hub）、交换机（Switch）和路由器（Router）等。

网络适配器又称网络接口卡（Network Interface Card，NIC），简称网卡，是局域网中提供各种网络设备与网络传输介质相连的接口。PC 中的网卡是插入到主板总线插槽上的一个硬件设备，用于将用户计算机与网络相连，如图 5-10 所示。

按所支持的传输介质不同，网卡可分为双绞线网卡、粗缆网卡、细缆网卡、光纤网卡，按网卡的使用对象不同，可分为工作站网卡、服务器网卡和笔记本电脑网卡。

集线器是局域网的一种连接设备，双绞线通过集线器将网络中的计算机连接在一起，如图 5-11 所示，同时扩大网络的传输距离。集线器有 4 端口、8 端口、16 端口和 32 端口等不同规格，各端口作用一样。

图 5-10 PC 网卡

集线器

图 5-11 集线器的连接方式

以集线器为中心的网络的优点是：当网络系统中某条线路或某结点出现故障时，不会影响网上其他结点的正常工作。

交换机也是一种局域网连接设备，经常用来将计算机互联起来组成局域网。对于组建局域网，交换机接线方式和集线器一样，但比集线器传输效率高，具有更高的优越性。这是因为集线器主要是通过广播方式（一个端口发出的信息，传递到所有端口）来完成计算机之间的连接和通信，而交换机则是通过端口到端口传递来完成计算机之间的通信。因此，很多时候用交换机来代替集线器，可以改善网络的传输性能。交换机也有多个端口，每个端口作用一样。交换机如图 5-12 所示。

路由器属于网络互联设备，一般用来连接不同类型的网络。路由和交换之间的主要区别是交换发生在 OSI 参考模型数据链路层，而路由发生在第三层，即网络层。两者实现各自功能的方式是不同的，交换机交换速度快，但控制功能弱，路由器控制性能强，但报文转发速度慢。

目前路由器已经广泛应用于各行各业，各种不同档次的产品已成为实现各种主干网内部连接、主干网间互联和主干网与互联网互联互通业务的主力军。个人或企业局域网接入 Internet 需要用到路由器，如图 5-13 所示。

校园网　　　　校园网接口　　　　电信接口　　　　Internet

图 5-12　交换机正面　　　　　　　　　图 5-13　路由器的连接方式

在广域网中，信息从一个结点传输到另一个结点时要经过许多路径，路由器的作用就是在从一个网络传输到另一个网络时进行路径的选择，使得信息的传输有一条最佳的通路。这就像自驾车从上海到北京有多条路线可选择，但必有一条是最佳的。

对于家庭组网这样的需求来说，网络接入设备通常采用家用路由器，有多个端口，分为 LAN 端口和 WAN 端口，如图 5-14所示。每个 LAN 端口连接一台计算机或一个局域网，WAN 端口连接其他路由器（如电信部门），可将局域网接入广域网。

图 5-14　路由器

2．计算机网络软件

计算机网络软件是一种在网络环境下运行、使用、控制和管理网络工作和通信双方交流信息的计算机软件。根据网络软件的功能和作用不同，可将其分为3 类：网络通信协议、网络操作系统和网络应用软件。

（1）网络通信协议

网络通信协议是指通信双方必须共同遵守的约定和通信规则，它是通信双方关于通信如何进行所达成的协议。协议有 3 个要素：语义、语法、时序。语法用来规定信息格式；语义用来说明通信双方应当怎么做；时序详细说明事件的先后顺序。例如，用什么样的格式表达、组织和传输数据，何时发生、何时结束等。

在网络上通信的双方必须遵守相同的协议，才能正确地交流信息，就像人们谈话要用同一种语言一样，如果谈话时使用不同的语言，就会造成相互间谁都听不懂对方在说什么的问题，那么将无法进行交流。因此，协议在计算机网络中是至关重要的。一般来说，协议的实现是由软件和硬件分别或配合完成的。

目前，计算机网络用于网络互联的通信协议模型主要有两个：OSI 参考模型和 TCP/IP 协议簇。OSI 参考模型将网络通信的过程划分为 7 个层次，并规定了 7 个层次协议的具体功能。TCP/IP协议簇是 Internet 采用的通信协议，也是层次结构，分为 4 层，包括多种协议，如电子邮件、文件传输等。OSI 参考模型与 TCP 协议簇的关系如图 5-15 所示。

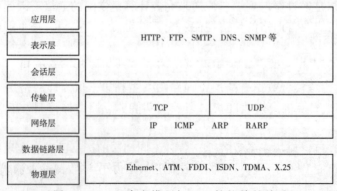

图 5-15　OSI 参考模型与 TCP 协议族的关系

OSI 参考模型是概念上的模型，指明了网络互联的正确方向；而 TCP/IP 是事实上的标准，是从 Internet 上发展起来的协议。关于 TCP/IP 将在 5.2 节介绍。

（2）网络操作系统

网络操作系统是计算机网络的核心软件，其他网络软件都需要网络操作系统的支持才能运行。网络操作系统是使网络上各计算机能方便而有效地共享网络资源，为网络用户提供所需的各种服务的软件和有关规程的集合。

除具有一般操作系统的功能外，网络操作系统还应具有网络通信能力和多种网络服务功能。目前常用的网络操作系统有 Windows、UNIX、Linux 和 NetWare。一般主流协议软件也都集成在网络操作系统中，例如 Windows 系统中的 TCP/IP 等。

（3）网络应用软件

网络应用软件是指为某一应用目的而开发的网络软件，它为用户提供一些实际的应用。网络应用软件既可用于管理和维护网络本身，也可用于某一个业务领域。例如，IE 浏览器、电子邮件客户端软件、FTP 客户端软件、QQ 等。

5.1.5　以太网概述

以太网（Ethernet）是一种应用总线拓扑的广播式网络，其核心思想是多个设备使用共享的公共传输信道。以太网因其高度的灵活性、相对简单、易于实现的特点，是当前应用最广泛的一种局域网。

当前以太网多采用的结构是快速 100Base-T。100Base-T 称为双绞线以太网，其中 100 表示信号输出速率是 100 Mbit/s，T 代表双绞线。由于 Internet 的发展，100Base-T 快速以太网技术已被广泛应用，例如，生活小区宽带接入 Internet，就是利用建立在小区的以太网与 Internet 进行连接，计算机只需安装网卡并通过双绞线接入到楼内的交换机即可。

随着快速以太网的使用，使用光纤作为传输介质的千兆以太网的传输速率达到了1 000 Mbit/s。千兆以太网最大的优点是对现有以太网的兼容性，可以实现对现有以太网的平滑、无须中断的升级。

5.2　Internet 概述

Internet 是目前世界上规模最大的计算机网络。Internet 前身是美国的 ARPANET。1985 年，美国国家科学基金会建立了 NSFNET 网，并与 ARPANET 网合并，Internet 才真正发展起来。Internet 的名称就是从那时开始使用的。从 20 世纪 80 年代开始，Internet 已逐渐发展成为全球性的超大规模的网际网络。

我国于 1994 年 4 月正式接入 Internet，中国科学院高能物理研究所和北京化工大学为了发展国际科研合作而开通了到美国的 Internet 专线。此后，Internet 就在我国蓬勃发展起来，上网人数不断增加。

5.2.1　协议概述

Internet 采用的网络协议是 TCP/IP。由于 TCP/IP 具有通用性和高效性，可以支持多种服务，使得 TCP/IP 成为到目前为止最为成功的网络体系结构和协议规范，也使得 Internet 将各种局域网、广域网和国家主干网连接在一起。

TCP/IP 实际上是 Internet 所使用的一组协议集的统称，TCP/IP 是其中最基本，也是最重要的两个协议，该协议具有较好的网络管理功能。TCP（Transmission Control Protocol）称为传输控制协议，是信息在网络中正确传输的重要保证，具有解决数据报丢失、损坏、重复等异常情况的能力；IP（Internet Protocol）称为网际协议，IP 使用统一的 IP 地址在网络之间传递数据，该协议负责将信息从一个地方传输到另一个地方。

Internet 还具有丰富的应用层协议。例如：超文本传输协议（HTTP），是 Internet 上所有网页都遵循的协议；简单邮件传输协议（SMTP），是定义电子邮件发送和传输的协议；文件传输协议（FTP），实现了 Internet 上文件的双向传输；域名系统（DNS），使得 Internet 上域名与 IP 地址之间是一对一（或者多对一）的关系。

5.2.2　IP 地址与域名

1. IP 地址

（1）IP 地址的定义

和电话网中每部电话都必须有一个电话号码用来标识自己一样，Internet 上的每一台独立的计算机也都必须要有唯一的地址与之对应，才能和其他计算机进行通信。Internet 采用一种全局通用的地址格式，为全网的每一个网络和每一台主机都分配唯一的地址，称为 IP 地址。

（2）IP 地址的表示

目前使用的 IP 地址（IPv4），是一个 32 位地址，可以简单地认为，IP 地址就是赋予网络结点的一个 32 位地址。

如果采用 32 位二进制位即 4 个字节表示 IP 地址，很难让人读懂和理解。当将每一个字节的二进制数转换成对应的十进制数时，就可以用 4 组十进制数字来表示 IP 地址，每组数字取值范围为 0~255，组与组之间用圆点"."作为分隔符，这样的表示形式人们易于接受，称为点分十进制表示法。

例如，用二进制表示的 IP 地址 10000001 00001010 00000010 00011110，可用点分十进制表示法表示为 129.10.2.30。

（3）IP 地址的分类

IP 地址由两部分组成：网络标识（网络 ID）和主机标识（主机 ID），也称网络地址和主机地址。

为了便于对 IP 地址进行管理，同时考虑到网络的差异很大，有的网络拥有很多主机，而有的网络上主机相对较少等因素，IP 地址分成 5 类，即 A 类、B 类、C 类、D 类和 E 类，其中A 类、B 类、C 类地址经常使用，称为 IP 主类地址，D 类和 E 类地址被称为 IP 次类地址，如图 5-16 所示。

	0 1 2 3	8	16	24	31	
A类	0	网络ID		主机ID		0.0.0.0~127.255.255.255
B类	1 0		网络ID	主机ID		128.0.0.0~191.255.255.255
C类	1 1 0		网络ID		主机ID	192.0.0.0~223.255.255.255
D类	1 1 1 0		组广播地址			224.0.0.0~239.255.255.255
E类	1 1 1 1 0		保留今后使用			240.0.0.0~247.255.255.255

图 5-16　IP 地址的分类及格式

A 类、B 类、C 类地址的网络 ID 分别占 1、2、3 个字节长度。网络地址的最前面分别有 1、

2、3 个固定位，其数值分别规定为 0、10 和 110。A 类、B 类、C 类地址的主机 ID 分别占 3、2、1 个字节长度。

下面分别介绍常用的 A、B、C 三类 IP 地址。

① A 类地址分配给规模特别大的网络使用，每个 A 类地址的网络有众多的主机。具体规定如下：32 位地址域中第一个 8 位为网络标识，其中首位为 0，表示 A 类地址，其余 24 位均作为接入网络主机的标识，由该网的管理者自行分配。

② B 类地址分配给大型网络使用，每个 B 类地址的网络有较多的主机。具体规定如下：32 位地址域中前 16 位为网络标识，其中前两位为 10，表示 B 类地址，后 16 位均作为接入网络主机的标识，由该网的管理者自行分配。

③ C 类地址分配给小型网络使用，如大量的局域网和校园网，每个 C 类地址的网络只有少量的主机。具体规定如下：32 位地址域中前 3 个 8 位为网络标识，其中前 3 位为 110，表示 C 类地址，其余 8 位均作为接入网络主机的标识，由该网的管理者自行分配，每个 C 类网络最多允许接入 254 台主机（编号 0 和 255 有其他用途，不能作为主机的标识）。

（4）子网掩码

在 TCP/IP 中，子网掩码是一个 32 位地址。它的主要作用有两个。一是用于屏蔽 IP 地址的一部分以区别网络标识和主机标识，从而可以说明该 IP 地址是属于哪一个网络，是在局域网上，还是在远程网上。二是用于将一个大的 IP 网络划分为若干小的子网络。子网掩码不能单独存在，它必须结合 IP 地址一起使用。

子网掩码标识方法是，IP 地址中表示网络和子网的部分，其子网掩码对应位用二进制数 1 表示，表示主机的部分，其子网掩码对应位用二进制数 0 表示。子网掩码和 IP 地址一样，可以用 32 位二进制表示，也可用点分十进制法表示。这样，A 类地址默认子网掩码为 255.0.0.0，B 类地址默认子网掩码为 255.255.0.0，C 类地址默认子网掩码为 255.255.255.0。

通过 IP 地址和子网掩码作逻辑与运算，IP 地址中网络标识部分保留，主机标识部分全为二进制 0，从而分离出网络标识，只要比较网络标识，便可判断出 IP 地址是否属于同一网络。

对划分了子网的网络不能采用默认子网掩码，而必须根据子网划分的情况来确定。例如，某公司申请了一个 C 类网络地址 210.43.192.0，该公司下属 6 个部门，每个部门都需要设置独立的子网。为此将该 C 类网络地址的主机地址空间的前 3 位划出作为子网地址空间，此时具有 2^3=8 个子网，每个子网要容纳的主机数为 2^5=32，相应的子网掩码为：255.255.255.224（11111111 11111111 11111111 11100000）。

2．域名

IP 地址虽然可以唯一地标识网络上的主机，但用户记忆数以万计的用数字表示的主机地址十分困难。若能用代表一定含义的字符串来表示主机的地址，用户就比较容易记忆了。为此，Internet 提供了一种域名系统（Domain Name System，DNS）。

Internet 采用层次树状结构的命名方法，使得任何一个连接在 Internet 上的主机或路由器都可以有一个唯一的层次结构的域名（Domain Name）。域名由若干部分组成，各部分之间用圆点"."作为分隔符。它的层次从左到右，逐级升高，其一般格式是：

计算机名.组织机构名.二级域名.顶级域名

域名系统负责把域名转换为网络能识别的 IP 地址。例如：天华学院 WWW 服务器的 IP 地

址 是 202.101.32.106， 域 名 为
www.sthu.edu.cn，该域名表示这台计算
机在中国，是教育机构，是天华学院的
一台 WWW 服务器，如图 5-17 所示。

图 5-17　域名组成

（1）顶级域名

域名地址的最后一部分是顶级域
名，也称第一级域名。顶级域名在 Internet 中是标准化的，分为区域名和类型名。区域名用两
个字母或汉字表示国家和地区，例如 cn 代表中国，us 代表美国，uk 表示英国等；类型名有：
com 表示商业类，edu 表示教育类，gov 表示政府部门等。在域名中，美国的区域名通常省略不
写，其他国家或地区都必须把该国家或地区的域名作为顶级域名，例如 sthu.edu.cn 表示一个在
中国登记的域名。

（2）二级域名

在国家或地区顶级域名注册的二级域名均由该国家或地区自行确定。我国将二级域名划分
为"类别域名"和"行政区域名"。其中，"类别域名"有 6 个，分别为 ac 表示科研机构，com
表示工、商、金融等企业，edu 表示教育机构，gov 表示政府部门，net 表示互连网络、接入网
络的信息中心和运行中心，org 表示各种非营利性的组织。若在二级域名 edu 下申请注册三级域
名，则由中国教育和科研网络中心 Cernet NIC 负责；若在二级域名 edu 之外的其他二级域名之
下申请注册三级域名，则应向中国互联网络信息中心申请。

（3）组织机构名

域名的第三部分一般表示主机所属域或单位。例如，域名 cernet.edu.cn 中的 cernet 表示中
国教育科研网，域名 tsinghua.edu.cn 中的 tsinghua 表示清华大学，域名 pku.edu.cn 中的 pku 表
示北京大学等。域名中的其他部分，网络管理员可以根据需要进行定义。

域名和 IP 地址存在对应关系，当用户要与 Internet 中某台计算机通信时，既可以使用这台
计算机的 IP 地址，也可以使用域名。相对来说，域名易于记忆，用得更普遍。

由于网络通信只能标识 IP 地址，因此当使用主机域名时，域名服务器通过 DNS 域名服务
协议，会自动将登记注册的域名转换为对应的 IP 地址，从而找到这台计算机。

3．端口

一台拥有 IP 地址的主机可以提供许多服务，如 Web 服务、FTP 服务、SMTP 服务等，这些服务
完全可以通过一个 IP 地址来实现。那么，主机是怎样区分不同的网络服务呢？显然不能只靠 IP 地址，
因为 IP 地址与网络服务是一对多的关系。实际上是通过"IP 地址+端口号"来区分不同的服务的。

在 TCP/IP 中，用来标识网络服务程序的标识被称为端口号。端口号被定义成一个 16 位长
度的整数，其取值范围为 0～65 535 之间的整数。由于同一时刻一台主机上可以有大量的网络
应用服务程序在运行，因此需要有多个端口号来对不同的应用程序进行标识。

如果把 IP 地址比作一间房子，端口就是出入这间房子的门。真正的房子只有几个门，但是
一个 IP 地址的端口可以有 65 536 个。因此有了端口，拥有一个 IP 地址的一台计算机上可以同
时提供很多的服务。

4．IPv6

（1）IPv6 简介

从理论上讲，IPv4 可编址 1 600 万个网络、40 亿台主机，但随着互联网发展的速度与规模

不断增长，使得互联网面临 IPv4 地址空间匮乏的问题。现有的地址资源已经消耗殆尽。随着"三网合一"工作的开展，越来越多的其他设备（如汽车、手机、PDA 等）需要 IP 地址，IPv4 无法支撑起下一代网络的发展。

2012 年 6 月 6 日，全世界范围内的 IPv6 网络正式启动，互联网产业从此揭开了一个新的篇章。IPv6 地址长度为 128 位，具有 2^{128} 的地址容量。如果将 IPv4 的地址容量比作 1 cm³，则 IPv6 的总容量相当于半个银河系的规模，地球上每平方米都可以分配到 6 700 万亿个 IP 地址，如此巨大的地址空间使 IPv6 彻底解决了地址匮乏问题，为互联网的长远良性发展奠定了基础。

（2）IPv6 地址表示形式

为方便地管理和配置 128 位的 IPv6 地址，IPv6 采用新的标记方法，常用的有以下 3 种：

① 冒号十六进制形式。即 n:n:n:n:n:n:n:n，这是首选形式，每个 n 是十六进制值，对应 16 位二进制。例如：3FFE:FFFF:7654:FEDA:1245:BA98:3210:4562。

② 压缩形式。为了简化对这些地址的输入，可以使用压缩形式。在这一压缩形式中，多个 0 块的单个连续序列由双冒号符号（::）表示，此符号只能在地址中出现一次。例如，FFED:0:0:0:0:BA98:3210: 4562 的压缩形式为 FFED::BA98:3210:4562。

③ 混合形式。此形式组合 IPv4 和 IPv6 地址。在此情况下，地址格式为 n:n:n:n:n:n:d.d.d.d，其中每个 n 表示 IPv6 高序位的十六进制值，每个 d 表示 IPv4 地址的十进制值。

在 IP 协议转型期，IPv4 和 IPv6 两者将共存协调运作。多数的操作系统在近几年中已完成了对 IPv6 的支持，转型期面临的问题是 IPv6 并不向下兼容 IPv4，纯 IPv6 主机与纯 IPv4 主机无法进行网络通信，IPv6 的网络用户也无法访问 IPv4 网站。目前解决这个问题的方案是把 IPv6 的数据包包装为 IPv4 的模样，建立两者之间的通信管道，以实现两个系统间的数据互通。

5.2.3　Internet 的接入方式

要使用 Internet 上丰富的资源，必须先接入 Internet。目前，Internet 的接入方式有很多，常用的有以下几种。

1. 局域网接入 Internet

局域网接入 Internet 就是将局域网中的计算机连接到 Internet，实际上是将局域网中的计算机连接到局域网中的服务器，再通过服务器上网。

使用这种方式接入 Internet，首先要将计算机连接到局域网。连接到局域网要求计算机要安装好网卡，并配置好 TCP/IP 的属性，它包括：

① 本机的 IP 地址。

② 子网掩码。

③ 网关的 IP 地址。

④ DNS 服务器的 IP 地址。

这里的网关是指计算机接入 Internet 所必须经过的第一个设备，可以是路由器或者交换机，当然还要经过其他设备最终连到 Internet。

在 Windows 7 环境下配置计算机 TCP/IP 属性的方法是：

① 右击桌面上的"网络"图标，在弹出的快捷菜单中选择"属性"命令，打开"网络和共享中心"窗口。

② 单击"网络和共享中心"窗口左侧的"更改适配器设置"链接打开"网络连接"窗口，

右击"本地连接"图标，在弹出的快捷菜单中选择"属性"命令，选择"Internet 协议版本 4（TCP/IPv4）属性"打开图 5-18 所示"Internet 协议版本 4（TCP/IPv4）属性"对话框，并进行相应配置。

局域网所使用的 IP 网段为专用网段，例如，C 类网段 192.168.1.1~192.168.1.254。可以随意设置，但必须保证 IP 地址的前 3 段相同，最后一段不同。

C 类网络的子网掩码为 255.255.255.0。

默认网关就是局域网中的计算机要经过哪台设备来访问网络，例如路由器或者服务器等的 IP 地址。

DNS 服务器，可以指定为路由器的 IP，或者可直接访问的外网 DNS 的 IP（通常由服务商提供）。

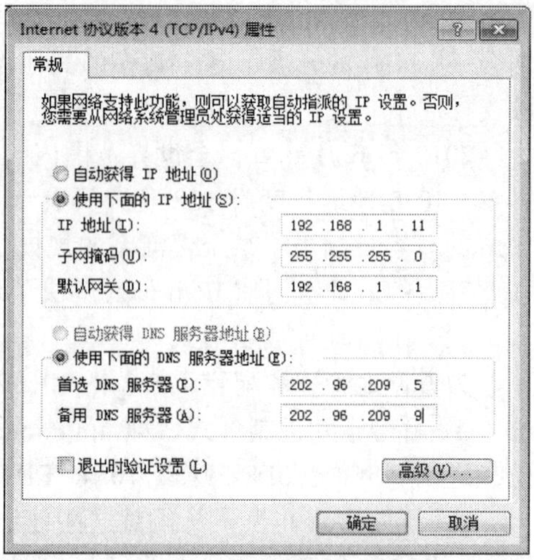

2. ADSL 接入 Internet

图 5-18　"Internet 协议版本 4（TCP/IPv4）属性"对话框

ADSL 即非对称数字用户环路，是利用现有电话线实现宽带、快速上网的一种方式，目前个人和家庭接入 Internet 多采用这种方式。

这里的"非对称"是指计算机接入 Internet 后，最大上行速度和下行速度不同。上行是指计算机向 Internet 传送信息，下行是指 Internet 向计算机传送信息。一般来说，计算机接入 Internet 主要是共享 Internet 资源，享受其提供的服务，下行的信息总量要远多于上行的信息总量，例如上网浏览网页，其本质就是把网页资源下载到本地计算机后再通过浏览器显示出来，因此要求下行速度要高于上行速度，这就是非对称的传输方式产生的原因。这样既满足了一般用户的需求，也节省了线路开销。ADSL 的上行速度最高为 1 Mbit/s，下行速度最高可达 8 Mbit/s。

ADSL 与普通电话共存于一条电话线上，在一条普通电话线上接听、拨打电话的同时进行 ADSL 传输而又互不影响。所以安装 ADSL 时，不需要重新申请新的电话线，只需要一台 ADSL Modem 和一个信号分离器。ADSL Modem 通过网卡、USB 接口或其他网络接口与计算机连接，电话线通过分离器与 ADSL Modem 相连，如图 5-19 所示。安装好后，电话和以前一样使用，而且不会受到干扰，计算机上网时，采用虚拟拨号方式，即输入用户名和密码（由电信提供），如图 5-20 所示。

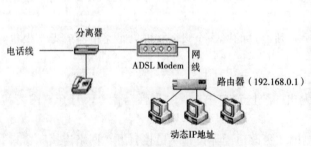

图 5-19　多台计算机共享一条 ADSL 链路

图 5-20　ADSL 虚拟拨号方式

3. 有线电视网接入 Internet

目前，中国有线电视的普及率很高，考虑到节省资源，可以利用现有有线电视网接入 Internet。这种方式需要添加接入设备 Cable Modem，所以这种接入方式又称为使用 Cable Modem 上网，其连接方式如图 5-21 所示。通过有线电视网接入 Internet 可以获得很高的传输速度，上行最高可达 10 Mbit/s，下行最高可达 40 Mbit/s，而且不用拨号。其缺点是多个用户共享带宽，如果用户数量增加，其网速会下降。

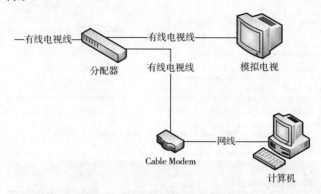

图 5-21　有线电视接入方式

4. 无线接入 Internet

无线接入指无须布线和使用相对自由而建立的无线局域网。无线网络由 AP（Access Point）和无线网卡组成。AP 一般称为网络桥接器或接入点，它是传统的有线局域网与无线局域网之间的桥梁，任何一台装有无线网卡的计算机均可通过 AP 去分享有线局域网络甚至广域网络的资源。

无线接入 Internet 的常用方式有两种：一是利用移动电话信号及其技术，例如 GPRS、4G；二是无线局域网接入，目前主流方式是 Wi-Fi 接入，被广泛使用在学校、企业等。

计算机利用无线局域网接入 Internet 时，必须配备无线网卡。接入 Internet 的方法如下：

（1）无线路由器 AP 接入点的配置

在浏览器地址栏输入路由器的 IP，打开用户登录窗口，输入用户名和密码，进入路由器配置页面（可在路由器背面找到制造商提供的登录路由器的默认值）。

在无线配置页面的 SSID 框中设置无线网络名称，例如，ChinaNet。为网络设置安全密钥，建议尽可能使用 WPA2 安全访问模式，它能够提供比 WPA 或有线等效保密（WEP）更高的安全性。通过网络安全密钥帮助保护网络免受未经授权的访问。为无线 AP 选择该无线路由使用的信道。

最后必须对设置进行保存，并重新启动路由器。

（2）客户端的设置

无线网络由唯一网络名标识，因此，需要连接至此网络的所有设备均必须使用相同的网络名进行配置。

通过计算机控制面板中的"网络和共享中心"链接打开"网络和共享中心"窗口，如图 5-22（a）所示。

单击"设置新的连接或网络"链接，打开图 5-22（b）所示的对话框，双击"手动连接到无线网络"图标，打开图 5-23 所示的对话框。

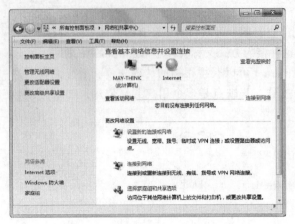

（a）"网络和共享中心"窗口

（b）"设置连接或网络"对话框

图 5-22　设置连接或网络

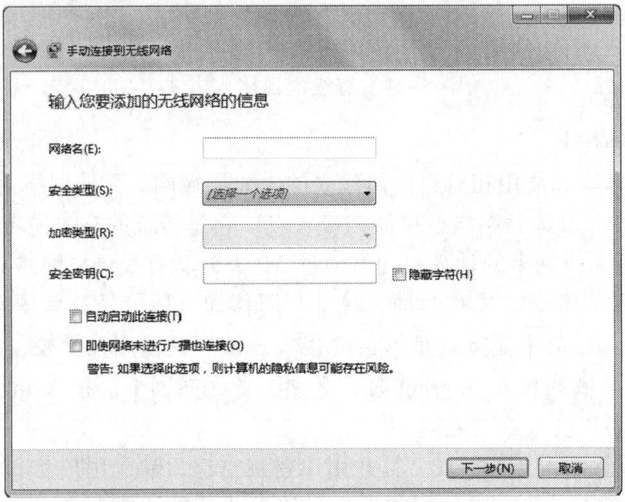

图 5-23　"手动连接到无线网络"对话框

　　其中，"网络名"文本框中输入无线网络的 SSID，根据实际无线网络的加密方式选择正确的"安全类型"。"自动启动此连接"按照实际需求进行选择。对于隐藏 SSID 的网络环境，需要选中"即使网络未进行广播也连接"复选框。

　　当上述设置完成后，任务栏上会出现连接状态小图标 ，使用时，必须保证无线网卡处于开启状态。可查看键盘上图 5-24 所示无线标志的按键上的指示灯，一般红色表示无线网卡为关闭状态，白色表示无线网卡为开启状态。若无线网卡为关闭状态，单击此按键，即可开启无线网卡。

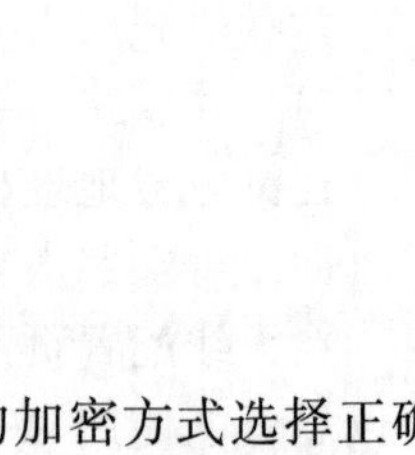

图 5-24　无线标志

5.2.4　Internet 的基本服务

1. 万维网

　　万维网（World Wide Web，WWW）也称 Web，是 Internet 中发展最为迅速的部分。它向用户提供了一种非常简单、快捷、易用的查找和获取各类共享信息的渠道。万维网使用的是超媒体/超文本信息组织和管理技术，任何单位或个人都可以将自己需向外发布或共享的信息以 HTML 格式存放到各自的服务器中。当其他网上用户需要信息时，可通过浏览器软件进行检索和查询。

浏览器是一个客户端程序，用于浏览和下载 WWW 的文档、建立自己的主页、网上信息收发等。浏览器通过 Web 站点的统一资源定位器（Uniform Resource Locator，URL），打开其对应的 Web 主页。URL 是 Internet 上 Web 服务程序中提供访问的各类资源的地址，是 Web 浏览器寻找特定网页的必要条件。Internet 上的每一个网页都具有一个唯一的名称标识，URL 好比一个街道在城市地图上的地址，通过它来访问对应的网页。

在打开的网页中，常常会有一些文字、图片、标题等，将鼠标指针放到其上面，鼠标指针会变成手形，这表明此处是一个超链接。单击该超链接，即可进入其所指向的新的 Web 页。

常用的万维网浏览器有 Microsoft 公司的 IE（Internet Explorer）、Mozilla 的 Firefox、傲游公司的 Maxthon 等。

使用浏览器可以从 Web 服务器上搜索需要的信息、浏览 Web 网页、收发电子邮件、上传网页等，它提供了表 5-1 所示的常用基本功能。

表 5-1　浏览器的常用基本功能

功 能 名 称	作　　用
收藏夹	"收藏夹"存放经常访问的 Web 页面的链接
历史记录	历史记录列表中记录用户最近一段时间内打开的网页
网页的保存与打印	用户所浏览的网页可以即时保存到本地机器中，或者打印出来
常规设置和安全设置	浏览器的主页、外观、语言、历史记录以及安全设置等

（1）添加收藏

"收藏夹"功能是将经常访问的 Web 页面的链接放在其内，当要打开该网页时，仅需单击"收藏夹"内的链接即可，不需要再次输入网址。将 Web 页面链接添加到收藏夹的操作方法如下：

① 在浏览器地址栏中输入 Web 站点地址，打开网页。

② 单击 IE 收藏夹栏的 ☆ 收藏夹 按钮，在下拉列表中单击 添加到收藏夹... 按钮，弹出图 5-25 所示的"添加收藏"对话框。也可通过选择"收藏夹"→"添加到收藏夹"命令打开该对话框。

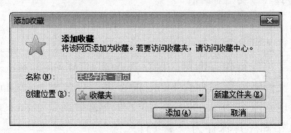

图 5-25　"添加收藏"对话框

注意：

若 IE 窗口上没有菜单栏，可以选择"工具"→"工具栏"→"菜单栏"命令显示菜单栏。

③ 在"添加收藏"对话框中，IE 默认设置了一个名称，可为该页面输入新的名称。选择"创建位置"并单击"添加"按钮，即可将该 Web 站点地址添加到收藏夹或文件夹中。如果要指定新的文件夹，可单击"新建文件夹"按钮创建文件夹。

小知识：

按【Ctrl+D】组合键，可直接打开"添加收藏"对话框。

（2）收藏夹的管理

随着收藏夹列表的增大，用户使用时会很麻烦。为了方便使用和管理，可以在收藏夹中建立子文件夹，将页面分类，把同类的页面链接放在同一个文件夹中。

在 IE 菜单栏中选择"收藏夹"→"整理收藏夹"命令，打开图 5-26 所示的"整理收藏夹"对话框，可以分别执行文件夹的建立、删除、移动和重命名等操作。

注意：在删除文件夹时，IE 将删除该文件夹，并删除该文件夹中存储的所有 Web 页的链接。

如果收藏夹列表混乱不堪，则可以将它按字母顺序排列。在"收藏夹"列表中的任意项上右击，在弹出的快捷菜单中选择"按名称排序"命令，如图 5-27 所示。此时，IE 先列出文件夹（如果有），然后列出主列表中的各个 Web 页。

图 5-26　"整理收藏夹"对话框

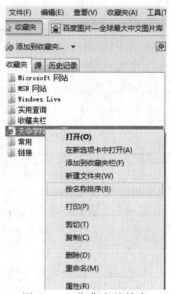

图 5-27　收藏夹的排序

（3）网页的保存

要保存所浏览的网页信息，可选择"页面"→"另存为"命令，在打开的"保存网页"对话框中设置保存位置和名称进行保存即可。保存时选择 HTM 和 HTML 格式，将产生一个网页文件和一个包含图像的文件夹，例如保存 baidu 的首页，命名为 baidu.html 或 baidu.htm，保存后除网页文件以外会出现一个名为 baidu.files 的文件夹，里面是 baidu 首页的图片。如果选择 MHT 格式，可将网页文字和图片保存为一个文件。

思考：根据图 5-28，思考网页中的图片如何保存。

（4）浏览器的设置

① 浏览器的常规设置。浏览器的设置包含打开浏览器时显示的主页、临时文件和历史记录的处理方式、搜索方式、选项卡浏览设置及浏览器的外观等。选择"工具"→"Internet 选项"命令，打开图 5-29 所示的对话框，即可进行常规设置。

在"主页"文本框中输入地址，打开浏览器时显示该地址对应的网页。有 3 个主页设置选项："使用当前页"，将打开的当前网页设置为主页；"使用默认值"，将 IE 默认的地址设置为主页；"使用空白页"，使 IE 打开的为空白页。

在"浏览历史记录"选项组中选中"退出时删除浏览历史记录"复选框，当关闭浏览器时，用户访问过的网页链接会从历史记录中删除，可保护用户的隐私。

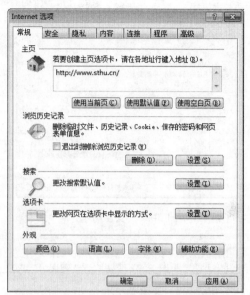

图 5-28　保存图片　　　　　　　　　图 5-29　"Internet 选项"对话框

② 安全设置。在浏览 Web 时存在安全隐患，例如，网站中存在病毒危害本地计算机，下载软件可能会破坏本地计算机的数据，因此 IE 提供了预防措施以帮助用户安全地浏览页面。

保护计算机安全是一个平衡的过程，用户对软件和其他内容下载越开放，风险就越大；但是，用户的设置限制越大，Web 的可用性和用途就会越小，IE 的安全功能用于获得有效的平衡。

在第一次安装 IE 时，默认将所有的 Web 站点放在 Internet 区域中，并设置为中-高级别加以保护。IE 还提供其他 4 个安全级别，分别为高、中、中低和低。用户可以将完全信任的 Web 站点添加到可信区域，将引起怀疑的 Web 站点添加到受限区域中。通常将可信区域设置为较低的安全级别，将受限区域设置为最高的安全级别。当访问受限区域的站点时，系统就会给出提示。

添加可信站点或受限站点的操作步骤如下：

在"Internet 选项"对话框中选择"安全"选项卡，然后选择区域（Internet、本地 Intranet、可信站点或受限站点），如图 5-30 所示。单击"站点"按钮，在打开的图 5-31 所示的"可信站点"对话框中输入网站的地址。注意：需要在 http 后加 s，表示要求服务器验证。

思考：如何删除已经添加到区域中的站点？

小知识：在打开网页时，浏览器窗口上方经常会出现"阻止了一个弹出窗口……"的提示，如图 5-32 所示。要取消该提示，可在"Internet 选项"对话框中选择"高级"选项卡，选中"允许活动内容在我的计算机上的文件中运行"复选框即可。

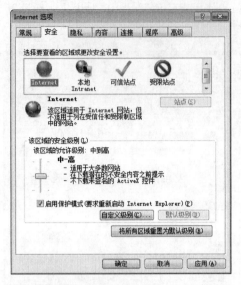
图 5-30 安全设置

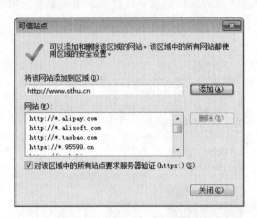
图 5-31 "可信站点"对话框

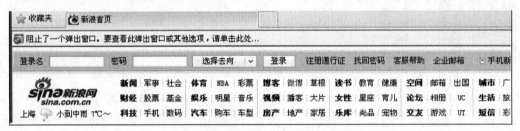
图 5-32 阻止活动内容的显示

2. 电子邮件

电子邮件（E-mail）是 Internet 的一项基本服务项目，是当前 Internet 中应用最多、最广泛的服务项目之一。电子邮件具有速度快、成本低、方便灵活的优点。电子邮件的使用步骤如下：

（1）申请电子信箱

可向服务商申请专用电子信箱或免费信箱。常用的电子信箱服务商有 126、sina、163 等。

（2）电子邮件的编写

电子邮件内容可用文字编辑软件（如 Word）编写后导入电子邮件编辑窗口，或直接在电子邮件编辑窗口（如 Outlook 软件或提供电子信箱功能的网站）编辑。完成的电子邮件应含收件人地址和发送者地址。电子邮件地址的格式为"用户名@域名"。

（3）电子邮件的收发

联网后，即可收发电子邮件。收发方式有两种：

① 通过提供电子邮件管理的站点（进入已申请的电子信箱），即 Web 方式，登录到站点，进入电子邮件系统，如图 5-33 所示。

② 使用桌面信息管理程序（如 Outlook 2010、Foxmail）进行邮件管理，即建立自己的"电子邮局"。

图 5-33 网易电子邮箱

（4）Outlook 2010 的使用

要使用 Outlook 2010 对电子邮件进行集中管理，可以在初次使用时根据软件向导配置电子邮件账户，也可以在启动后添加电子邮件账户。在 Outlook 2010 中添加电子邮件账户的步骤如下：

① 启动 Outlook 2010 程序。

② 单击"文件"按钮，在"文件面板"中选择"信息"命令，在打开的"账户信息"面板中单击"添加账户"按钮，根据向导选择"电子邮件账户"单选按钮，单击"下一步"按钮。

③ 在弹出的图 5-34（a）所示的对话框中选择"电子邮件账户"单选按钮，并设置用户名、电子邮件地址、密码等信息，Outlook 将自动配置账户设置。若选择"手动配置服务器设置或其他服务器类型"单选按钮，除了设置用户信息外，还需配置服务器信息。通常接收邮件服务器类型为 pop3，发送邮件采用简单邮件协议 smtp，如图 5-34（b）所示。

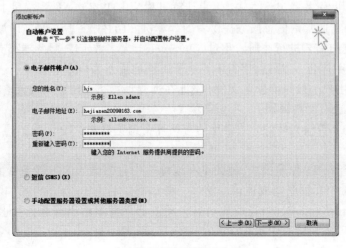

（a）设置电子邮件账户选项

图 5-34 添加新账户

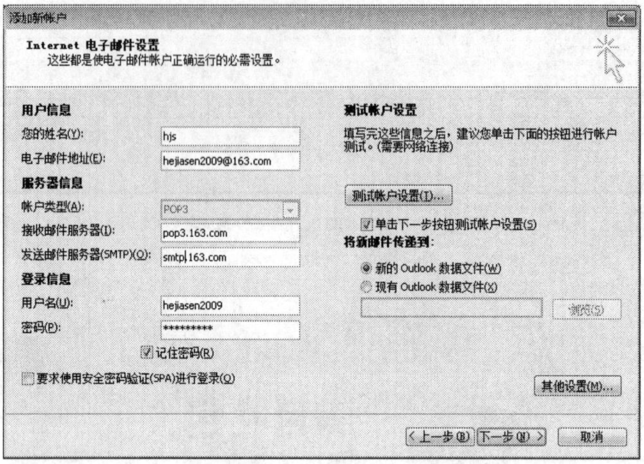

（b）Internet 电子邮件设置

图 5-34　添加新账户（续）

④ 账户添加完成后，可以添加、编辑联系人。在"开始"功能区的"新建"分组中单击"新建项目"按钮，在下拉列表中选择"联系人"，在打开的"联系人"对话框中可以新建、编辑联系人信息，包括姓名、邮件地址、电话、地址等。

⑤ 在"开始"功能区的"新建"分组中单击"新建电子邮件"按钮，在打开的"邮件"对话框中填写收件人地址、主题、邮件正文等信息后单击"发送"按钮，即可发送邮件。

⑥ 在"发送/接收"功能区进行选择，可以发送/接收文件夹、用户组邮件等。

3．FTP

文件传输协议（File Transfer Protocol，FTP）是 Internet 上用得最广泛的文件传送协议之一。FTP 能屏蔽计算机所处位置、连接方式以及操作系统等细节，让 Internet 上的计算机之间实现文件传送。用户登录到远程计算机上，搜索需要的文件或程序，然后下载（Download）到本地计算机，也可以将本地计算机上的文件上传（Upload）到远程计算机。

FTP 采用客户机/服务器工作方式，用户计算机称为 FTP 客户，远程提供 FTP 服务的计算机称为 FTP 服务器，它通常是信息服务提供者的计算机。FTP 服务是一种实时联机服务，用户在访问 FTP 服务器之前需要进行注册。不过，Internet 上大多数 FTP 服务器都支持匿名服务，即以 anonymous 作为用户名，以任何字符串或电子邮件地址作为口令登录。当然匿名 FTP 服务有很大的限制，匿名用户一般只能获取文件，不能在远程计算机上建立文件或修改已存在的文件，对可以复制的文件也有严格限制。

目前，利用 FTP 传输文件的方式常用的有两种：浏览器和 FTP 下载工具。

（1）浏览器

浏览器中都带有 FTP 程序模块，因此可在地址栏中直接输入 FTP 服务器的 IP 地址或域名，浏览器将自动调用 FTP 程序完成连接。例如，要访问域名为 ftp.sthu.cn 的 FTP 服务器，可在地址栏输入 ftp://ftp.sthu.cn/，当连接成功后，浏览器界面显示出该服务器上的文件夹和文件列表。

（2）FTP 下载工具

FTP 工具软件同时具有远程登录、对本地计算机和远程服务器的文件和目录进行管理，以及相互传送文件等功能。而且 FTP 下载工具还具有断点续传功能，当网络连接意外中断后，可继续进行剩余部分的传输，提高了文件下载效率。常用的 FTP 下载软件有 CuteFTP、FlashGet 和迅雷等。

4．即时通信软件

目前，中国流行的即时通信软件主要有腾讯 QQ、微信、飞信、MSN 等。

腾讯 QQ（简称 QQ）是腾讯公司开发的一款基于 Internet 的即时通信（IM）软件。QQ 支持在线聊天、视频电话、点对点断点续传文件、共享文件、网络硬盘、自定义面板、QQ 邮箱等多种功能，并可与移动通信终端等多种通信方式相连。

微信是腾讯公司推出的，支持多平台，旨在促进人与人沟通与交流的移动即时通讯软件。用户可以通过手机、平板电脑、网页快速发送语音、视频、图片和文字，且仅耗少量流量。微信提供公众平台、朋友圈、消息推送、实时对讲等功能，用户可以通过摇一摇、搜索号码、附近的人、扫二维码等方式添加好友和关注公众平台。微信适合大部分智能手机，且支持 Wi-Fi、4G 等多种数据网络。

5.3 Windows 7 的网络功能

Windows 7 的网络功能非常强大，用户只需简单操作，即可方便地组建自己的局域网。组建局域网，在小范围内实现资源共享、交流信息已成为一种时尚，人们可以在家庭内部、邻里之间或企业内部建立自己的局域网。

5.3.1 局域网设置

计算机网络根据其工作模式可分为主从结构和对等结构。

主从结构要求网络中至少有一台计算机作为服务器，为整个网络提供服务和资源共享。这种工作站提出服务请求，服务器响应请求的网络模式称为客户机/服务器模式。

当前应用最广、使用最方便的是对等网。对等网也称"工作组网"。在对等网中，各台计算机具有相同的功能，无服务器和工作站之分，网上任意结点计算机既可以作为网络服务器，为其他计算机提供资源；也可以作为工作站，分享其他服务器的资源；任何一台计算机均可同时兼作服务器和工作站，也可只作其中之一。在对等网络中除了共享文件之外，还可以共享打印机，如图 5-35 所示。

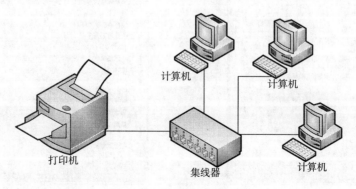

图 5-35 一个简单局域网

在组建对等网时，用户可选择总线网络结构或星形网络结构。若要进行互连的计算机在同一个房间内，可选择总线网络结构；若要进行互连的计算机不在同一个区域内，分布较为复杂，可采用星形网络结构，通过集线器（Hub）实现互连。所需硬件设备有：集线器或者交换机，带有 RJ-45 接头（俗称水晶头）的网线（非屏蔽 5 类双绞线），操作系统可采用 Windows 7。

5.3.2　网络连接

由于 Windows 7 操作系统中内置了各种常见硬件的驱动程序，安装网络适配器变得非常简单。对于常见的网络适配器，用户只需将网络适配器正确接插到主板上，系统即会自动安装其驱动程序，无须用户手动配置。

1. 设置连接属性

Windows 7 提供了一种很方便的局域网连接方式，即工作组，实现对等网连接方式。利用 Window 7 系统的这一功能，可以很容易地将家庭或单位内部的计算机连成一个小型局域网，从而共享软/硬件资源。

在局域网内，计算机使用相同的协议，就可以建立本地连接，相互通信。目前局域网大多数采用 TCP/IP 协议。

"本地连接"有两种打开方式：一是在桌面上右击"网络"图标，在弹出的快捷菜单中选择"属性"命令，打开"网络和共享中心"窗口；二是在"控制面板"窗口中双击"网络与共享中心"图标，在打开的窗口中单击左侧的"更改适配器设置"链接，出现图 5-36 所示的"本地连接"图标，右击该图标，在弹出的快捷菜单中选择"属性"命令，打开"本地连接 属性"对话框，如图 5-37（a）所示。其中 TCP/IP 作为默认的网络协议自动安装，并将系统网卡绑定到 TCP/IP 上。

图 5-36　本地连接

网络中是通过 IP 地址来唯一确定一台计算机的，就像每个人都有唯一确定的身份证号，每台计算机必须有唯一的 IP 地址。在图 5-37（a）中选中"Internet 协议版本 4（TCP/IPv4）"选项，单击"属性"按钮，打开图 5-37（b）所示的"Internet 协议版本 4（TCP/IPv4）属性"对话框，输入局域网内应采用的 IP 地址和子网掩码。

（a）连接属性

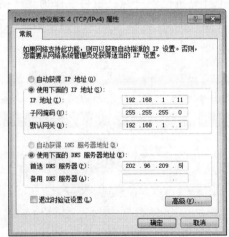

（b）IP 地址配置

图 5-37　连接属性和 IP 地址配置

采用对等结构的局域网，要使网内的计算机能相互访问，必须将其设置为同一工作组，IP 地址在同一网段内，并且每台计算机具有一个唯一的名称。

右击桌面上的"计算机"图标，在弹出的快捷菜单中选择"属性"命令，打开"系统"窗口，再单击窗口右侧的"更改设置"超链接，打开"系统属性"对话框，如图 5-38 所示。在"计算机名"选项卡中单击"更改"按钮，打开图 5-39 所示的"计算机名/域更改"对话框，在相应的文本框内分别输入计算机名和工作组名。

图 5-38　"系统属性"对话框

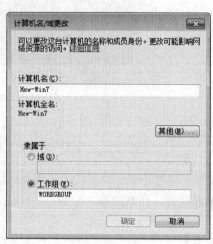

图 5-39　"计算机名/域更改"对话框

2．测试网络

要测试网络是否畅通，方法有以下两种。

① 直接双击桌面上的"网络"图标，在打开的窗口中查看工作组计算机，若能看到其他计算机，则说明网络畅通，如图 5-40 所示。

图 5-40　工作组

② 利用 Windows 7 的 ping 命令检查网络。以 DOS 命令方式输入"ping 目标计算机的 IP 地址"，出现图 5-41 所示的画面说明网络畅通。

如果 ping 后返回 Request time out 信息，则说明目的站点 1 s 内没有响应；如果返回 4 个 Request time out 信息，则说明该站点拒绝 ping 请求。

局域网内 ping 不成功的可能原因有：网线未连通、网卡配置不正确、IP 地址不能用、对方防火墙禁止 ping 入等。

图 5-41 ping 命令的使用

小 结

本章介绍了计算机网络的基础知识，包括计算机网络的起源与发展、计算机网络的定义组成及基本功能、计算机网络的分类及性能评价、计算机网络的硬件和软件，以及以太网的基本情况。

本章还介绍了 Internet 的基本情况，包括与 Internet 有关的协议，IP 地址、域名、端口及三者的关系，IPv4 与 IPv6 的比较，Internet 的接入方法和基本服务。

习 题

1. 请以一个自己所熟悉的 Internet 应用为例，说明对计算机网络定义和功能的理解。
2. 常用的 Internet 接入方式有哪些？
3. 常用的计算机网络的拓扑结构有哪几种？各自有何特点？
4. 网络协议的功能是什么？
5. "点分十进制"地址的格式是什么？
6. Internet 的基本服务有哪些？
7. 试比较 IP 地址与域名的作用。
8. 用自己申请的免费邮箱给老师发送一封带附件的电子邮件，并转发给全班同学。
9. 如何用 ping 命令测试网络是否连通？

第 6 章　信息获取与发布

本章引言

　　在 Internet 飞速发展的今天，互联网成为人们快速获取、发布和传递信息的重要渠道，在政治、经济、生活等方面发挥着重要的作用。在 Internet 上发布信息主要是通过网站来实现的，获取信息也是要在 Internet "海洋" 中按照一定的检索方式进行。本章主要介绍使用浏览器和搜索引擎的方式获取信息、在网络专题数据库中检索信息的各种方法。最后结合实例，介绍使用 Dreamweaver 创建网站、设计网页的方法，并阐明如何进行网站的发布与维护。

内容结构图

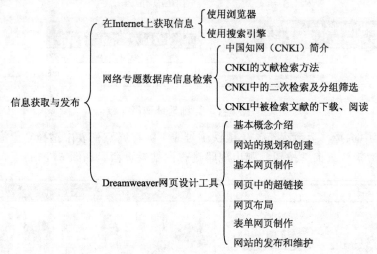

学习目标

① 了解：搜索引擎的工作原理。

② 理解：网站、网页的概念。

③ 应用：浏览器的使用，中国知网的检索方法，使用 Dreamweaver 制作网页。

6.1　在 Internet 上获取信息

6.1.1　使用浏览器

　　在 Internet 上获取信息最常用的方法是使用浏览器。该方法简单、易用。例如：要查找从 "上海火车站" 到 "虹桥机场" 的交通路线，可以使用丁丁网。

　　丁丁网提供了国内多个城市交通路线的查询服务。在浏览器的地址栏输入 http://www.ddmap.com/，打开丁丁网主页。

从"切换城市"下拉列表中选择"上海"，进入上海站页面。在线路查询区域内的起点文本框中输入"上海火车站"，终点文本框中输入"虹桥机场"，单击"查询"按钮，跳转到详细地址选择页面，如图6-1所示。

图 6-1　详细地址选择

在起点列表中选择"上海火车站（地铁1号线）"，在终点列表中选择"上海虹桥机场1号航站楼"。单击"确认查询"按钮，则出现路线查询结果页面，如图6-2所示。

图 6-2　路线查询结果页面

使用浏览器可以从 Web 服务器上搜索需要的信息、浏览 Web 页、收发电子邮件、上传网页等。

6.1.2 使用搜索引擎

用户不可能知道所有网站的地址，在信息量巨大的 Internet 上快速地找到自己需要的信息是所有使用 Internet 用户的迫切需求。搜索引擎可以满足用户信息检索的需求。

1．搜索引擎的概念

搜索引擎（Search Engine）是指根据一定的策略，运用特定的计算机程序搜集互联网上的信息，在对信息进行组织和处理后存放在数据库中，用户在搜索页面中输入词语提交给搜索引擎后，运用匹配算法在数据库中进行检索，搜索引擎就会返回和用户输入的内容相关的信息列表。

2．搜索引擎的使用

搜索引擎的使用非常简单，以下以中文搜索引擎"百度"为例介绍搜索引擎的使用。

① 在 IE 浏览器地址栏中输入"百度"的网址 http://www.baidu.com，打开"百度"首页。

② 在"百度"首页中输入关键词。

③ 单击"百度一下"按钮，出现搜索结果页面。

④ 在搜索页面中，按需要单击超链接，即可打开对应的网页，得到更详细的信息。

3．常用的几种搜索引擎

随着搜索引擎技术和市场的不断发展，国内外有很多的网站提供了搜索引擎功能。表 6-1 列出了几种常用的搜索引擎。

表 6-1　常用的搜索引擎

名　称	网　址
百度	http://www.baidu.com
北大天网	http://e.pku.edu.cn
新浪爱问	http://iask.com
搜狐搜狗	http://www.sogou.com
网易有道	http://www.youdao.com
雅虎	http:// yahoo.com

6.2　网络专题数据库信息检索

Internet 中有各种专题数据库以满足不同用户的需求，本节以科研为主题介绍中国知网的信息检索方法。

6.2.1　中国知网（CNKI）简介

中国知识资源总库（原中国期刊网）是中国知识基础设施工程（China National Knowledge Infrastructure，CNKI）的成果，简称"中国知网"，网址为 http://www.cnki.net/。中国知网是综合性的大型数据库，覆盖的学科范围包括数理科学、化学化工和能源与材料、工业技术、农业、医药卫生、文史哲、经济政治与法律、教育与社会科学、电子技术与信息科学等。

在校园网订购中国知网的服务后，任何一台接入校园网的计算机通过 IP 地址和账号、密码认证后，就可通过 Web 方式使用中国知网的资源。中国知网绑定了校园网内的所有 IP 地址，个人用户在校园网以外下载中国知网的资源必须付费、注册新的用户。

中国知网包含各大文献总库，包括中国学术网络出版总库、国际学术文献数据库、中国高等教育文献总库等，每个总库都有各自的子库，为用户的检索提供了方便。各大文献出版总库都有自己独立的检索平台首页，中国知网针对各总库资源的特点提供统一检索、统一导航，同时将总库中的子数据库资源的出版和收录情况以统计报表的形式展示，为资源选购提供决策信息。

下面主要介绍"中国学术网络出版总库"的检索平台各项功能。学术总库平台首页如图 6-3 所示。

图 6-3　学术总库平台首页

为了满足广大用户的需求，中国学术网络出版总库采用了知识发现网络平台（KDN），在原有的检索平台的基础上进行了全新改版。

KDN 检索平台提供了统一的检索界面，采取了一框式的检索方式，用户只需要在文本框中直接输入自然语言（或多个检索短语）即可检索，简单方便。一框式的检索默认为检索"文献"。文献检索属于跨库检索，可以包含期刊、博士论文库、国内会议、国际会议、报纸和年鉴等。一框式检索的优点是简单易用，风格统一，如图 6-4 所示。

图 6-4　一框式的检索方式

也可以在一框式检索方式中选择其他数据库，如期刊、博硕士、会议、报纸等。

6.2.2　CNKI 的文献检索方法

基于学术文献的需求，该平台提供了高级检索、专业检索、作者发文检索、科研基金检索、句子检索及文献来源检索等面向不同需要的 6 种跨库检索方式，构成了功能先进、检索方式齐全的检索平台。

1. 高级检索

在图 6-5 所示的高级检索界面中，按照用户需求输入相关条件后即可检索出信息。若用户对结果仍不满意，可改变检索条件重新检索。

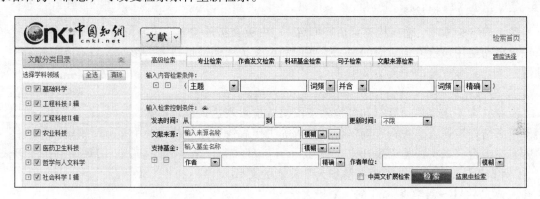

图 6-5　高级检索界面

单击"文献"按钮右侧的下拉按钮，在列表中可以选择不同的数据库，例如"期刊"等。

（1）检索范围控制条件

检索范围控制条件提供对检索范围的限定，准确控制检索的目标结果，便于用户的搜索。检索范围控制条件包括：

① 文献发表时间控制条件。

② 文献来源控制条件。

③ 文献支持基金控制条件。

④ 发文作者控制条件。

（2）文献内容特征

可基于文献内容特征的检索项进行检索，包括：全文、篇名、主题、关键词、中图分类号。填写文献内容特征并检索的步骤如下：

① 在下拉列表框中选择一种文献内容特征，在其后的检索框中输入一个关键词。

② 若一个检索项需要由两个关键词控制，如全文中包含"计算机"和"发展"。可选择"并含"、"或含"或"不含"关系，在第二个检索框中输入另一个关键词。

③ 单击检索项前的⊞，添加另一个文献内容特征检索项。

④ 添加完所有检索项后，单击"检索"按钮，即可进行检索。

注意：文献内容特征和检索控制条件之间是"与"的关系。通过⊞可以增加内容特征条目或者作者条目。

（3）扩展词推荐

在检索框中输入一个关键词后，系统会自动推荐中心词为该关键词的一组扩展词，例如，输入"数学"后弹出图 6-6 所示的列表，在其中选中一个感兴趣的词，即可以其为检索内容进行检索。

（4）精确/模糊检索

检索项后的 ![精确▼] 下拉列表框可控制该检索项关键词的匹配方式。"精确"匹配是在检索框中输入的值完全和搜索源完全一致。"模糊"匹配包含检索词的值，不考虑可显示中英文以外的符号。例如，输入检索词"电子学报"，则可能检索出"量子电子学报"这样的期刊上发表的文献。如果检索电子××学报，需要加通配符*（多个）或?（一个）。

（5）中英文扩展检索

对于内容检索项，输入检索词后，可启用"中英文扩展检索"功能，系统将自动使用该检索词对应的中文扩展词和英文扩展词进行检索，帮助用户查找更多更全的中英文文献。

图 6-6　扩展词列表

2．专业检索

专业检索使用逻辑运算符和可检索字段构造检索表达式进行检索，用于图书情报专业人员进行查询、信息分析等工作。逻辑运算符将各个检索字段组合起来构成检索表达式。

【例 6-1】要求检索钱学森在清华大学发表的文章。

检索式：AU =钱学森　and AF =清华大学

【例 6-2】要求检索钱学森在中国科技大学发表的题名或摘要中包含"物理"的文章。

检索式：AU =钱学森　and AF =中国科技大学　and (TI =物理　or AB =物理)

3．文献来源检索

文献来源检索初始界面如图 6-7 所示。

图 6-7　文献来源检索初始界面

单击 ⋯ 按钮，出现图 6-8 所示界面。文献来源检索包括检索期刊来源、博士学位授予点、硕士学位授予点、报纸来源、年鉴来源和期刊来源。

通过确定这些文献来源，可查找到其出版的所有文献，再利用分组、排序等工具，对这些文献进一步分析和调研；还可以利用统一导航功能控制检索范围检索文献来源；也可以使用检索筛选历史返回前次检索结果。按文献来源检索的步骤如下：

① 在来源分类标签中选择文献来源类型，如选择"期刊来源"。

② 输入文献来源检索条件进行检索，其中可选择的检索项有"期刊名称"、ISSN 和 CN。例如，在检索项中选择"期刊名称"，输入检索词"计算机"，单击"搜索"按钮，出现图 6-9 所示的检索结果。

③ 选择文献来源检索结果列表上方的筛选项名称，如选择"专辑名称"和"专题名称"，分别在下拉列表框中选择"信息科技类期刊"和"电子信息科学综合"，出现图 6-10 所示的筛选结果。

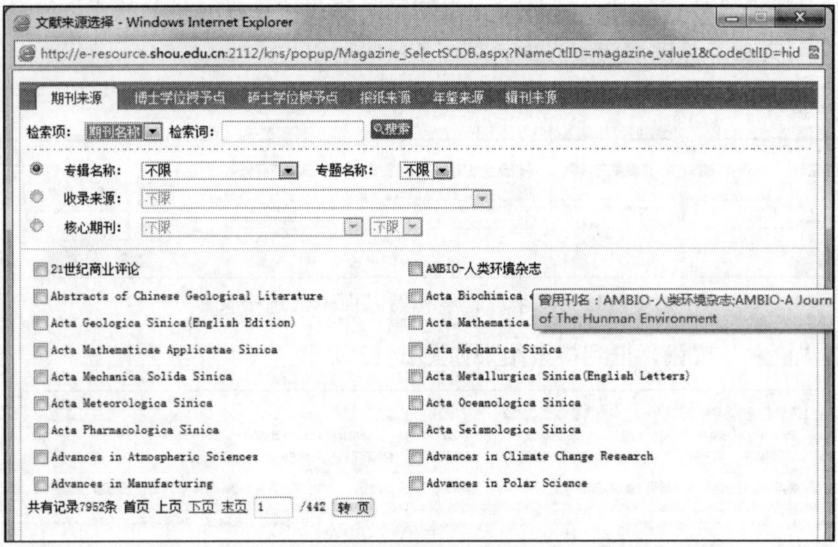

图 6-8　文献来源检索

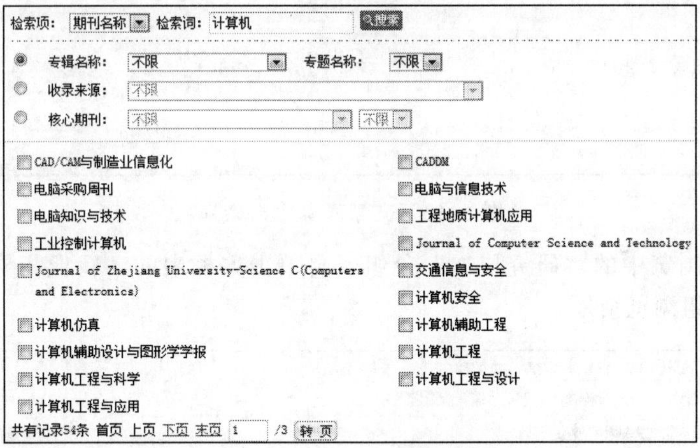

图 6-9　文献来源检索结果

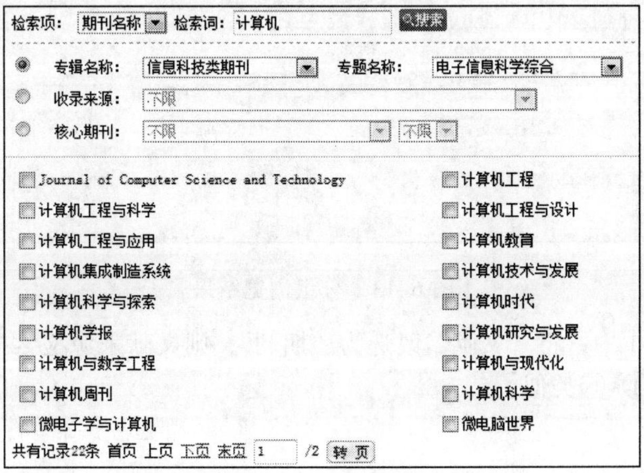

图 6-10　筛选结果

④ 选中"计算机教育"、"计算机研究与发展"和"计算机科学与探索"选项，单击"确定"按钮，回到文献来源检索初始界面，如图6-11所示。

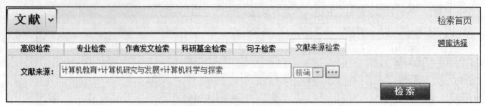

图 6-11　文献来源检索初始界面（已选中文献）

⑤ 单击"检索"按钮，得到检索结果如图6-12所示。

图 6-12　文献来源检索结果

⑥ 单击分组浏览中的"研究层次"分组，再单击方框中的"行业指导（社科）"，得到图6-13所示的分组浏览结果。

图 6-13　分组浏览结果

⑦ 如果在图6-11中，将"文献"改选为"期刊"，则文献来源检索初始界面如图6-14所示。具体操作步骤与①~⑥类似。

图 6-14　文献来源检索初始界面（期刊）

6.2.3　CNKI 中的二次检索及分组筛选

使用上述方法得到检索结果后，可能出现大量符合条件的检索条目，此时为了缩小查询的范围，可以在检索结果中继续输入检索条件，进行进一步筛选。以下介绍二次检索和分组检索方法。

1．二次检索

① 选择"期刊"页面，在输入检索条件的下拉列表框中选择"主题"选项，在随后的文本框中输入"计算机"，其他设置不变，单击"检索"按钮得到图 6-15 所示的检索结果。

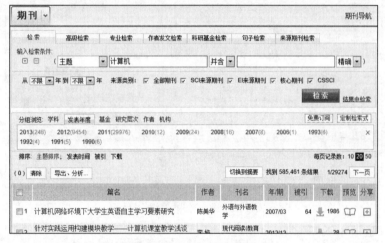

图 6-15　初次高级检索结果

② 在输入检索条件的下拉列表框中选择"关键词"选项，在随后的文本框中输入"网络"。

③ 单击检索项前的⊞，建立新的检索条件选项。在输入检索条件的下拉列表框中选择"全文"选项，在随后的文本框中输入"数据挖掘"，关系词下拉列表框中选择"并含"选项。

④ 设置时间范围为"从 2000 年到不限年"，"来源类别"选中"SCI 来源期刊"和"EI 来源期刊"复选框，单击"结果中检索"超链接，得到二次检索结果如图 6-16 所示。

2．分组筛选

如果在二次检索时检索条件不够严格，则检索结果条数依然过多。例如，在上例的来源类别中选择"全部期刊"选项，其他所有设置不变，二次检索后结果如图 6-17 所示，共有 595 条结果。

接着可以通过分组筛选进一步缩减检索结果。单击图 6-17 中的"分组浏览"选项，可以按分组显示搜索结果。例如，单击分组浏览中的"作者"选项，再选择"张现飞"，则页面仅显示结果中作者为"张现飞"的文献，如图 6-18 所示。

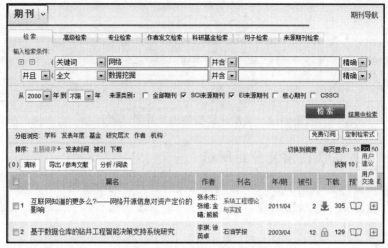

图 6-16　二次检索结果 1

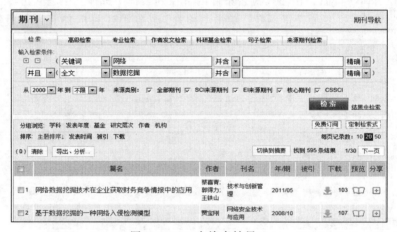

图 6-17　二次检索结果 2

图 6-18　分组筛选结果

6.2.4　CNKI 中被检索文献的下载、阅读

1．下载

文献提供了两种格式：CAJ 和 PDF 格式，两种格式的下载方法相同。用前面的检索方法检索出结果后，打开某篇文章的页面，单击"CAJ 下载"和"PDF 下载"按钮即可下载。

2. 阅读

文章下载下来后，可以使用阅读器进行阅读。CAJViewer 全文浏览器是中国知网的专用全文格式阅读器，用于 CAJ 格式的文章的免费查看、阅读和打印；PDF（Portable Document Format）文件格式是电子发行文档事实上的标准，Adobe Acrobat Reader 是一个免费查看、阅读和打印 PDF 文件的工具。这两个软件可以在中国知网首页"CNKI 常用软件下载"专区中下载。

6.3　Dreamweaver 网页设计工具

Dreamweaver 集网页制作和网站管理于一体，将"所见即所得"的网页设计方式与源代码编辑完美结合，用于对 Web 站点、Web 页和 Web 应用程序进行设计、编码和开发。使用 HTML 和 XHTML 编写网页，需要网页制作人员有一定的编程基础，可视化网页制作工具可以使网页设计变得轻松自如，即使是非专业人员也能制作出精美、漂亮的网页。

Dreamweaver 提供了众多工具支持用户的需求。利用 Dreamweaver 中的可视化编辑功能，可以快速地创建页面而无须编写任何代码。如果用户更喜欢手工直接编码，Dreamweaver 还提供了许多与编码相关的工具和功能，借助 Dreamweaver 可以使用服务器语言（例如 ASP、ASP.NET、JSP 和 PHP）生成支持动态数据库的 Web 应用程序。

6.3.1　基本概念介绍

1. 网页

网页（Web Page）实际上是一个文件，网页经由网址（URL）来识别与访问。当浏览者输入一个网址或单击某个链接时，在浏览器中显示出来的就是一个网页。

静态网页是指没有后台数据库、不含程序和不可交互的网页，直接由浏览器解释执行。静态网页的文件通常以.htm、.html、.xml 等为扩展名。静态网页的优点是便于搜索；缺点是更新起来工作量大，交互性较差，在功能方面有较大的限制。

动态网页以数据库技术为基础，当用户请求浏览时，服务器首先处理页面中的脚本程序，将处理后生成的内容传送给客户端，客户端浏览器处理文件后显示为页面。采用动态网页技术的网站可以实现更多的功能，如用户注册、用户登录、在线调查、用户管理、订单管理等。动态网页的内容是变化的，因此采用动态网页的网站在进行搜索引擎推广时需要做一定的技术处理。

2. HTML

HTML（Hypertext Markup Language）是一种 Web 网页元素的标记语言规范，称为超文本标记语言。"超文本"指页面内可以包含图像、链接、多媒体对象、程序等非文本元素。"标记"指它不是程序语言，而是由文字和标签组合而成。HTML 文件是纯文本文件，可以由任意文本编辑器编写，文件的扩展名为.html。

3. 网站

网站（Web Site）是各种各样相关网页的集合，在构成网站的众多网页中，有一个页面称为首页（Home Page），当打开某个网站时显示该网站的首页。

6.3.2 网站的规划和创建

1. 网站的规划

网站规划是指在网站建设前进行需求分析，确定网站的目的和功能，并根据需要对网站建设中的技术、内容、费用、测试、维护等做出规划。网站规划对网站建设起到计划和指导的作用，对网站的内容和维护起到定位作用。网站的成功与否与建立网站前的网站规划有着极为重要的关系。只有详细地规划，才能避免在网站建设中出现很多问题，使网站建设能顺利进行，实现网站的作用。

注意： 网站内容是网站吸引浏览者最重要的因素，无内容或不实用的信息不会吸引匆匆浏览的访客。可事先对人们关注的信息进行调查，并在网站发布后调查人们对网站内容的满意度，以及时调整网站内容。

2. Dreamweaver CS4 工作界面

打开 Dreamweaver 程序，其工作界面如图 6-19 所示，左侧是用于网页设计的主工作区域，包括菜单栏、文档工具栏、编辑区和"属性"面板，右侧是用于辅助设计的各种面板组，通过它们可以方便地完成网页文档的设计管理。

图 6-19　Dreamweaver CS4 工作界面

（1）菜单栏

网页制作中用到的所有功能都包含在菜单栏的菜单中。

（2）文档工具栏

文档工具栏中包含一些按钮，可以在文档的不同视图间快速切换，例如"代码"视图、"设计"视图、同时显示代码和设计视图的"拆分"视图。

（3）编辑区

编辑区是用于编辑和显示当前网页内容的空间，是网页设计与制作的主要工作区，系统提供了 3 种编辑模式。

①"设计"视图：显示网页编辑界面，查看网页的设计效果。

②"代码"视图：显示文档的 XHTML 源代码。

③"拆分"视图：同时显示当前文档的代码视图和设计视图，上面为 XHTML 代码，下面为可视化编辑区域。

（4）"属性"面板

"属性"面板用于查看和编辑所选对象或文本的各类属性。选择网页中的不同对象，"属性"面板会显示相应的属性；单击网页的任何空白处，显示文本对象的属性。

（5）"插入"面板

"插入"面板是在网页中创建各种元素的重要工具，在网页设计过程中至关重要。"插入"面板包含多种常用的工具类别，如常用、表单、布局等，用于在文档中创建不同类型的对象。"常用"类别可以创建和插入最常用的对象，如图像和 Flash 等。"布局"类别主要用于网页布局，可以插入表格、div 标签、框架等。"表单"类别包含用于创建表单和插入表单对象的按钮。

将"插入"面板拖至菜单栏下方，则以工具栏模式显示，如图 6-20 所示。

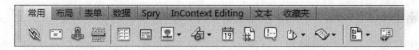

图 6-20　插入工具栏

（6）面板组

面板是提供某类功能命令的组合，利用"窗口"菜单下的对应命令可打开和关闭相应的面板。一些面板组合形成面板组，如"文件"和"资源"组合成一个面板组。

"文件"面板是面板组中的一个重要面板，类似于 Windows 中的资源管理器。通过该面板可以访问本地磁盘上的全部文件，也可以对文件夹和文件进行管理。

3．站点的创建与管理

多个相关联的网页的集合称为站点。使用 Dreamweaver 制作网页之前，要先建立本地站点，并设置本地站点的相关信息。

① 选择"站点"→"新建站点"命令，在打开的站点定义对话框中选择"高级"选项卡。在"分类"列表框中选择"本地信息"选项，在右侧的"站点名称"文本框中输入站点标识。例如输入"计算机基础课程"，将用此名称标识所建站点。如果在本地创建了多个站点，在"文件"面板中单击站点名称就能打开或切换至该站点。

② 在"本地根文件夹"文本框中通过浏览文件按钮指定所建站点对应的文件夹。如果需要的文件夹事先未建立，可在"选择站点"对话框中创建新文件夹，再选中。完成站点定义后，在"文件"面板中可看到所创建的站点。

创建本地站点之后，可以通过"站点"→"管理站点"命令对站点进行管理，包括新建、编辑、复制、删除、导出和导入等操作，如图 6-21 所示。

图 6-21　"管理站点"对话框

4．站点文件管理

建立本地站点后，"文件"面板以目录树形式呈现站点结构。如果所设计的网页文件的组织结构如图 6-22 所示，则"文件"面板中所显示的效果如图 6-23 所示。利用"文件"面板，可以对本地站点内的文件夹和文件进行创建、删除、重命名、移动和复制等操作。如果使用了 Dreamweaver 以外的软件对站点中的文件夹和文件进行了修改，则可以使用"文件"面板中的 <img> 按钮对本地站点文件列表进行刷新。

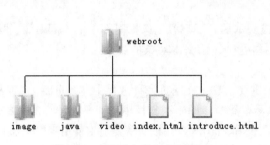

图 6-22　网页文件组织结构

图 6-23　站点结构

6.3.3　基本网页制作

网站的功能和效果以网页的形式呈现在用户面前。网页的设计直接影响用户的满意度，创建内容充实、布局合理、外观精美、交互方便的网页是非常重要的。

下面通过一个例子介绍用 Dreamweaver CS4 制作网页的方法。

网站首页 index.html 是一个包含"上方固定，下方固定"框架的网页，如图 6-24 所示。当单击热门景点图片的湖水区域时，显示图 6-25 所示的网页；单击"注册"链接时，打开图 6-26 所示的注册网页。

图 6-24　网站首页

1．网页的建立及属性设置

（1）建立本地站点、导入素材

单击"文件"面板中的下拉列表，选择"管理站点"命令，打开"管理站点"对话框，单击"新建"按钮,从下拉列表中选择"站点"选项。设置站点名称为"计算机基础课程",本地根文件夹为 D:\webroot。打开资源管理器,将素材复制到已定义好的本地站点内。

图 6-25 景点介绍页面   图 6-26 注册页面

（2）新建网页文件、保存文档

选择"文件"→"新建"命令,打开"新建文档"对话框,选择"空白页"选项,在"页面类型"选项框中选择 HTML 选项,在"布局"选项框中选择"无"选项。单击"创建"按钮,新建一个网页,将网页以文件名 tianmuhu.html 保存在本地站点中。

（3）设置页面属性

页面属性用来确定页面的整体风格,选择"修改"→"页面属性"命令,打开"页面属性"对话框,其中:

① "外观"用于设置页面的字体、文本的颜色、背景颜色和背景图片等。单击"背景图像"文本框右侧的按钮,选择背景图片,分别在"左边距"和"上边距"文本框中输入数字 0,单击"确定"按钮,将所选图像设为整个网页的背景并定位网页在左上部。

② "链接"用于设置链接文字的颜色和格式,链接文字默认为蓝色。选择"分类"列表框中的"链接"选项,分别设置"链接颜色"和"已访问链接"颜色都为蓝色,设置"变换图像链接"为红色或设置为自己喜欢的颜色,单击"下画线样式"下拉按钮,选择"仅在变换图像时显示下画线"选项。单击"确定"按钮,该项设置使超链接颜色和已访问过的超链接颜色都为蓝色,超链接文字无下画线,当鼠标经过超链接时变换颜色并显示下画线,与目前大多数网站的文字超链接一致。

③ 在"标题"类别中设置标题的字体、大小、颜色等格式。

④ 在"标题/编码"类别中输入页面的标题和编码方式,标题会显示在浏览器的标题栏中。本例中将网页标题设为"天目湖",在 Dreamweaver 窗口文档工具栏的"标题"文本框中也可设置网页标题。

（4）预览/调试网页

单击文档工具栏右侧的 按钮,在下拉列表中选择"预览在 IExplore"选项,即可在 IE 浏览器中预览网页效果。在制作网页过程中,需要经常预览并调试网页。

2．文本操作

（1）插入文本

Dreamweaver CS4 提供了多种文本插入的方法。可以直接在文档窗口中输入，也可以从其他文档中复制粘贴，对于整篇文章或表格，可以导入 Word、Excel 文档。

当输入法在半角状态时，按【Space】键只能输入一个空格，若需要输入连续的空格，可以切换到全角状态按【Space】键，或选择"编辑"→"首选参数"命令，打开"首选参数"对话框，在"常规"分类中选中"允许多个连续的空格"复选框。

Dreamweaver CS4 中直接按【Enter】键换行的行距较大，按【Shift+Enter】组合键换行的行距较小。

选择"插入"→HTML→"水平线"命令，在文档中插入一条水平线，并在"属性"面板中设置其"宽""高""对齐方式"等属性。默认情况下，水平线的宽度为整个页面的宽度。需要设置水平线颜色时，右击水平线，在弹出的快捷菜单中选择"编辑标签"命令，打开"标签编辑器"对话框，选择左侧列表框中的"浏览器特定的"选项并设置颜色。也可通过在"代码"或"拆分"视图下为<hr>标签的 color 属性设置属性值。

选择"插入"→"日期"命令，打开"插入日期"对话框，选择相应的"星期格式""日期格式""时间格式"，并选中"储存时自动更新"复选框，确保文档自动更新日期。

选择"插入"→HTML→"特殊字符"命令，可以插入"版权""商标"等符号。

（2）文本属性设置

Dreamweaver CS4 中，可以使用 HTML 标签和 CSS 两种方法设置文本格式。两者的区别在于：使用 HTML 标签仅仅对当前应用的文本有效，当改变设置时，无法实现文本格式的自动更新；通过 CSS 事先定义好文本样式，当改变 CSS 样式时，所有应用该样式的文本将自动更新。

例如，在网页 tianmuhu.html 中，将光标定位在首部的"天目湖"，在"属性"面板的 HTML 选项中设置其格式为"标题 1"，在 CSS 选项中选择 按钮设置居中对齐方式。

（3）设置列表

列表可以将网页内容分级显示，使内容更有条理性。Dreamweaver CS4 中的列表主要分为项目列表，编号列表和定义列表 3 种。例如，在网页 tianmuhu.html 中，选中 4 种美食，单击"属性"面板的 按钮，将内容以列表形式显示。选中列表项后右击，在弹出的快捷菜单中选择"列表"→"属性"命令，打开 "列表属性"对话框，可以设置列表的编号形式。

3．CSS

CSS（Cascading Style Sheet）即层叠样式表，是用于控制网页样式并允许将样式与网页内容分离的一种标记性语言。使用 CSS 能更精确地定义字体的大小，还可以确保字体在多个浏览器中的一致性。Dreamweaver CS4 中，默认使用 CSS 指定页面属性。

（1）CSS 规则

CSS 规则由选择器和若干条声明两部分组成。选择器是样式的名称，可以是类、标签、ID 或复合，每条声明由属性和属性值组成。如图 6-27 所示，HTML 标签 body 是选择器，介于{}之间的内容是声明，其中 background-image 是属性，url(images/bg.gif)是属性值，表示将 images 文件夹下的 bg.gif 图片设置为页面背景。

选择器中，类可应用于任何 HTML 元素，名称必须以句点"."开头；ID 用于包含特定 ID 属性的 HTML 元素，名称必须以棋盘号"#"开头；标签用于重新定义特定 HTML 标签的格式。

```
8   body {
9       background-image: url(images/bg.gif);
10      margin-left: 0px;
11      margin-top: 0px;
12      text-align: center;
13  }
```

图 6-27 CSS 规则

（2）创建 CSS

单击"属性"面板的 ᴮᴮ css 按钮，在"目标规则"下拉列表框中选择"<新 CSS 规则>"选项，单击 编辑规则 按钮，或单击"CSS 样式"面板右下的 🖆 按钮，打开图 6-28 所示的"新建 CSS 规则"对话框。

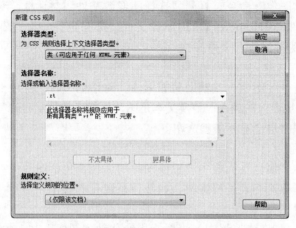

图 6-28 "新建 CSS 规则"对话框

例如，在"选择器类型"下拉列表框中选择"类（可应用于任何 HTML 元素）"，在"选择器名称"文本框中输入.zt，单击"确定"按钮，打开图 6-29 所示的".zt 的 CSS 规则定义"对话框，设置字体、大小、颜色等属性后单击"确定"按钮。从图 6-29 中可以看出，CSS 分类有8 种，分别为类型、背景、区块、方框、边框、列表、定位和扩展。

图 6-29 ".zt 的 CSS 规则定义"对话框

CSS 规则建好后，可以在"CSS 样式"面板中查看、添加、删除和编辑属性。

（3）应用 CSS

CSS 规则定义好后，可以将其应用到网页中的元素。例如，选中网页 tianmuhu.html 中的"美景"，单击"属性"面板的 `<>HTML` 按钮，在"类"下拉列表框中选择 zt。用同样的方式设置"美食"的格式。

4．图像操作

人对图像有着强烈的视觉感受，在网页中恰当地运用图像可以获得访问者的好感，体现出网站的主题和风格，提高站点的访问率。网页中使用的图像文件格式主要有 GIF、JPEG 和 PNG 格式，Dreamweaver CS4 对这 3 种格式的图像都支持。

（1）插入图像

选择"插入"→"图像"命令，打开"选择图像源文件"对话框。对话框列出了当前站点的目录，在 images 文件夹中选择要插入的图像文件。如果选择的文件不在站点文件夹内，则会询问是否将该文件复制到站点文件夹内，单击"是"按钮，以便网页上传到服务器后能正常显示。

选择图像文件后打开"图像标签辅助功能属性"对话框，在该对话框中设置替换文本，单击"确定"按钮即可完成图像的插入。替换文本是图片不能正常显示时的替代文字，在某些浏览器中，鼠标滑过该图像时也会显示替换文本。

（2）设置图像属性

单击图片，可以在"属性"面板中设置该图片的属性，包括图片大小、替换文本、边框宽度、对齐方式等，还可以对图片进行编辑，如裁剪、锐化等操作。

（3）插入鼠标经过图像

"鼠标经过图像"是指在浏览器中，当鼠标指针移动到图像上时，图像变成另外一副图像，鼠标移开后又恢复到第一幅图像。在制作鼠标经过图像时，两幅图像的大小应该一致。如果不一致，则自动调整第二幅图像的大小来匹配第一幅图像。

选择"插入"→"图像对象"→"鼠标经过图像"命令，打开"鼠标经过图像"对话框，选择原始图像、鼠标经过图像，并设置替换文本、链接地址或文件，单击"确定"按钮即可完成鼠标经过图像的插入。

5．应用多媒体

在网页中应用多媒体技术，如音频、视频、Flash 动画等内容，可以增强网页的表现效果，使网页更生动，激发访问者兴趣。

（1）插入音频

在网页中插入音频时，考虑到下载速度、声音效果等因素，一般采用 RM 或 MP3 格式的音频。

选择"插入"→"媒体"→"插件"命令，在"选择文件"对话框中选择声音文件后单击"确定"按钮，在文档窗口中显示 图标。可以在插件的"属性"面板中设置图标大小。若要设置循环、隐藏等属性，可以在"标签检查器"面板中进行设置。

（2）插入 Flash

Flash 是网上流行的矢量动画技术，Flash 动画是网页中最常见的动态元素。

选择"插入"→"媒体"→SWF 命令，在"选择文件"对话框中选择 Flash 文件后单击"确定"按钮，在文档窗口中显示 图标。通过 SWF 的"属性"面板，可以设置自动循环播放、背景透明等属性。

（3）插入视频

常见的视频格式有 WMV、AVI、MPG、RMVB 等，文件插入方式类似音频文件的插入。当浏览器具有所选视频文件的插件时即可播放该视频，并在网页中显示播放器的外观。

Flash 视频是一种新的流媒体视频格式，其文件扩展名为.flv，是应用最为广泛的视频传播格式之一。选择"插入"→"媒体"→FLV 命令，打开 "插入 FLV"对话框，选择文件并设置宽度、高度、自动播放等属性后单击"确定"按钮。

6.3.4　网页中的超链接

超链接是指从一个网页指向一个目标的连接关系，这个目标可以是另一个网页，也可以是相同网页上的不同位置，还可以是一张图片，一个电子邮件地址，一个文件，甚至是一个应用程序。利用超链接可以有效地组织网页，方便用户浏览相关信息。

根据链接方式的不同，超链接可分为绝对路径链接和相对路径链接两种。绝对路径指明目标所在具体位置的完整 URL 地址，相对路径指明目标与源之间的相对位置关系。

根据链接对象的不同，超链接可分为超文本链接、空链接、锚记链接、图像链接、热区链接、电子邮件链接等。

1．超文本链接

选中作为链接源的文本，选择"插入"→"超链接"命令，打开 "超链接"对话框，选择链接文件、目标位置后单击"确定"按钮。

超链接的目标对象除了网页文件外，还可以是图片文件、Flash 动画、Office 文档等。目标窗口位置有_blank、_parent、_self、_top 等，其中_blank 表示新窗口，_parent 表示父窗口，_self 表示链接源所在的窗口，_top 表示整页窗口。

利用"属性"面板建立超链接时，可以单击"指向文件"按钮 🔘 不放，拖动鼠标指向右侧"文件"面板中的对应文件。在"链接"文本框中输入"#"时，表示建立一个空链接，文本显示超链接效果，但不进行实际链接。

2．锚记链接

锚记链接是指链接到同一网页或不同网页中指定位置的超链接，锚记实质上就是文件中命名的位置或文本范围。当网页内容较多时，在页面添加锚记，只要单击锚记就可以快速转到页面中指定的位置。

创建锚记的过程分为两步：

① 定义锚记，将光标定位在要插入锚记的位置，选择"插入"→"命名锚记"命令，输入锚记的名称，例如 title，在插入点将显示锚记标记 ⚓。

② 建立锚记链接，选中作为链接源的文本，在"属性"面板的"链接"文本框中输入#title 即可。

3．图像和图像热区链接

建立图像链接类似于建立超文本链接，选中图像后再进行超链接设置。此外，还可以在一张图像上创建多个链接区域，这些区域称为热区，可以是矩形、圆形或者多边形。当单击图像上的热区时，就会跳转到热区所链接的页面上。

例如，在框架 main.html（其创建及布局方法详见 6.3.5 节）中，选定图片后在图像"属性"面板中选择多边形热点工具 🔽，并在图片上绘制热点区域，如图 6-30 所示，在热点"属性"面板中设置其链接文件为本地站点中的 tianmuhu.html，目标为_blank，如图 6-31 所示。

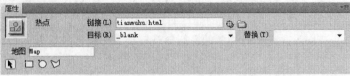

图 6-30 图像热点区域	图 6-31 热点"属性"面板

4. 电子邮件链接

电子邮件链接是一种特殊的链接，在网页中单击这种链接，不是跳转到其他网页，而是自动启动机器上的 Outlook Express 或其他 E-mail 程序，书写电子邮件后可以发送到指定地址。

例如，在框架 bottom.html（其创建及布局方法详见 6.3.5 节）中，选择"意见反馈"选项，在"属性"面板的"链接"文本框中按格式"mailto:邮件地址"输入信息，即可实现电子邮件链接。

5. 外部链接

Dreamweaver 中，除了可以创建与本地文档的链接，还可以创建与外部网页的链接。例如，在框架 main.html 中，选择百度的 logo 图片，在"属性"面板的"链接"文本框中输入 http://www.baidu.com，目标为_blank。在浏览器中预览时，单击该图片就会在新窗口中打开百度网站的主页。

6.3.5 网页布局

页面布局是指对网页中的各个元素进行合理安排，使其具有和谐的比例和艺术效果。Dreamweaver 中常用表格和框架进行网页布局。

1. 表格

表格在网页中使用非常普遍，使用表格进行布局，规划网页中的各种元素，使大量的信息整齐的展示在网页中，会得到比较好的效果。

（1）表格的组成

选择"插入"→"表格"命令，打开 "表格"对话框，设置行数、列数、表格宽度等属性后，单击"确定"按钮，即可在网页中插入表格。

表格的组成元素主要有行、列、单元格、边框等。图 6-32 所示为一个 3 行 3 列的表格，边框粗细是 1。表格中的每一格就是单元格，水平方向的一系列单元格组合在一起构成行，垂直方向的一系列单元格组合在一起构成列，边框是分隔单元格的线框。

在表格中可以插入文本、图像、多媒体等网页元素，还可以在表格中插入新的表格形成嵌套表格，嵌套表格是网页布局常用的方法之一。图 6-33 所示分别在表格的第 2 行、第 3 行，插入一个 1 行 2 列的嵌套表格，调整第 2 行嵌套表格的单元格宽度不会影响第 3 行的嵌套表格。

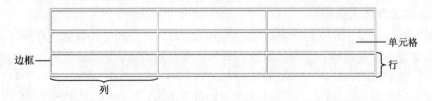

图 6-32 3 行×3 列表格

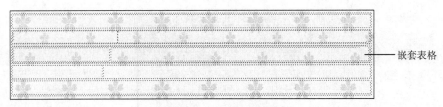

图 6-33　嵌套表格

（2）表格属性设置

利用"属性"面板可以对表格属性进行设置，美化表格，从而实现网页布局所需要的效果。属性设置包括两部分：一是整个表格的属性设置，如表格的宽度、边框、对齐方式、填充、背景等；二是单元格的属性设置，如单元格的大小、对齐方式、背景等。设置表格宽度时若以像素为单位，则表格的宽度为绝对值；若以百分比为单位，则表格显示的宽度是浏览器宽度的百分比。

（3）表格基本操作

对表格进行编辑之前，需选择要编辑的区域，可以选择整个表格、一行、一列、连续或不连续的多个单元格。光标移向表格的左上角或表格的顶边缘或底边缘时，可以选择整个表格。光标移向行的左边缘或列的上边缘可以选择单个行或列，拖动鼠标可以选择多个行或列。光标移向单元格并按【Ctrl】键，可以选择单元格，配合【Ctrl】或【Shift】键可以选择多个单元格。

表格建好后，可以通过"修改"→"表格"命令或表格快捷菜单，对表格进行编辑，包括插入行/列、删除行/列、合并/拆分单元格、修改行宽/列宽等。

2. 框架

框架就是将浏览器窗口划分为若干区域，每个区域中显示具有独立内容的网页。同一个站点中往往有不少网页具有相同的导航栏、标题栏等。如果在制作每一张网页时都要制作相同的导航栏，将增加大量的工作，框架很好地解决了这个问题。

框架集定义了整体的框架布局，记录了框架网页中所包含的框架数量及拆分方式等信息，但其本身并不提供实际的网页内容，网页的具体内容由单独的网页决定。

本章使用的站点例子中，首页 index.html 是一个"上方固定，下方固定"的框架网页，其创建和保存过程如下：

① 选择"文件"→"新建"命令，打开"新建文档"对话框，选择"示例中的页"选项，在"示例文件夹"选项框中选择"框架页"选项，在"示例页"选项框中选择"上方固定，下方固定"选项，单击"创建"按钮，打开"框架标签辅助功能属性"对话框，分别设置每一框架的标题后单击"确定"按钮，建成一个未命名的框架网页。

② 选择"文件"→"保存全部"命令，保存框架集为 index.html；将光标定位在上方框架，选择"文件"→"保存框架"命令，保存为 top.html；保存中部框架为 main.html，保存下方框架为 bottom.html。

注意：有三个框架的框架网页，需要保存三个框架和一个框架集。

选择"窗口"→"框架"命令，打开图 6-34 所示的"框架"面板，在该面板中可以灵活地选取某个框架或框架集。此外，还可以通过选择"查看"→"可视化助理"→"框架边框"命令显示边框，方便框架网页的设计。

图 6-34 "框架"面板

通过"框架"面板选择不同的框架后，可以在"属性"面板中设置属性，如边框宽度、边框颜色等，如图 6-35 所示。

图 6-35 框架集"属性"面板

6.3.6 表单网页制作

表单是浏览网页的用户与网站管理者进行交互的主要窗口，Web 管理者和用户之间可以通过表单进行信息交流。常见的表单有搜索表单、用户登录注册表单、调查表单、留言簿表单等。访问者可以使用诸如文本框、列表框、复选框、单选按钮之类的表单对象输入信息，然后单击某个按钮提交这些信息。

1. 表单

在网页中插入表单对象前，必须先创建一个表单。选择"插入"→"表单"→"表单"命令，在文档窗口中，表单以红色的虚线框显示。同一表单的各种表单对象都应该集中在该表单中。

选中表单后，在"属性"面板中可以设置表单属性。其中，表单 ID 用来设置表单的名称，可用于处理程序的调用；动作用来指定处理表单的程序；目标用来设置表单数据被处理后，反馈网页的打开方式；方法用来设置表单数据发送到服务器的方法，有 POST 和 GET 两种，其中，POST 方法是在信息正文中发送表单数据，通常用于发送长字符的表单内容，GET 方法是将值附加到请求页面的 URL 中，通常用于发送较短字符的表单内容。

2. 表单对象

创建表单后，可以在其中插入各种表单对象。

（1）文本域

文本域可以接收任何类型的字母、数字文本内容，是表单中常用的对象之一。文本域主要包括单行文本字段、密码文本字段、多行文本区域 3 种，浏览网页时，密码文本字段的输入文本被替换为星号或项目符号。

选择"插入"→"表单"→"文本域"命令，弹出"输入标签辅助功能属性"对话框，在对话框中设置文本域的 ID、标签、标签样式、标签位置等属性后单击"确定"按钮，将文本域插入到文档中，在文本域的"属性"面板中可以设置字符宽度、类型、初始值等属性。

（2）复选框

复选框是在一组选项中，允许用户选中多个选项。选择"插入"→"表单"→"复选框"命令，在"输入标签辅助功能属性"对话框中设置标签属性，如设置标签为"旅游"，其位置"在表单项后"，单击"确定"按钮后将复选框插入到文档中。

（3）单选按钮

单选按钮是在一组选项中，只允许选择一个选项。选择"插入"→"表单"→"单选按钮"命令，在"输入标签辅助功能属性"对话框中设置标签属性，如设置标签为"男"，其位置"在表单项后"，单击"确定"按钮后将单选按钮插入到文档中。

注意：当只能选择一组单选按钮中的一项时，必须为它们设置相同的名称。

（4）列表/菜单

列表/菜单可以显示多个选项，用户通过滚动条在多个选项中选择。选择"插入"→"表单"→"列表/菜单"命令，在"输入标签辅助功能属性"对话框中设置标签属性，单击"确定"按钮后将列表/菜单插入到文档中。通过"列表/菜单"的"属性"面板可以设置类型、初始化时选定内容、列表值等属性，如单击"列表值"按钮，打开图 6-36 所示的"列表值"对话框，在该对话框中可以添加、删除、编辑列表项。

（5）文件域

文件域能将一个文件附加到正被提交的表单中，例如表单中上传照片、邮件中添加附件就是使用了文件域。选择"插入"→"表单"→"文件域"命令，在"输入标签辅助功能属性"对话框中设置标签属性，单击"确定"按钮后将文件域插入到文档中，如图 6-37 所示。

（6）按钮

按钮用来控制表单的操作。在 Dreamweaver 中，按钮可分为提交按钮、重置按钮和普通按钮 3 类，其中，提交按钮是把表单的内容发送到服务器端的指定应用程序；重置按钮使全部表单对象的值还原为初始值；普通按钮没有内在行为，但可以用 JavaScript 等脚本语言为其指定动作。

选择"插入"→"表单"→"按钮"命令，在"输入标签辅助功能属性"对话框中设置标签属性，单击"确定"按钮后将按钮插入到文档中，通过按钮的"属性"面板可以设置按钮显示文本、按钮类型等属性。

图 6-36　"列表值"对话框

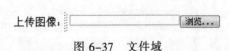

图 6-37　文件域

注意："提交"或"重置"按钮只对同一表单内的表单对象起作用。表单的提交需要服务器的支持，编写数据接收的程序代码。

6.3.7　网站的发布和维护

网页制作完成后，需要将所有的网页文件、文件夹以及其中的所有内容上传到 Web 服务器上，以便让更多人浏览。这个过程就是网站的上传，即网页的发布。

1．网站发布

Web 服务器是 Internet 上处理 HTTP 请求的系统。目前常见的 Web 服务软件有微软的 IIS、Apache、Tomcat 等，如表 6-2 所示。网站发布是将设计好的站点内所有文件复制到 Web 服务器相应的目录中，通过 IE 浏览器浏览网站的内容。

表 6-2　常见的 Web 服务软件

服　务　软　件	说　　　明
IIS	一种 Web 服务组件，包括 Web 服务器、FTP 服务器、NNTP 服务器和 SMTP 服务器，分别用于网页浏览、文件传输、新闻服务和邮件发送等方面
Apache	源代码开放，支持跨平台的应用（可以运行在 UNIX、Windows、Linux 系统平台上），具有可移植性
Tomcat	基于 Java 的 Web 服务软件，还是一个 Servlet 和 JSP 容器

网站发布以后，多数用户并不知道网站的存在。为了提高网站的知名度和访问量，将网站的信息提交到搜索引擎的数据库中，用户在搜索引擎主页面输入关键字后，网站如果包含和关键字相关的信息，即会显示在搜索结果的页面中。常用搜索引擎免费登录入口如表 6-3 所示。

表 6-3　常用搜索引擎免费登录入口

搜索引擎名称	免费登录入口
百度	http://www.baidu.com/search/url_submit.htm
Bing	http://www.bing.com/toolbox/submit-site-url

例如，打开百度 http://www.baidu.com/search/url_submit.htm，出现如图 6-38 所示页面，在文本框中输入网站主页的地址，即可将网站的信息提交给"百度"搜索引擎的数据库。

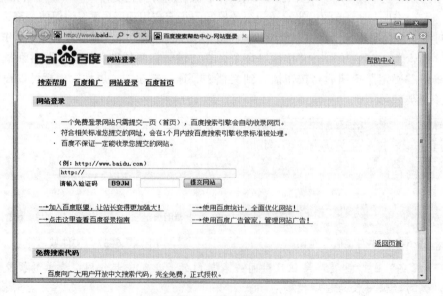

图 6-38　网站的提交

2．网站维护

网站建立好之后，要及时地根据需要对网站进行更新和维护，保证网站的综合性能。表 6-4 列出了网站维护基本内容。

表 6-4　网站维护基本内容

系统维护	Web 服务器、邮件服务器、系统程序及安全性维护
数据维护	数据库后台数据录入（图片+文字）
	数据库后台维护管理
	数据导入导出
网页维护	网页（文字图片）内容更新，不改变网页模板
	改变网站结构，页面模板的更新
	首页或动态页面的修改和更新
	链接检查、内容审核
其他	国际域名续费
	转移注册商、转会
	虚拟主机空间
	网站邮箱

小　结

　　本章主要介绍了使用浏览器和搜索引擎的方式获取信息、在网络专题数据库中检索信息的各种方法，并结合实例介绍了使用 Dreamweaver 创建网站、设计网页的方法，阐明了如何进行网站的发布与维护。学生应该掌握以上内容，快速、灵活地在 Internet 中获取和发布信息，遨游于信息的海洋中。

习　题

1. 浏览器的常用功能有哪些？
2. 简述搜索引擎的工作原理。
3. CNKI 有哪些常用的搜索方法？
4. 什么是二次检索？使用该方法查找自己所需要的资料。
5. 简述网页的分类及其主要区别。
6. Dreamweaver 的工作界面由哪些重要的部分组成？
7. 什么是站点？如何建立站点？
8. 什么是网页布局？网页布局的方法有哪些？
9. 页面元素有哪些？如何在页面中插入这些元素。
10. 什么是超链接？超链接的种类有哪些？
11. 表单对象有哪些？其作用分别是什么？
12. 使用 Dreamweaver 创建一个包含有文本、图像、表格、表单和表单对象、超链接的个人网站。

第**7**章 数据分析

本章引言

在移动互联网的时代背景下，人们往往不是缺乏数据，而是无法在海量数据中发现为我所用的数据，这是当前迫切需要解决的问题。数据分析正是试图解决此类问题的一种有效方法和手段。本章主要介绍数据分析相关概念、基本方法和步骤，并基于 SPSS 软件介绍数据分析的基本操作。

内容结构图

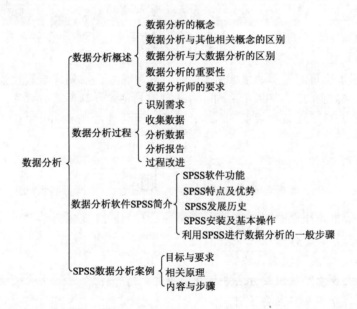

学习目标

① 了解：数据分析概念已经与相关概念的区别、数据分析重要性、数据分析师的要求。

② 理解：数据分析过程以及利用 SPSS 进行数据分析步骤。

③ 应用：学会用 SPSS 进行简单数据分析的操作。

7.1 数据分析概述

7.1.1 数据分析的概念

数据分析是指用适当的统计分析方法对收集的大量数据进行分析，提取有用信息和形成结论而对数据加以详细研究和概括总结的过程。这一过程也是质量管理体系的支持过程。在实用中，数据分析可帮助人们作出判断，以便采取适当行动。

7.1.2　数据分析与其他相关概念的区别

数据分析不同于信息化系统：信息化是以现代通信、网络、数据库技术为基础，将所研究对象的各要素汇总至数据库，供特定人群生活、工作、学习、辅助决策等和人类息息相关的各种行为相结合的一种技术。

数据分析不同于统计分析：统计分析是运用统计方法及与分析对象有关的知识，从定量与定性的结合上进行的研究活动。

数据分析不同于数据挖掘：数据挖掘是指从大量不完全的、有噪声的、模糊的、随机的数据中，提取隐含在其中有用的信息和知识的过程，其表现形式为概念、规则、模式等形式。

7.1.3　数据分析与大数据分析的区别

大数据分析与数据分析这几年一直都是个高频词，很多人都开始纷纷转行到这个领域，也有不少人开始跃跃欲试，想找准时机进到大数据或数据分析领域。如今大数据分析和数据分析火爆，要说时机，可谓处处都是时机，关键要明了的一点是，大数据分析和数据分析两者的根本区别在哪里，只有真正了解了，才会知晓更加适合自己的领域是大数据分析师还是数据分析师。

数据分析是指用适当的统计分析方法对收集来的大量数据进行分析，提取有用信息和形成结论而对数据加以详细研究和概括总结的过程。大数据分析是指无法在可承受的时间范围内用常规软件工具进行捕捉、管理和处理的数据集合，是需要新处理模式才能具有更强的决策力、洞察发现力和流程优化能力的海量、高增长率和多样化的信息资产。数据分析师与大数据分析的要求也不同。

7.1.4　数据分析的重要性

常言道：数据是最有说服力的。随着大数据概念的普及，越来越多的人意识到数据分析的重要性。

下面看看沃尔玛经典营销案例：啤酒与尿布。"啤酒与尿布"的故事产生于 20 世纪 90 年代的美国沃尔玛超市中，沃尔玛的超市管理人员分析销售数据时发现了一个令人难于理解的现象：在某些特定的情况下，"啤酒"与"尿布"两件看上去毫无关系的商品会经常出现在同一个购物篮中，这种独特的销售现象引起了管理人员的注意，经过后续调查发现，这种现象出现在年轻的父亲身上。

在美国有婴儿的家庭中，一般是母亲在家中照看婴儿，年轻的父亲前去超市购买尿布。父亲在购买尿布的同时，往往会顺便为自己购买啤酒，这样就会出现啤酒与尿布这两件看上去不相干的商品经常会出现在同一个购物篮的现象。如果这个年轻的父亲在卖场只能买到两件商品之一，则他很有可能会放弃购物而到另一家商店，直到可以一次同时买到啤酒与尿布为止。沃尔玛发现了这一独特的现象，开始在卖场尝试将啤酒与尿布摆放在相同的区域，让年轻的父亲可以同时找到这两件商品，并很快地完成购物；而沃尔玛超市也可以让这些客户一次购买两件商品而不是一件，从而获得了很好的商品销售收入。这就是"啤酒与尿布"故事的由来。

当然"啤酒与尿布"的故事必须具有技术方面的支持。1993 年美国学者 Agrawal 提出通过分析购物篮中的商品集合，从而找出商品之间关联关系的关联算法，并根据商品之间的关系，找出客户的购买行为。艾格拉沃从数学及计算机算法角度提出了商品关联关系的计算方法——

Aprior 算法。沃尔玛从 20 世纪 90 年代尝试将 Aprior 算法引入 POS 机数据分析中，并获得了成功，于是产生了"啤酒与尿布"的故事。

7.1.5　数据分析师的要求

数据分析师是一个随着大数据兴起而崛起的新兴工作岗位，是专门从事行业数据收集、整理、分析，并依据数据制作业务报告、提供决策、管理数据资产、评估和预测的专业人员。数据分析师一般需要理论要求、工具要求、分析方法要求、业务分析能力与结果展现能力等 5 个方面能力要求。

① 数据分析师的理论要求：统计学、概率论和数理统计、多元统计分析、时间序列、数据挖掘。

② 工具要求：必要的主要有 Excel、SQL 可选的有 SPSS MODELER、R、Python、SAS 等。

③ 分析方法要求：除掌握基本数据处理及分析方法以外，还应掌握高级数据分析及数据挖掘方法（多元线性回归法、贝叶斯、神经网络、决策树、聚类分析法、关联规则、时间序列、支持向量机、集成学习等）和可视化技术。

④ 业务分析能力：可以将业务目标转化为数据分析目标；熟悉常用算法和数据结构，熟悉企业数据库构架建设；针对不同分析主体，可以熟练地进行维度分析，能够从海量数据中搜集并提取信息；通过相关数据分析方法，结合一个或多个数据分析软件完成对海量数据的处理和分析。

⑤ 结果展现能力：报告体现数据挖掘的整体流程，层层阐述信息的收集、模型的构建、结果的验证和解读，对行业进行评估、优化和决策。

7.2　数据分析过程

数据分析过程的主要活动由识别需求、收集数据、分析数据、分析报告与过程改进等 5 个步骤。

7.2.1　识别需求

识别需求是确保数据分析过程有效性的首要条件，可谓数据分析提供清晰的目标。识别需求是管理者的职责，管理者应根据决策和过程控制的需求，提出对数据分析的需求。识别需求要对数据敏感，熟悉行业业务流程，理解数据，解决分析什么问题。就过程控制而言，管理者应识别需求要利用那些信息支持评审过程输入、过程输出、资源配置的合理性、过程活动的优化方案和过程异常变异的发现。

7.2.2　收集数据

有目的地收集数据，是确保数据分析过程有效的基础。需要对收集数据的内容、渠道、方法进行策划，策划时应考虑：

① 将识别的需求转化为具体的要求，如评价供方时，需要收集的数据可能包括其过程能力、测量系统不确定度等相关数据。

② 明确由谁在何时何处，通过何种渠道和方法收集数据。

③ 记录表应便于使用。

④ 采取有效措施，防止数据丢失和虚假数据对系统的干扰。

7.2.3 分析数据

分析数据是将收集的数据通过加工、整理和分析，使其转化为信息，常用方法可分为两大类，老 7 种工具与新 7 种工具：

老 7 种工具，即排列图、因果图、分层法、调查表、散步图、直方图、控制图。

新 7 种工具，即关联图、系统图、矩阵图、KJ 法、计划评审技术、PDPC 法、矩阵数据图。

7.2.4 分析报告

数据分析报告是根据数据分析原理和方法，运用数据来反映、研究和分析某项事物的现状、问题、原因、本质和规律，并得出解决问题办法的一种分析应用文体。好的数据分报告是个人和组织决策的重要依据。数据分析报告可以展示分析果、验证分析质量以及提供决策依据。数据分析报告是整个数据分析的总结，具有独立性、定量性、逻辑性以及战略规划性特点。

7.2.5 过程改进

数据分析是一个螺旋上升、不断优化的过程，在每一场分析后需要对过程进行改进。组织的管理者应在适当时通过对以下问题的分析评估其有效性：

① 提供决策的信息是否充分、可信，是否存在因信息不足、失准、滞后而导致决策失误的问题。

② 信息对持续改进质量管理体系、过程、产品所发挥的作用是否与期望值一致，是否在产品实现过程中有效运用数据分析。

③ 收集数据的目的是否明确，收集的数据是否真实和充分，信息渠道是否畅通。

④ 数据分析方法是否合理，是否将风险控制在可接受的范围。

⑤ 数据分析所需资源是否得到保障。

7.3 数据分析软件 SPSS 简介

SPSS（Statistical Product and Service Solutions），"统计产品与服务解决方案"软件。最初软件全称为"社会科学统计软件包"（Solutions Statistical Package for the Social Sciences），但是随着 SPSS 产品服务领域的扩大和服务深度的增加，SPSS 公司已于 2000 年正式将全称更改为"统计产品与服务解决方案"，这标志着 SPSS 的战略方向正在做出重大调整。SPSS 为 IBM 公司推出的一系列用于统计学分析运算、数据挖掘、预测分析和决策支持任务的软件产品及相关服务的总称，有 Windows 和 Mac OS X 等版本。

1984 年 SPSS 总部首先推出了世界上第一个统计分析软件微机版本 SPSS/PC+，开创了 SPSS 微机系列产品的开发方向，极大地扩充了它的应用范围，并使其能很快地应用于自然科学、技术科学、社会科学的各个领域。世界上许多有影响的报刊杂志对 SPSS 的自动统计绘图、数据的深入分析、使用方便、功能齐全等方面给予了高度的评价。

7.3.1 SPSS 软件功能

SPSS 是世界上最早采用图形菜单驱动界面的统计软件，它最突出的特点就是操作界面极为友好，输出结果美观漂亮。它将几乎所有的功能都以统一、规范的界面展现出来，使用 Windows 的窗口方式展示各种管理和分析数据方法的功能，对话框展示出各种功能选择项。用户只要掌握一定的 Windows 操作技能，精通统计分析原理，就可以使用该软件为特定的科研工作服务。SPSS 采用类似 Excel 表格的方式输入与管理数据，数据接口较为通用，能方便地从其他数据库中读入数据。其统计过程包括了常用的、较为成熟的统计过程，完全可以满足非统计专业人士的工作需要。输出结果十分美观，存储时则是专用的 SPO 格式，可以转存为 HTML 格式和文本格式。对于熟悉老版本编程运行方式的用户，SPSS 还特别设计了语法生成窗口，用户只需在菜单中选好各个选项，然后单击"粘贴"按钮就可以自动生成标准的 SPSS 程序，极大地方便了中、高级用户。

SPSS for Windows 是一个组合式软件包，它集数据录入、整理、分析功能于一身。用户可以根据实际需要和计算机的功能选择模块，以降低对系统硬盘容量的要求，有利于该软件的推广应用。SPSS 的基本功能包括数据管理、统计分析、图表分析、输出管理等。SPSS 统计分析过程包括描述性统计、均值比较、一般线性模型、相关分析、回归分析、对数线性模型、聚类分析、数据简化、生存分析、时间序列分析、多重响应等几大类，每类中又分若干个统计过程，比如回归分析中又分线性回归分析、曲线估计、Logistic 回归、Probit 回归、加权估计、两阶段最小二乘法、非线性回归等多个统计过程，而且每个过程中允许用户选择不同的方法及参数。SPSS 也有专门的绘图系统，可以根据数据绘制各种图形。

SPSS for Windows 的分析结果清晰、直观、易学易用，而且可以直接读取 Excel 及 DBF 数据文件，现已推广到各种操作系统的计算机上，它和 SAS、BMDP 并称为国际上最有影响的三大统计软件。在国际学术界有条不成文的规定，即在国际学术交流中，凡是用 SPSS 软件完成的计算和统计分析，可以不必说明算法，由此可见其影响之大和信誉之高。

7.3.2　SPSS 特点及优势

（1）操作简便

界面非常友好，除了数据录入及部分命令程序等少数输入工作需要键盘键入外，大多数操作可通过鼠标拖动，单击"菜单"、"按钮"和"对话框"来完成。

（2）编程方便

具有第四代语言的特点，告诉系统要做什么，无须告诉怎样做。只要了解统计分析的原理，无须通晓统计方法的各种算法，即可得到需要的统计分析结果。对于常见的统计方法，SPSS 的命令语句、子命令及选择项的选择绝大部分由"对话框"完成。因此，用户无须花大量时间记忆大量的命令、过程、选择项。

（3）功能强大

具有完整的数据输入、编辑、统计分析、报表、图形制作等功能，自带 11 种类型 136 个函数。SPSS 提供了从简单的统计描述到复杂的多因素统计分析方法，比如数据的探索性分析、统计描述、列联表分析、二维相关、秩相关、偏相关、方差分析、非参数检验、多元回归、生存分析、协方差分析、判别分析、因子分析、聚类分析、非线性回归、Logistic 回归等。

（4）数据接口

能够读取及输出多种格式的文件。比如由 dBASE、FoxBASE、FoxPro 产生的*.dbf 文件，文本编辑器软件生成的 ASCII 数据文件，Excel 的*.xlsx 文件等均可转换成可供分析的 SPSS 数据文件。能够把 SPSS 的图形转换为 7 种图形文件。结果可保存为*.txt 及 HTML 格式的文件。

（5）模块组合

SPSS for Windows 软件分为若干功能模块。用户可以根据自己的分析需要和计算机的实际配置情况灵活选择。

（6）适用性强

SPSS 对于初学者、熟练者及精通者都比较适用。很多群体只需要掌握简单的操作分析即可使用，他们大多青睐于 SPSS。而那些熟练或精通者也较喜欢 SPSS，因为他们可以通过编程来实现更强大的功能。

7.3.3　SPSS 发展历史

1968 年，斯坦福大学三位学生创建了 SPSS。

1968 年，诞生第一个用于大型机的统计软件。

1975 年，在芝加哥成立 SPSS 总部。

1984 年，推出用于个人计算机的 SPSS/PC+。

1992 年，推出 Windows 版本。

2009 年，SPSS 公司宣布重新包装旗下的 SPSS 产品线，定位为预测统计分析软件（Predictive Analytics Software，PASW），包括四部分：PASW Statistics 统计分析，PASW Modeler 数据挖掘，Data Collection family 数据收集，PASW Collaboration and Deployment Services 企业应用服务。

2010 年，随着 SPSS 公司被 IBM 公司并购，各子产品家族名称前面不再以 PASW 为名，修改为统一加上 IBM SPSS 字样。

7.3.4　SPSS 安装及基本操作

1．SPSS 的运行模式

SPSS 主要有 3 种运行模式：

（1）批处理模式

这种模式把已编写好的程序（语句程序）存为一个文件，提交给"开始"菜单中的 SPSS for Windows→Production Mode Facility 程序运行。

（2）完全窗口菜单运行模式

这种模式通过选择窗口菜单和对话框完成各种操作。用户无须学会编程即可使用，简单易用。

（3）程序运行模式

这种模式是在语句（Syntax）窗口中直接运行编写好的程序或者在脚本（Script）窗口中运行脚本程序的一种运行方式。这种模式要求掌握 SPSS 的语句或脚本语言。

本书为初学者提供入门实验教程，采用"完全窗口菜单运行模式"。

2．SPSS 的启动

在 Windows 中选择"开始"→"程序"→IBM SPSS Statistics→IBM SPSS Statistics 19 命令，即可启动 SPSS 软件，打开 IBM SPSS Statistics 19 对话框，如图 7-1 和图 7-2 所示。

3．SPSS 软件的退出

SPSS 软件的退出方法与其他 Windows 应用程序相同，有两种常用的退出方法：

① 选择 File→Exist 命令。

② 直接单击 SPSS 窗口右上角的"关闭"按钮，回答系统提出的是否存盘的问题之后即可安全退出程序。

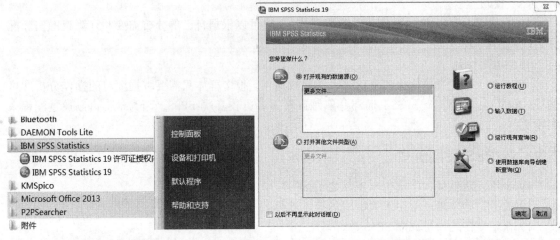

图 7-1　PSS 启动　　　　　　图 7-2　IBM SPSS Statistics 19 对话框

4. SPSS 的主要窗口介绍

SPSS 软件运行过程中会出现多个界面，各界面用处不同。其中，最主要的界面有 3 个：数据编辑窗口、结果输出窗口和语句窗口。

（1）数据编辑窗口

启动 SPSS 后看到的第一个窗口便是数据编辑窗口，如图 7-3 所示。在数据编辑窗口中可以进行数据的录入、编辑以及变量属性的定义和编辑。其主要由以下几部分构成：标题栏、菜单栏、工具栏、编辑栏、变量名栏、观测序号、窗口切换标签、状态栏。

① 标题栏：显示数据编辑的数据文件名。

② 菜单栏：通过对菜单的选择，用户可以进行几乎所有的 SPSS 操作。

③ 工具栏：为了方便用户操作，SPSS 软件把菜单项中常用的命令放到了工具栏里。当鼠标指针停留在某个工具栏按钮上时，会自动跳出一个文本框，提示当前按钮的功能。如果用户对系统预设的工具栏设置不满意，可以用"视图"→"工具栏"→"设定"命令对工具栏按钮进行定义。

④ 编辑栏：可以输入数据，以使它显示在内容区指定的方格里。

⑤ 变量名栏：列出了数据文件中所包含变量的变量名。

⑥ 观测序号：列出了数据文件中的所有观测值。观测的个数通常与样本容量的大小一致。

⑦ 窗口切换标签：用于"数据视图"和"变量视图"的切换，即数据浏览窗口与变量浏览窗口。数据浏览窗口用于样本数据的查看、录入和修改。变量浏览窗口用于变量属性定义的输入和修改。

⑧ 状态栏：用于说明显示 SPSS 当前的运行状态。SPSS 被打开时，将会显示"IBM SPSS Statistics Processor 就绪"的提示信息。

（2）结果输出窗口

在 SPSS 中大多数统计分析结果将在结果输出窗口中显示，如图 7-4 所示。窗口右边部分显示统计分析结果，左边是导航窗口，用来显示输出结果的目录，可以通过单击目录来展开右边窗口中的统计分析结果。当用户对数据进行某项统计分析，结果输出窗口将被自动调出。当然，用户也可以通过双击扩展名为.spo 的 SPSS 输出结果文件来打开该窗口。

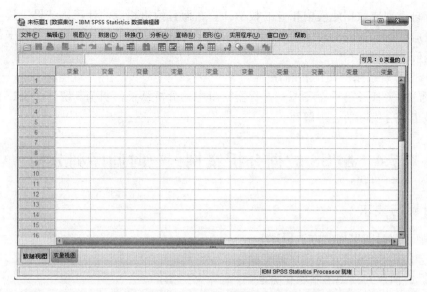

图 7-3 数据编辑界面

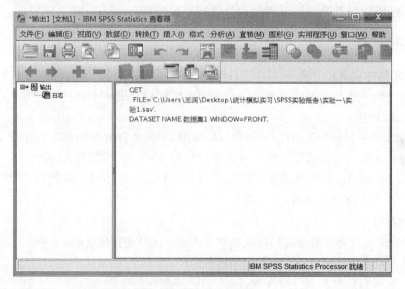

图 7-4 结果输出窗口

7.3.5 利用 SPSS 进行数据分析的一般步骤

利用 SPSS 进行数据分析一般包括以下 4 个步骤。

（1）SPSS 数据的准备

在此步骤应依据 SPSS 相应要求，利用 SPSS 提供的功能准备 SPSS 数据文件，包括在数据编辑器窗口中定义 SPSS 数据的结构、录入和修改 SPSS 数据。

（2）SPSS 数据的加工整理

此步骤主要对数据编辑器窗口中的数据进行必要的预处理。

（3）SPSS 数据的分析

在此步骤中，应选择正确的统计分析方法，对数据编辑器窗口中的数据进行分析并建模。

因 SPSS 能自动完成数据建模中相应的数学计算，而且给出相应的计算机结果，故有效屏蔽了很多对一般应用者来讲晦涩难懂的数学公式，这无疑降低数据分析的门槛，有利于数据分析应用的广泛展开。

（4）SPSS 分析结果的阅读和解释

该步骤的主要任务是看懂 SPSS 查看器窗口中的分析结果，明确其统计含义，并结合应用背景知识做出符合实际的合理解释。

7.4　SPSS 数据分析案例——时间序列分析

7.4.1　目标与要求

① 准确理解时间序列的方法原理。
② 学会使用 SPSS 建立时间序列变量。
③ 掌握时间序列模型的平稳化方法。
④ 掌握时间序列模型的定价方法。
⑤ 学会使用 SPSS 建立平稳时间序列并进行短期预测。

7.4.2　相关原理

1．时间序列的含义和分类

时间序列是同一现象在不同时间上的相继观察值排列而成的序列。时间序列分为平稳序列和非平稳序列两大类。

平稳序列式基本上不存在趋势的序列，这类序列中的各种观察值基本上在某个固定的水平上波动。非平稳序列式包含趋势、季节性或周期性的序列，它可能只含有其中的一种成分，也可能是几种成分的组合，因此，非平稳序列又可分为有趋势的序列、有趋势和季节性的序列、几种成分混合而成的复合型序列。

2．ARIMA 模型

对于非平稳时间序列一般含有趋势或者季节因素，此时需要用 ARIMA 模型。ARIMA 模型是时间序列分析中最常用的模型，它包含 3 个主要的参数：自回归阶数、差分阶数和移动平均阶数。

7.4.3　内容与步骤

数据内容：某医院的住院人数。

1．指数平滑法预测时间序列

① 建立时间序列。

选择"数据"→"定义日期"命令，打开"定义日期"对话框，选择相应的序列格式，如图 7-5 所示。

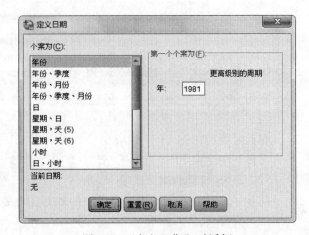

图 7-5　"定义日期"对话框

② 选择"分析"→"预测"→"创建模型"命令，打开"时间序列建模器"对话框，在"变量"选项卡中将"住院人数"添加到"因变量"列表框中，"方法"选择"指数平滑法"，单击"条件"按钮，打开"时间序列建模器：指数平滑条件"对话框，如图 7-6 所示。

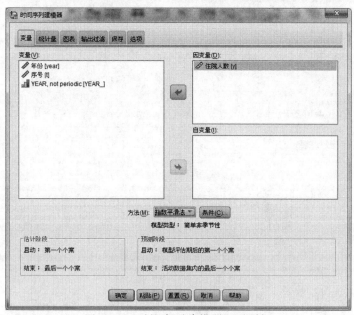

图 7-6 "时间序列建模器"对话框

③ 选择"非季节性"中的"简单"或"阻尼趋势"单选按钮。（根据数据类型的不同，需选择不同的非季节性模型类型。）"因变量转换"选择"无"单选按钮。单击"继续"按钮，如图 7-7 所示。

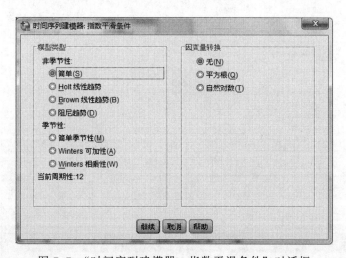

图 7-7 "时间序列建模器：指数平滑条件"对话框

④ 返回"时间序列建模器"对话框，选择"统计量"选项卡，"拟合度量"选项组中勾选"R 方"复选框，勾选最下方的"显示预测值"复选框，如图 7-8 所示。

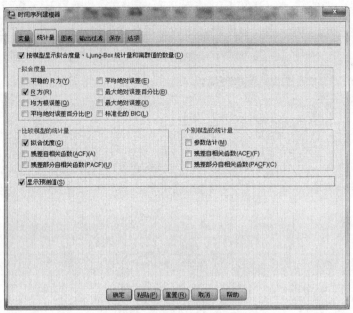

图 7-8 "统计量"选项卡

⑤ 选择"图表"选项卡，在"单个模型图"选项组中勾选"拟合值""残差自相关函数""残差部分自相关函数"复选框，如图 7-9 所示。

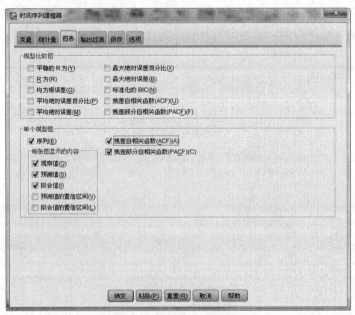

图 7-9 "图表"选项卡

⑥ 选择"选项"选项卡，填写预测时间 2004，单击"确定"按钮，如图 7-10 所示。

图 7-10 "选项"选项卡

⑦ 结果如图 7-11 和图 1-12 所示。

从图 7-11 和图 7-12 中可以看出，残差自先关函数和偏相关函数都近似 0 阶截尾，说明序列中的相关性信息都被模型提取完全。从拟合值与观察值之间的效果来看，拟合效果较好，具备一定的预测价值。

如表 7-1 所示，从"模型统计量"的 R 方来看，模拟效果比较理想，可决系数有 0.919，说明模型能解释原数列中 91.9% 的信息，故此模型能很好地拟合该数据。

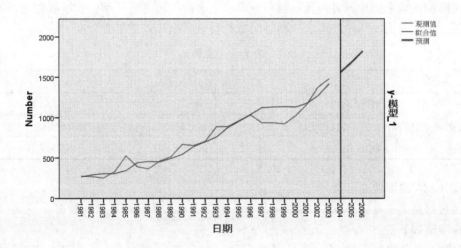

图 7-11 结果 1

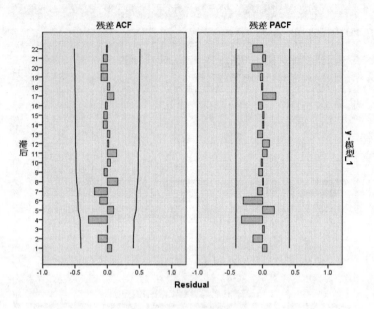

图 7-12　结果 2

表 7-1　模型统计量

模 型	预测变量数	模型拟合统计量	Ljung-Box Q(18)			离群值数
		R 方	统计量	DF	Sig.	
住院人数-模型_1	0	0.919	10.494	15	0.788	0

如表 7-2 所示，从预测值可以看到相应年份的预测值分别为 1564、1688、1823。对于每个模型，预测都在请求的预测时间段范围内最后一个非缺失值之后开始，在所有预测值的非缺失值都可用的最后一个时间段或请求预测时间段的结束日期（以较早者为准）结束。

表 7-2　预测

模 型		2004	2005	2006
住院人数-模型_1	预测	1564	1688	1823
	UCL	2143	2369	2615
	LCL	1113	1169	1230

2．ARIMA 模型建立

案例数据是关于某国 1992—2002 年每个月中相关出口额与出口量的数据。

实验步骤如下：

① 建立相应的时间序列，选择"数据"→"定义日期"命令，打开"定义日期"对话框，选择相应的个案类型，如图 7-13 所示。

② 选择"分析"→"预测"→"创建模型"命令，打开"时间序列建模器"对话框，选择"变量"选项卡，"因变量"选择"出口量""出口额"，"方法"选择"ARIMA"，单击"条件"按钮，在打开的"时间序列建模器：ARIMA 条件"对话框中定义 ARIMA 模型的相

关条件为（111，110），"转换"选择"自然对数"，如图 7-14 和图 7-15 所示。

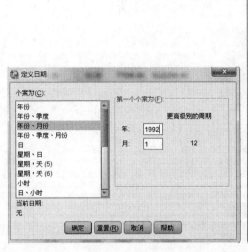

图 7-13 "定义日期"对话框　　　　　　　　　　图 7-14 "变量"选项卡

③ 选择"统计量"对话框，"拟合度量"选项组中勾选"R 方"复选框，勾选最下方的"显示预测值"，如图 7-16 所示。

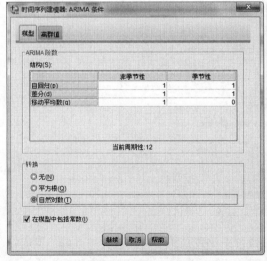

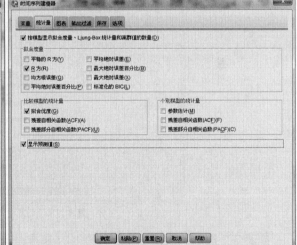

图 7-15 "时间序列建模器：ARIMA 条件"对话框　　　图 7-16 "统计量"选项卡

④ 选择"图表"选项卡，在"单个模型图"选项组中勾选"拟合值""残差自相关函数""残差部分自相关函数"复选框，如图 7-17 所示。

⑤ 选择"选项"选项卡，填写预测时间，单击"确定"按钮，如图 7-18 所示。

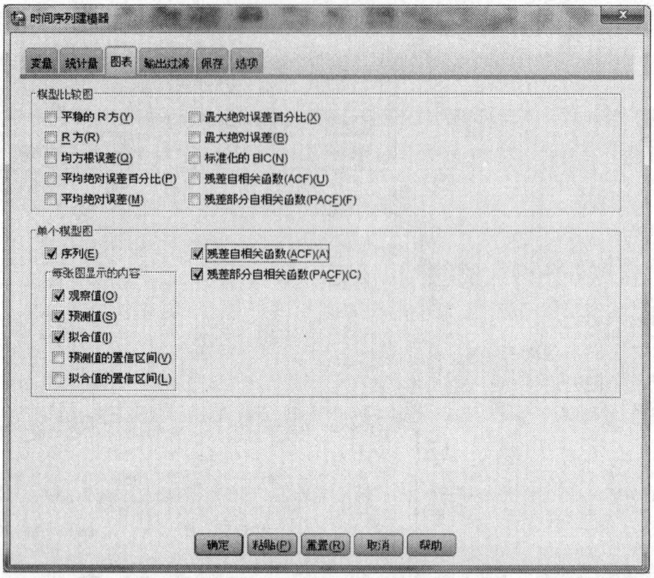

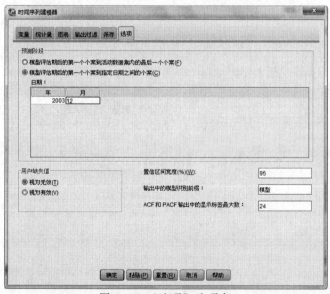

图 7-17 "图表"选项卡

图 7-18 "选项"选项卡

如表 7-3 所示，从模型统计量的 R 方来看，模拟效果比较理想，可决系数有 0.94，说明模型能解释原数列中 94% 的信息，故此模型能很好地拟合该数据。

表 7-3 模型统计量

模　　型	预测变量数	模型拟合统计量	Ljung-Box Q(18)			离群值数
		R　方	统计量	DF	Sig.	
出口量-模型_1	0	0.940	28.063	15	0.021	0
出口额-模型_2	0	0.772	34.630	15	0.003	0

从图 7-19 可以看出，残差自先关函数和偏相关函数都近似 0 阶截尾，说明序列中的相关性信息都被模型提取完全。

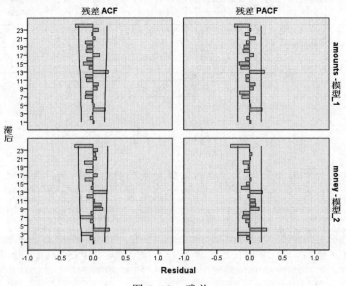

图 7-19　残差

从图 7-20 来看，拟合效果较好，具备一定的预测价值。图 7-21 所示为相应条件下的预测值。

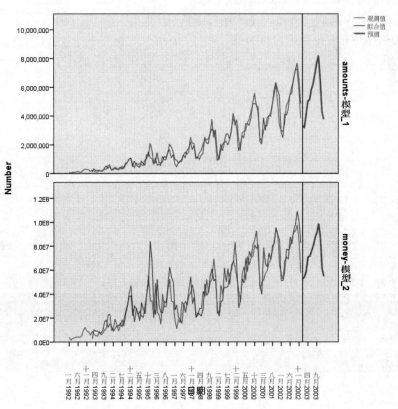

图 7-20　拟合值和观察值

模型		一月 2003	二月 2003	三月 2003	四月 2003	五月 2003	六月 2003
出口量-模型_1	预测	3288677.21	3210842.06	4059036.76	5028231.77	5125164.98	5846850.41
	UCL	5487410.83	5586993.29	7147837.68	8908783.62	9121945.27	10448697.78
	LCL	1824392.56	1683627.24	2093907.66	2572218.96	2605413.58	2955684.21
出口额-模型_2	预测	52613165.53	54207183.34	58658300.82	70854309.59	71475324.68	75832344.78
	UCL	94017961.23	99717857.81	1.10E8	1.34E8	1.37E8	1.47E8
	LCL	26598882.57	26316895.38	27874937.72	33035563.12	32716336.52	34088998.93

图 7-21　预测值

小　结

本章介绍了数据分析的相关知识，包括数据分析的概念，以及与其他概念的区别，特别比较了大数据分析与大数据分析的区别，并分析了大数据的重要性及数据分析师的要求；介绍了数据分析步骤，包括识别需求、收集数据、分析数据、分析报告及过程改进。

本章介绍了数据分析软件 SPSS，包括 SPSS 的特点及优势、发展历史、基本操作，以及 SPSS 数据分析基本步骤。最后，通过一个时间序列分析案例展示 SPSS 数据分析的操作方法与功能。

习　题

1. 数据分析的步骤包括哪些内容？
2. 数据分析与大数据分析的差异性体现在哪些方面？
3. SPSS 软件具有哪些数据分析功能？

第8章 物 联 网

本章引言

21 世纪，人类社会正迎来一场以物联网为核心的新技术革命。物联网提供了全面感知物质世界的能力，同时为技术创新与产业发展创造了前所未有的机遇。物联网中的"物"指的是我们身边一切能与网络相连的物品。本章主要介绍物联网的相关概念与发展，物联网体系架构，物联网感知技术以及物联网视频图像感知新技术的应用。

内容结构图

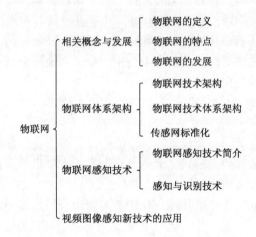

学习目标

① 理解：物联网的定义、物联网的特点、物联网的发展过程。

② 理解：物联网技术架构、物联网技术体系框架和标准化进程、物联网感知和识别技术。

③ 了解：物联网视频图像感知新技术的应用，例如：在智能家居、智慧医疗、智慧城市、智能环保、智能安保、智慧农业、智能教育、智能商务和智慧军事等方面的应用。

8.1 相关概念与发展

物联网的英文名称是 The Internet of Things。顾名思义，物联网是事物与事物联系在一起的感知装置，是实现人与人、人与物、物与物互联的网络。包含两层含义：第一，物联网的网络基础仍然是互联网，是在互联网基础上的延伸与扩展，物联网的核心是使得连接在互联网上的任何物品都能感知自身和周围的状态，能自己"思考"和"说话"；第二，其用户终端延伸到了物品，在物品和物品之间进行信息交换和通信，即通常所说的传感网。

物联网的概念最先由美国麻省理工学院（MIT）的自动识别实验室在 1999 年提出。国际电信联盟（ITU）从 1997 年开始每一年出版一本世界互联网发展年度报告，其中，2005 年度报告的题目是《物联网》（*The Internet of Things*，IoT）。2005 年，在突尼斯举行的信息社会世界峰会（WSIS）上，ITU 发布的报告系统地介绍了意大利、日本、韩国与新加坡等国家的案例，并提出"物联网时代"的构想。世界上的万事万物，小到钥匙、手表、手机，大到汽车、楼房，只要嵌入一个微型的射频标签芯片或传感器芯片，通过互联网就能够实现物与物之间的信息交互，从而形成一个无所不在的"物联网"。物联网概念的兴起，在很大程度上得益于 ITU 的互联网发展年度报告，但是 ITU 的报告并没有对物联网进行一个清晰定义。

在理解物联网的基本概念时，需要注意以下几个问题。

① 物联网是各种感知技术的广泛应用。物联网上部署了多种类型的感知器，每个传感器都是一个信息源，不用类别的传感器所捕获的信息内容和信息格式不同。传感器获得的数据具有实时性，按一定的频率周期性地采集环境信息，并不断更新数据。

② 物联网是一种建立在互联网上的泛在网络。物联网技术的重要基础和核心仍旧是互联网，通过各种有线网络和无线网络与互联网融合，将物体的信息实时准确地传递出去，在物联网上的传感器定时采集的信息需要通过网络传输，由于其数量极其庞大，形成了海量信息，在传输过程中，为了保障数据的正确性和及时性，必须适应各种异构网络和协议。

③ 物联网不仅仅是提供了传感器的连接，其本身也具有智能处理的能力，能够对物体实施智能控制。物联网将传感器和智能处理相结合，利用云计算、模式识别等各种智能技术，扩充其应用领域。从传感器获得的海量信息中分析、加工和处理出有意义的数据，以适应不同用户的不同需求，发现新的应用领域和应用模式。

8.1.1 物联网的定义

截至目前，物联网还处于一个概念和研发的阶段。关于物联网的定义还比较混沌，物联网的一些重大共性问题，如构架、标识、编码、安全及标准等也未得到很好的解决，并未在全球达成共识。以下为较为主流的物联网定义。

定义 1：把所有物品通过射频识别（RFID）和条码等信息传感设备与互联网连接起来，实现智能化识别和管理。

早在 1999 年，这个概念由美国麻省理工学院的 Auto-ID 研究中心提出。RFID 可谓早期物联网最关键的技术和产品环节，当时认为物联网最大规模、最有前景的应用是在物流领域，利用 RFID 技术通过互联网实现物品的自动识别，以及信息互联和共享。

定义 2：2005 年国际电信联盟在 *The Internet of Things* 报告中对物联网的概念进行了扩展，提出任何时刻、任何地点、任何物体之间的互联无所不在的网络和无所不在的计算机发展愿景，除 RFID 技术外，传感器技术、纳米技术、智能终端技术等都将得到更加广泛的应用。严格意义上讲，这不是物联网的定义，而是关于物联网的一个描述，如图 8-1 所示。

定义 3：物联网未来是 Internet 的一个组成部分，可以被定义为基于标准的可互操作的通信协议，且具有自配置能力的动态的全球网络基础框架。物联网中的"物"具有标识的物理属性和实质的个性使用智能

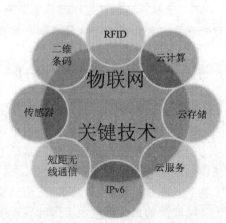

图 8-1 物物互联的网络技术

接口，实现与信息网络的无缝整合。

这个定义来自欧盟的第七框架下的 RFID 和物联网研究项目的一个报告 *The Internet of Things Strategic Research Roadmap*（2009 年 9 月 15 日），该报告研究的目的在于 RFID 和物联网的组网与协调各类资源。

定义 4：由具有标识虚拟个性的物体和对象所组成的网络，这些标识和个性，使用智能的接口与用户、社会、环境的上下文进行互联和通信。

这个定义来自欧洲智能系统集成技术平台（EPoSS）的报告 *The Internet of Things in 2020*（2008 年 5 月 27 日）。该报告分析了物联网的发展，认为 RFID 和相关知识是未来物联网的技术，因此应该更加侧重于 RFID 技术应用和处理的智能化。

从以上定义可以看出，物联网存在两种技术：IoT 和 CPS。IoT 是利用现有的互联网的网络框架，在全球建设一个庞大的物品信息交换网络，使所有参与物流的物品都具有唯一的商品电子码，使物品能够在网络上被准确定位和追踪，并且为每个物品建设一套完整的电子履历，可实现产品的智能化识别、定位、追踪、监控和管理。CPS 是一种综合计算，是网络和物理环境的多维复杂系统，通过 3C 技术的有机融合与深度协作，实现现实世界与信息世界的相互作用，提供实时感知、动态控制和信息反馈等服务。CPS 具有自适应性、高效性、可靠性、安全性等特点和要求。通过人机交互接口实现物理进程的交互，使用网络化空间可以用远程、可靠、实时、安全、协作的方式操控一个物理实体。

综上所述，物联网是新一代信息技术的重要组成部分，是互联网的用户端延伸和扩展到任何物品与物品之间进行信息交换和通信的网络。

8.1.2 物联网的特点

物联网把新一代信息技术充分运用在各行各业中，就是把传感器嵌入各种物体中，把现有的物体整合起来，实现人类与物理系统的整合，提高资源利用率和生产水平，改善人与自然之间的关系。物联网的特点总结如下。

1. 全面感知

物联网正是通过遍布在各个角落和物体上的各种类型的传感器感知这个物质世界的。感知层的主要功能是信息感知和采集，主要包括二维码标签和识读器、RFID 标签和读写器、视频摄像头、声音感应器等，实现物联网应用的数据感知并实施控制。

2. 可靠传递

物联网的可靠传递是指通过各种通信网络与互联网的融合，将物体接入信息网络，随时随地进行可靠的信息交互和共享，通过各种电信网络与互联网的融合，将物体的信息实时准确地传递出去。

3. 智能控制

信息采集的过程中会从末梢节点获取大量原始数据。对用户来说，这些原始数据只有经过转换、筛选、分析、处理后才有实际价值。由于物联网上有大量的传感器，因此必须依托于先进的软件技术和智能技术。

4. 多种数据融合

数据融合技术是传感网中的一项重要技术。在物联网技术开发中，面临诸多技术挑战。由于物联网应用是由大量传感网节点构成的，在信息感知的过程中，采用各个节点单独传输数据到汇聚节点的方法是不可行的，需要采用数据融合与智能技术进行处理。网络中存在大量冗余数据，会浪费通信带宽和能量资源，还会降低数据的采集效率和及时性。

8.1.3　物联网的发展

物联网是继计算机、互联网与移动通信之后的下一个产值可以达到万亿元级别的经济增长点。物联网的发展必然要形成一个完整的产业链，并能够提供更多的就业机会。物联网的产业链应该包括 3 部分：以集成电路设计制造、嵌入式系统为代表的核心产业体系，以网络、软件、通信、信息安全产业和信息服务业为代表的支撑产业体系，以及以数字地球、现代物流、智能交通、智能环保、绿色制造等为代表的直接面向应用的关联产业体系。

美国咨询机构 Forrester 预测，到 2020 年，物联网上物与物互联的信息量和人与人的通信量相比将达到 30 : 1。由物联网应用带动的 RFID、WSN 技术及互联网、无线通信、软件技术、芯片与电子元件产业将会发展成为一个上万亿元规模的高科技市场。

中关村物联网产业联盟、长城战略咨询联合发布的《物联网产业发展研究（2010）》报告描绘了一幅中国物联网产业发展的路线图：在 2010—2020 年的 10 年中，中国物联网产业将经历应用创新、技术创新和服务创新 3 个关键的发展阶段，成为一个超过 5 万亿元规模的巨大产业。报告指出，我国物联网产业未来发展有四大趋势：细节市场递进发展、标准体系渐进成熟、通用性平台将会出现、技术与人的行为模式结合促进商业模式创新。报告也指出了促进物联网产业发展的 3 个关键问题：制定统一的发展战略和产业促进政策、构建开放架构的物联网标准体系、重视物联网在中国制造与发展绿色低碳经济中的战略性应用。总之，物联网将会成为 21 世纪推进经济发展的又一个助推器，也为信息技术和信息产业展示出一个巨大的发展空间。

从长远技术发展观点看，互联网实现了人与人、人与信息、人与系统的融合，物联网则进一步实现了人与物、物与物的融合，使人类对客观世界具有更透彻的感知能力、更全面的知识能力、更智慧的处理能力。这种新的思维模式在提高人类的生产力、效率、效益的同时，可以改善人类社会发展与地球生态和谐及可持续发展的关系，互联化、物联化与智能化的融合最终会形成"智慧星球"。

8.2　物联网体系架构

物联网技术可详细分为 7 层，从底层到顶层分别为传感技术、传输技术、计算机技术、数据加工和存储技术、智能计算、控制技术、管理技术。根据这 7 层之间的组合，又可以分为传感网、互联网、云计算、新型工业化和现代服务业等。一般来说，前 5 层属于实现物联网的技术手段，可以认为是智能感知技术的总和；后两层实现物联网的目的，是为了以更加精细和动态的方式管理生产和生活。

8.2.1　物联网技术架构

从技术架构上来看，物联网可分为 3 层：感知层、网络层和应用层，如图 8-2 所示。

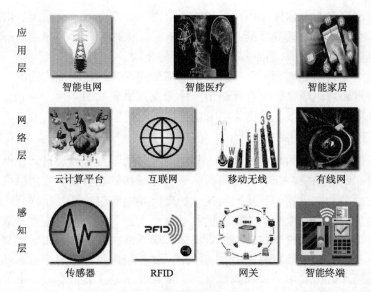

图 8-2 物联网技术构架

1. 感知层

感知层由各种传感器构成，包括温湿度传感器、二维码标签、RFID 标签和读写器、网络摄像机等感知终端，是物联网的核心，是信息采集的关键部分。其功能为"感知"，即通过传感网络获取环境信息。感知层是物联网识别物体、采集信息的来源。

感知层由基本的感应器件（如 RFID 标签和读写器、各类传感器、网络摄像机、GPS、二维码标签和识读器等基本标识和传感器件）和感应层组成的网络（如 RFID 网络、传感器网络等）两大部分组成。该层的核心技术，包括 RFID 技术、新兴传感技术、无线网络组网技术、现场总线控制技术（Fieldbus Control System，FCS）等，涉及的核心产品包括传感器、电子标签、传感器节点、无线路由器、无线网关等。

一些感知层常见的关键技术如下：

① 传感器：传感器是物联网中获得信息的主要设备，它利用各种机制把被测量转换为电信号，然后由相应信号处理装置进行处理，并产生响应动作。常见的传感器包括温度、湿度、压力、光电传感器等。

② RFID，又称电子标签。RFID 是一种非接触式的自动识别技术，可以通过无线电信号识别特定目标并读写相关数据，它主要用来为物联网中的各物品建立唯一的身份标识。

③ 传感器网络：传感器网络是一种由传感器节点组成的网络，其中每个传感器的节点都具有传感器、微处理器、通信单元。节点间通过通信网络组成传感器网络，共同协作来感知和采集环境或物体的准确信息。而无线传感器网络（Wireless Sensor Network，WSN）则是目前发展迅速、应用最广的传感器网络。

2. 网络层

网络层位于物联网三层结构中的第二层，其功能为"传送"，即通过通信网络进行信息传输。网络层作为纽带连接着感知层和应用层，它由各种局域网、互联网、有线和无线通信网组成，相当于人的神经中枢系统，负责将感知层获取的信息安全、可靠地传输到应用层，然后根据不同的应用需求进行信息处理。

物联网网络层包含接入网和传输网，分别实现接入功能和传输功能。传输网由公网与专网组成，典型传输网络包括电信网（固网、移动通信网）、广电网、互联网、电力通信网、专用网（数字集群）。接入网包括光纤接入、无线接入、以太网接入、卫星接入等各类接入方式，实现底层的传感器网络、RFID 网络等最后一公里的接入。

物联网的网络层基本上综合了已有的全部网络形式，来构建更加广泛的"互联"。每种网络都有自己的特点和应用场景，只有互相结合才能发挥出最大的作用。因此，在实际应用中，信息往往经由任何一种网络或几种网络组合的形式进行传输。

3．应用层

应用层位于物联网三层结构中的顶层，其功能是"处理"，即通过云计算平台进行信息处理。应用层与底端的感知层一起，是物联网的显著特征和核心所在。应用层可以对感知层采集数据进行计算、处理和知识挖掘，从而实现对物理世界的实时控制、精确管理和科学决策。

物联网应用层的核心功能围绕两个方面：一是"数据"，应用层需要完成数据的管理和数据的处理；二是"应用"，仅管理和处理数据还远远不够，必须将这些数据与各行业的应用相结合。例如，在智能电网中的远程电力抄表应用：安置于用户家中的读表器就是感知层中的传感器，这些传感器在收集到用户用电的信息后，通过网络发送并汇总到发电厂的处理器上。该处理器及其对应工作就属于应用层，它将完成对用户用电信息的分析，并自动采取相关措施。

从结构上划分，物联网应用层包括以下 3 部分。

① 物联网中间件：是一种独立的系统软件或服务程序。中间件将各种可以公用的能力统一封装，提供给物联网应用系统使用。从本质上看，物联网中间件是物联网应用的共性需求。已存在各种中间件和信息处理技术，包括信息感知技术、下一代网络技术、人工智能与自动化技术的聚合提升。根据物联网分层体系结构，其涉及的中间件如图 8-3 所示。

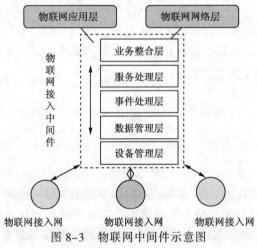

图 8-3　物联网中间件示意图

② 物联网应用系统，即用户直接使用的各种应用系统，包括智能操作、安防、电力抄表、远程医疗、智慧农业等。

③ 云计算：云计算可以助力物联网海量数据的存储和分析。依据云计算的服务类型，可以将云计算分为基础架构即服务、平台即服务、软件即服务。

从物联网的三层结构的发展来看，网络层已经非常成熟，感知层的发展也非常迅速，而应用层不管是从受重视程度还是实现的技术成果上，都落后于其他两个层面。但因为应用层可以为用户提供具体服务，是与人们最紧密相关的，所以应用层未来发展潜力很大。

8.2.2 物联网技术体系框架

物联网通过各种信息传感设备及系统、条形码与二维码、全球定位系统，按照约定的通信协议物物相连，进行信息交换。物联网的主要特征是每一个物件都可以寻址，每一个物件都可以控制，每一个物件都可以通信。IBM 在多年的研究中提炼出了 8 层的物联网参考构架：传感器/执行器、传感网络、传感网关层、广域网络层、应用网关层、服务平台层、应用层、分析与优化层。

8.2.3 传感网标准化

随着传感器、软件、网络等关键技术的迅猛发展，传感网产业规模快速增长，应用领域广泛拓展，带来信息产业发展的新机遇。我国对传感网发展高度重视，《国家中长期科学与技术发展规划纲要（2006—2020 年）》和"新一代宽带移动无线通信网"重大专项中将传感网列入重点研究领域。国内相关科研机构、企事业单位积极进行相关技术的研究，经过长期艰苦努力，攻克了大量关键技术，取得了国际标准制定的重要话语权，传感网发展具备了一定的产业基础，在电力、交通、安防等相关领域的应用初见成效。工业和信息化部将通过制定科学的产业政策、技术政策和业务政策，加强对传感网的产业指导和政策引导，努力为传感网发展创造良好的政策环境和市场环境。

标准作为技术的高端，对我国传感网产业的发展至关重要。目前，我国传感网标准体系已形成初步框架，向国际标准化组织提交的多项标准提案被采纳，传感网标准化工作已经取得积极进展。经国家标准化管理委员会批准，全国信息技术标准化技术委员会组建了传感器网络标准工作组。标准工作组聚集了中国科学院、中国移动通信集团公司等国内传感网主要的技术研究和应用单位，积极开展传感网标准制定工作，深度参与国际标准化活动，旨在通过标准化为产业发展奠定坚实技术基础，如图 8-4 所示。

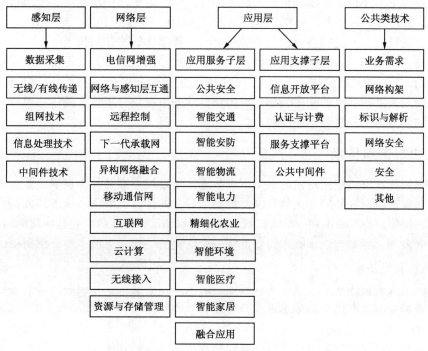

图 8-4　物联网技术体系架构

8.3 物联网感知技术

8.3.1 物联网感知技术简介

在传感器的 3 个技术层面中，感知网络是前提，它负责信源的获取。目前，模拟信号检测技术已经比较成熟，如温度传感、气敏传感、湿度传感、光敏传感等。比较前沿的信源获取技术是二维码和 RFID 技术。

其中，二维码比以条形码有更多的优点，主要表现在：第一，高密度编码，信息容量大，可容纳多达 1 850 个大写字母、2 710 个数字、1 108 字节或 500 多个汉字，比普通条形码信息容量高约几十倍；第二，编码范围广，可以把图片、文字、声音、签字、指纹等数字化信息进行编码，用条码表示出来，可以表示多种语言文字，可以表示图像数据；第三，容错能力强，具有纠错功能，这使得二维码因穿孔、污损等引起局部损坏时，仍然可以正确地得到识读，损坏面积达 50%时仍可恢复信息。

RFID 技术比二维码更加优越的地方在于读取数据的距离更远。二维码的阅读器贴近标签才能读取数据，而 RFID 可在较远的地方读取数据，其中有源 RFID 的读取距离可达 100 m，但 RFID 的成本比二维码更高。RFID 是一种非接触式的自动识别技术，它通过射频信号自动识别目标对象并获取相关数据，识别工作不需要人工干预，可工作于各种恶劣环境。

RFID 是一种突破性的技术，主要表现在：第一，可以识别单个的非常具体的物体，而不是条形码那样只能识别一类物体；第二，采用无线电射频，可以透过外部材料读取数据，而条形码必须靠激光来读取信息；第三，可以同时对多个物体进行识读，而条形码只能逐个识读。此外，RFID 存储的信息量也非常大。

但是，目前虽然 RFID 技术是物联网技术的排头兵，但是其作用在后续的物联网技术发展中会被淡化，预计将会有更多的感知技术对目前的 RFID 技术进行挑战，如声 ID、光 ID 和智能视频分析等，这就是人们所期待的、更高层面上的、智能化的物联网技术。

感知地球、感知中国的落脚点在传感器。在物联网时代，感知方式不仅仅限制在物理量和化学量等方面，新的物联网应用必会催生出各种新型的感知方式，这些感知方式是更高层面的、更容易实现物与人之间信息的交换，如生物传感器、基于视频分析技术的传感器，尤其是能感知环境状态的新型传感器将会不断涌现。

8.3.2 感知与识别技术

感知与识别技术就是应用一定的感知识别装置，通过被识别物品和识别装置之间的接近活动，自动地获取被识别物品的相关信息，并提供给后台的计算机处理系统来完成相关后续处理的一种技术。例如，条形码识别、指纹识别、图像识别、目标跟踪等，它是物联网的核心技术。随着物联网的发展，感知与识别技术需要发生一个巨大的飞跃。下面主要介绍两种。

1. 全方位视觉技术

图像空间的数值描述质量直接影响到智能空间语义描述结果，片面的图像空间数值描述将无法得到正确的智能空间语义描述结果，全方位视觉传感器（Omni Directional Vision Sensor，ODVS）实时获取场景的全景图像提供了一种新的解决方案。运用 ODVS 可以获得全方位的实时图像，从而简化获取和检测视觉信息以及跟踪监视范围内运动物体的算法，并获取超越人的视觉极限的视觉信息。

全方位视觉传感器按照构建方式可分为拼接式、折反射式和鱼眼镜头。

（1）拼接式

拼接成像是用若干普通摄像机朝多个方向同步拍摄，然后将这些图像进行拼接，获得 360° 全方位图像。其缺点是安装时不同摄像机的光心不可能重合，导致生成的图像不能满足单一视点的要求。另外，该成像方法成本高，系统复杂，图像的融合拼接过程会耗费较多的计算时间。

（2）折反射式

折反射式全方位视觉系统最早由美国学者 Rees 于 1970 年发明，当时主要应用于全景电视视觉系统。后来日本学者 Yagi 和 Kawato 使用圆锥形的反射镜面组成全方位视觉系统。中国学者 Hong 运用球面反射镜组合成全方位视觉系统。日本学者 Nayar 设计了由抛物面反射镜和正交投影镜头构成的全向镜头。而提出使用双曲面镜来实现全方位设想的还是美国学者 Rees。目前折反射式全方位视觉传感器的实验室产品和市场销售产品主要由双曲面的折反射镜面组成。

（3）鱼眼镜头

由光的折射定律可知，鱼类在水下贴近水面时能看到水面上一定距离内近乎半球空域的景物。对折射率为 1.333 3 的普通淡水而言，鱼眼仰视水面的有效视场对应的平面角为 122° ~ 156°，鱼眼镜头就是模仿鱼类的这种仰视功能设计的。鱼眼镜头的焦距 u 通常为 6 ~ 16 mm，视角达到或超过 180°，属于短焦距超广角镜头。鱼眼镜头为近距离拍摄大范围景物创造了条件，且具有相当长的景深，有利于表现图像的长景深效果。鱼眼镜头已经广泛应用于摄影领域。但是，鱼眼镜头存在成本高昂、标定困难等问题。

2. 生物视觉视频图像处理新技术

探索生物视觉系统的工作原理，建立相应的机器视觉系统，并将其应用于图形图像处理中是当前人工智能、计算机视觉、计算机图形学和数字图像处理领域的前沿课题。人类的视觉系统对信号的处理机制精确而复杂，能实时而充分地感知外界环境，进而迅速作出判断，从多项指标进行衡量，均优于目前绝大多数的机器视觉系统。因此，借鉴视觉神经科学关于视觉神经系统的生理结构和信息处理过程的研究成果，构建和改进相应的机器视觉模型，并将其应用于计算机图形图像处理中具有非常重要的科学意义与应用价值。

① 选择性视觉注意模型（Selective Visual Attention Model，SVAM）是为拟合人类视觉注意机制而提出的可计算模型，它能获得图像中最容易引起人们注意的显著区域，从而能更好地克服语义鸿沟，这对大规模图像数据集的语义检索、图像理解和机器导航等均有重要的理论价值和广阔的应用前景。

② 脉冲耦合神经网络（Pulse Couple Neural Network，PCNN）是参照家猫和猴子的大脑皮层视觉区神经元同步脉冲发放特性建立的一种生物视觉模型。该模型具有空间邻近和亮度相似集群的特点，已广泛应用于数字图像处理的各个领域，如图像滤波、图像分割、图像融合、图像边缘和目标检测、图像特征提取等。

SVAM 与 PCNN 具有相同的理论来源——Gray 理论。在家猫和猴子的视觉神经细胞微观层次上，根据线性相加和非线性调制耦合特性提出 PCNN；从特征整合的角度，在模拟人类视觉通道宏观层次上提出 SVAM。因而，人类视觉系统通道的 SVAM 与家猫的视觉神经细胞 PCNN 的有机结合，必定有利于视频图像语义的感知与获取。

8.4　视频图像感知新技术的应用

随着社会的发展，计算机技术、图像处理技术和移动通信技术的不断提高，远程线程的图像、视频监视与遥控等功能实现变得越加可能；从而也为公交、环保、电力、气象、水利、娱乐、医疗等传统视频监控难以满足需求的场合提供了新的安全监控和运营管理手段。正是在这种情况下，智能视频技术应运而生。智能视频技术能够在图像和图像描述之间建立映射关系，从而使计算机能够通过数字图像处理和分析来理解视频画面中的内容。

8.4.1　智能家居

智能家居（Smart Home）是以住宅为平台，利用综合布线技术、网络通信技术、安全防范技术、自动控制技术、音视频技术将家居生活有关的设施集成，构建高效的住宅设施和家庭日程事务的管理系统，提升家居安全性、便利性、舒适性、艺术性，并实现环保节能的居住环境。

通过物联网视频图像感知新技术的应用，可以实现以下几方面功能。

① 智能灯光控制：实现对住宅灯光的智能管理，可以用遥控个等多种智能控制方式实现对全宅灯光的遥控开关、调光、全开全关和"会客、影院"等多种一键式灯光场景效果的实现；并可通过定时控制、电话远程控制、计算机本地和互联网远程控制等多种控制方式，实现智能照明的节能、环保、舒适、方便的功能。

② 智能电器控制：采用弱电控制强电的方式，可以用遥控、定时等多种智能控制方式实现对家里饮水机、插座、空调、地暖、投影机、通风系统等的智能控制，可避免饮水机反复加热影响水质，在外出时断开插排通电，避免电器发热引发安全隐患；对空调、地暖进行定时或者远程控制，可以让用户到家后马上享受舒适的温度和新鲜的空气。

③ 安防监控系统：人、家庭和住宅的小区对安全方面提出了更高的要求；同时，经济的飞速发展伴随着城市流动人口的急剧增加，给城市的社会治安增加了新的难度，要保障小区的安全，就必须有自己的安全方法系统，智能安防已成为当前的发展趋势。

④ 智能监护系统：可以对老人和母婴进行健康监护，收集各项生理指数，一旦收集到的数据有所偏差就自动分析，若出现状况将进行提醒或者自动通知医院；同时，也能够对空巢老人和留守儿童进行摔倒等监护。

8.4.2　智慧医疗

智慧医疗是最近兴起的专有医疗名词，通过打造健康档案区域医疗信息平台，利用最先进的物联网技术，实现患者与医务人员、医疗机构、医疗设备之间的互动，逐步达到信息化。

通过物联网视频图像感知新技术的应用，可以实现以下几方面功能。

① 远程探视，避免探访者与病患直接接触，杜绝疾病蔓延，缩短恢复进程。

② 远程会诊，支持优势医疗资源共享和跨越地域优化配置。

③ 自动报警，对病患的生命体征数据进行监控，降低重症护理成本。

④ 临床决策系统，协助医生分析详尽的病历，为制定准确有效的治疗方案提供基础。

⑤ 智慧处方，分析患者过敏和用药史，反映药品产地、批次等信息，有效记录和分析处方变更等信息，为慢性病治疗和保健提供参考。

⑥ 精神病患者行为识别，分析精神病患的发病规律和原因，帮助医生更好地治疗，同时

对护士等监管人员起到一定的保护作用，同时节省大量钱财。

8.4.3 智慧城市

智慧城市将物联网视频图像感知新技术运用到城市管理中，通过信息和通信技术手段感测、分析、整合城市运行核心系统的各项关键信息，从而对包括民生、环保、公共安全、城市服务、工商业活动在内的各种需求进行智能响应。其实质是利用先进的信息技术，实现城市智慧式管理和运行，进而为城市中的人创造更美好的生活，促进城市的和谐、可持续成长。

通过物联网视频图像感知新技术的应用，可以实现以下几方面功能。

① 智慧交通。建设"数字交通"工程，通过监控、监测、交通流量分布优化等技术，完善公安、城管、公路等监控体系和信息网络系统，建立以交通诱导、应急指挥、智能出行、出租车和公交车管理等系统为重点的、统一的智能化城市交通综合管理和服务系统建设，实现交通信息的充分共享、公路交通状况的实时监控及动态管理，全面提升监控力度和智能化管理水平，确保交通运输安全、畅通。

② 商场/超市客流量分析。对一个商场、超市的人流量进行分析，优化人力资源，同时区分新旧顾客，进行智能服务。

③ 平安城市。刑事犯罪识别，敏感地带防恐、防犯罪；出租车、公交车、火车、航班、车站、机场、轮渡等地带的防恐、防暴；夜间防盗、放火等。

8.4.4 智能环保

智能环保是"数字环保"概念的延伸和拓展，它借助物联网技术、把传感器和装备嵌入各种环境监控对象（物体）中，通过超级计算机和云计算将环保领域的物联网整合起来，可以实现人类社会与环境业务系统的整合，以更加精细和动态的方式实现环境管理和决策的智慧。

通过物联网视频图像感知新技术的应用，可以实现以下几方面功能。

① 智能节能。对于家庭来说，可以在无人的时候自动关灯。在超市或商场中无人上楼时，可以自动关闭扶梯等。

② 工业控制。工厂或港口码头的龙门吊状态监控。建立环境物联监测网络，实时采集污染源数据、水环境质量数据、空气环境质量数据、噪声数据等环境信息，对重点地区、重点企业实施智能化远程监测，对各种环境信息进行智能分析，将为"智能环保"的全面推进奠定良好基础。

8.4.5 智能安保

在当前安防需求膨胀的形势下，物联网视频感知技术在安全防范领域的运用越来越广泛。目前所使用的安防系统主要依赖人的视觉判断，缺乏对视频内容的智能分析。而智能安保核心主要是行为识别，分析人类复杂的行为。

通过物联网视频图像感知新技术的应用，可实现以下功能：行为识别，考场异常行为识别，精神病院患者行为识别，刑事罪犯识别，仓库、商店夜间防盗、防抢，敏感地带打架行为监测。

8.4.6 智慧农业

智慧农业也称精准农业，其将物联网技术运用到传统农业中，运用传感器和软件通过移动平台或计算机平台对农业生产进行控制，使传统农业更具有"智慧"。除了精准感知、控制和决策管理外，从广泛意义上讲，智慧农业还包括农业电子商务、食品溯源防伪、农业休闲旅游、农业信息服务等方面的内容。

通过物联网视频图像感知新技术的应用，可以实现以下几方面功能。

① 监控功能系统。根据无线网络获取植物生长环境信息，如土壤水分、土壤温度、空气温度、空气湿度、光照强度、植物养分含量等参数，收集信息，并负责接收、存储、显示和管理无线传感汇聚节点发来的数据，实现所有基地测试点信息的获取、管理、动态显示和分析处理，以直观的图表和曲线方式显示给用户，并根据以上各类信息的反馈对农业园区进行自然灌溉、自动降温、自动卷膜、自动施肥、自动喷药等控制。

② 监测功能系统。在农业园区内实现自动信息监测与控制，通过配备无线传感节点、太阳能供电系统、信息采集和信息路由设备、传感传输系统，每个无线传感节点可监测土壤水分、土壤温度、空气温度、空气湿度、光照强度、植物养分含量等参数；根据种植作物的需求提供各种声光报警信息和短信报警信息。

③ 实时图像与视频监控功能。农业物联网是实现农业上作物与环境、土壤及肥力间的物物相连的关系网络，通过多维信息与多层次处理实现农作物的最佳生长环境调理和施肥管理。视频与图像监控为物与物之间的关联提供了更直观的表达方式，直观地反映了农作物生产的实时状态，引入视频图像与图像处理，既可直观反映一些作物的生长长势，也可以侧面反映出作物生长的整体状态和营养水平，从整体上给农户提供更加科学的种植决策理论依据。

8.4.7　智能教育

智能教育即教育信息化，是指在教育领域（教育管理、教育教学和教育科研）全面深入地运用现代信息技术来促进教育改革与发展的过程，其技术特点是数字化、网络化、智能化和多媒体化，基本特征是开放、共享、交互、协作。

通过物联网视频图像感知新技术的应用，可以实现以下几方面功能。

① 对于老师，可以分析学生的学习情况，同时也可以了解每个学生的差异，从而针对不同的学生进行智能辅导、布置作业等。

② 对于学生，可以帮助自己解答难题，分析自己近段时间的学习状况。

③ 考场异常行为识别，建立无人监考考场，优化资源。

8.4.8　智慧商务

智慧商务是指通过应用物联网视频图像感知新技术辅助商业决策的制定。商业智能技术提供使企业迅速分析数据的技术和方法，包括收集、管理和分析数据，将这些数据转化为有用的信息，然后分发到企业各处。

① 销售分析，主要分析各项销售指标。也可按分析维从管理架构、类别品牌、日期、时段等角度观察，再将这些分析维采用多级钻取，从而获得相当透彻的分析思路；可根据海量数据产生预测信息、报警信息等分析数据；还可根据各类销售指标产生新的透视表。

② 商品分析。商品分析的主要数据来自销售数据和商品基础数据，从而产生以分析结构为主线的分析思路。主要分析数据有商品的类别结构、品牌结构、价格结构、毛利结构、结算方式结构、产地结构等，从而产生商品广度、商品深度、商品淘汰率、商品引进率、商品置换率、重点商品、畅销商品、滞销商品、季节商品等多种指标。通过该系统对这些指标进行分析可以指导企业商品结构的调整，加强所营商品的竞争能力和合理配置。

③ 人员分析。通过系统对公司的人员指标进行分析，特别是对销售人员指标（销售指标为主，毛利指标为辅）和采购人员指标（销售额、毛利、供应商更换、购销商品数、资金占用、资金周转等）的分析，可以达到考核员工业绩、提高员工积极性、为人力资源的合理利用提供科学依据的目的。主要分析的问题有员工的人员构成、销售人员的人均销售额、对于销售的个人销售业绩、各管理架构的人均销售额、毛利贡献、采购人员分管商品的进货多少、赊销代销的比例、引进的商品销售如何等。

8.4.9 智慧军事

智慧军事主要是指智能武器，指的是具有人工智能的武器，通常由信息采集与处理系统、知识库系统、辅助决策系统和任务执行系统等组成，能够自行完成侦察、搜索、瞄准、攻击目标和收集、整理分析、综合情报等军事任务。

智能武器主要包括精确制导武器、无人驾驶飞机、无人驾驶坦克、无人操纵火炮、智能鱼雷和自主多用途智能作战机器人等。其中，智能鱼雷不仅可存储和记忆有关信息，还能分析、鉴别各种不同目标；自主多用途智能作战机器人可自主地完成地形、地物和敌我目标的识别，选择前进道路、判断敌情，独立完成侦察、运送弹药、扫雷、射击、投弹等作战任务。智能武器通常由信息采集与处理分系统、知识库分系统、辅助决策分系统和任务执行分系统等组成。智能武器自 20 世纪 80 年代初开始研制，已经取得一些实用科研成果，将对未来战争产生重大影响。

① 智能军用机器人是能更多地模仿人的功能，从事较复杂的工作，执行多种军事任务的机器人。据美国国防部调查报告语句，未来的智能机器人将有 100 多种不同的战场应用。目前，世界上已经研制和列入发展计划的智能机器人主要有反导弹机器人、欺骗系统机器人、排雷机器人、防化机器人、烟雾机器人、侦察机器人、反装甲机器人、水下机器人、航天机器人等十余种。

② 智能无人机是一种无人驾驶，能自行完成侦察、干扰、电子对抗、反雷达等多种军事任务的飞机。例如，德国研制的"克尔达"无人机，可以在目标上空连续巡航 1 小时，机体内载有炸药、信号发射机、应答器等先进设备，既可执行电子干扰任务，也可诱敌发射导弹，进行特定电子侦察等任务。

③ 智能坦克是一种由计算机控制系统、信息接收和处理系统、指令执行系统及各种功能组件构成的新智能坦克。根据执行任务的不同，又可分为智能主战坦克、智能侦察坦克和智能扫雷坦克 3 种。智能主战坦克除具有较高的克服多种障碍物的能力外，还具有很强的火力和突击力，能识别目标的不同特征，判断威胁程度并实施火力攻击。智能侦察坦克装有核、生、化探测器，红外、音响传感器，激光测距机等侦察器材，能在 64 km/h 的速度下鉴别道路，区分人员与自然地物，绕过障碍物，探测地雷，绘制地形图等。智能扫雷坦克可排除一次性触发地雷，也可远距离引爆感应地雷，一次作业能开辟 8 m 宽、100 m 长的通路。

④ 智能导弹是一种能自动搜索、识别和攻击目标的导弹。例如，美国研制的"黄蜂"反坦克导弹。该弹装有一套先进的探测、控制设备。作战使用时，由飞机远距成批发射后，先超低空飞行，到达目标区可自动爬升上千米，俯视战场，选择目标，且互不干扰。若目标已有导弹跟踪，后到的导弹就会自动寻找其他目标以获得最大杀伤效果。再如"海尔法"第三代反坦克导弹，采用了高灵敏度传感器和先进探测技术，能排除干扰，自动搜索、识别、锁定和攻击目标。

⑤ 智能地雷是一种能自动识别目标和控制装药爆炸，在最有利时机主动出击毁伤目标的地雷，也有人把它称为"长眼睛""有耳朵""会判断"的地雷。目前，该种地雷的应用项目已经达十余种，其中比较典型的有自动机动地雷、遥感电磁地雷、自寻地雷、反直升机地雷、光电地雷等几种类型。反直升机地雷有两种：一种是布设在地面，能识别敌我的地空式定向反直升机地雷，当敌机飞到有效杀伤范围内时，自动装置就会引爆地雷，以自锻破片，摧毁在 15 ~ 100 m 低空飞行的敌方直升机（航速在 260 km/h 内）；还有一种地空式空炸反直升机地雷，它的工作原理与智能地雷相同，不同之处是，捕捉到目标之后，地雷的攻击部分可发射至空中，在敌机身旁爆炸，用弹片来杀伤目标。

小　结

本章首先介绍了物联网的基本概念、物联网定义的各种观点、物联网的特点和发展，其次介绍了物联网的三层体系架构和物联网的感知与识别技术，最后介绍了物联网视频图像感知新技术在各个领域的应用。

习　题

1. 物联网的定义是什么？根据本章描述，给出你认为最准确的物联网定义。
2. 物联网的特点是什么？
3. 从技术架构上来看，物联网分为哪 3 层？谈谈你对每层的理解。
4. 物联网感知层常见的技术有哪些？对这些关键技术进行描述和举例说明。
5. 什么是 RFID？RFID 具体有哪些方面的应用？
6. 从结构上划分，物联网应用层包括哪些部分？
7. 什么是感知与识别技术？举例说明两种。
8. 物联网视频图像感知新技术的应用主要有哪些方面？选取其中两个方面举例说明。

第9章 人工智能

本章引言

人工智能的发展如火如荼，未来的时代，一定是人工智能时代！近年来，人工智能已经上升到国家战略的层面。当代大学生，必须了解人工智能相关基本知识。本章沿着人工智能的发展脉络：推理与搜索、专家系统、机器学习、深度学习进行展开，对相关知识做了介绍。

内容结构图

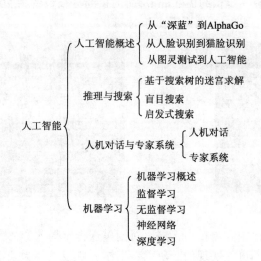

学习目标

① 了解：人工智能的发展历史、图灵测试、机器学习、神经网络。

② 理解：深度优先搜索、广度优先搜索、监督学习、无监督学习。

③ 应用：学会利搜索树、专家系统、深度学习的思路来解决具体问题。

9.1 人工智能概述

9.1.1 从"深蓝"到 AlphaGo

2016 年，谷歌的人工智能机器人 AlphaGo（见图 9-1）战胜人类，获得了世界围棋冠军，成为人工智能发展史上不可抹去的一笔。

2016 年发表在顶级学术杂志 *Nature* 上的文章，报道了 AlphaGo 的第一版 AlphaGo Fan。这一版是与人类选手比赛最后获胜，对手是樊麾。紧接着是与李世石以 4 比 1 获胜的 AlphaGo Lee 版本。之后，在 2017 年初有一个快棋赛的版本，这个版本以 60 盘棋完胜中日韩的所有顶尖高手，这就是 AlphaGo Master。

Master 版本微调以后，在 2017 年，在乌镇与世界排名第一的柯洁对阵中，以 3 比 0 战胜了柯洁。之后 AlphaGo 又有一次突破性的进展，那就是 AlphaGo Zero。AlphaGo Zero 根本不学习人类的棋谱，根据围棋的规则，自己生成棋局。

在 AlphaGo 之前，传统的计算机程序在下围棋时往往会优先选择最"暴力"的计算方式，即将每一种可能的落子方式都模拟一遍后，从中选择最优的走法。典型的例子就是，1997 年赢了世界国际象棋冠军卡斯帕罗夫的"深蓝"计算机（见图 9-2）。

虽然那时的博弈搜索技术已在国际象棋的对弈中取得了巨大的成功，但却难以适用于围棋，因为围棋棋盘横竖各有 19 条线，共有 361 个落子点，双方交替落子，这意味着围棋总共可能有 10^{171} 种可能性。宇宙中的原子总数是 10^{80}（这个估算数据来源于网络）。就是说穷尽整个宇宙的原子数也不能存下围棋的所有可能性。另外，从搜索树的分枝数看，国际象棋约为 35，如果只构造分析 7 步棋的博弈搜索树，则只需甄别 $35^7 \approx 650 \times 10^8$ 种变化，这对每秒计算 2 亿步棋的"深蓝"计算机而言，想一步棋约需 5 min。而围棋的分枝数约为 200，若也分析 7 步棋的变化，则要计算 200^7 种结果，想一步棋则需 2 年时间。

图 9-1　AlphaGo

图 9-2　"深蓝"计算机

围棋变化的复杂度要比国际象棋高得多，对围棋进行全局博弈的穷举式搜索，就传统的计算机处理技术来讲显然是不可能实现的。所以，围棋的挑战被称为人工智能领域的"阿波罗计划"，机器不可能穷举哪怕少部分比例的围棋走法，机器要下赢围棋没有什么套路可言，唯一的办法就是学会"学习"，自我学习，而不能靠死记硬背。

据研发团队介绍，AlphaGo 已经不在是一台围棋机器，而是一种能够自我学习、更新的围棋人工智能。AlphaGo 不是谷歌工程师写的一般意义上的算法，而是用的一套类人的学习框架（强化学习+深度学习），反复学习棋谱，自己和自己对战，类似于人类的学习方式，强化学习让它拥有了初步的自我学习和博弈思考能力。

9.1.2　从人脸识别到猫脸识别

人脸识别的研究始于 20 世纪 60 年代，80 年代后随着计算机技术和光学成像技术的发展得到提高，而真正进入初级的应用阶段则在 90 年代后期。人脸识别系统成功的关键在于是否拥有尖端的核心算法，并使识别结果具有实用化的识别率和识别速度。

人脸识别系统主要包括 4 个组成部分，分别为：人脸图像采集及检测、人脸图像预处理、人脸图像特征提取以及匹配与识别。

人脸图像采集：不同的人脸图像都能通过摄像镜头采集下来，比如静态图像、动态图像、不同的位置、不同表情等方面都可以得到很好的采集。当用户在采集设备的拍摄范围内时，采集设备会自动搜索并拍摄用户的人脸图像。

人脸检测：人脸检测在实际中主要用于人脸识别的预处理，即在图像中准确标定出人脸的位置和大小。人脸图像中包含的模式特征十分丰富，如直方图特征、颜色特征、模板特征、结构特征及 Haar 特征等。人脸检测就是把这其中有用的信息挑出来，并利用这些特征实现人脸检测。

人脸图像预处理：对于人脸的图像预处理是基于人脸检测结果，对图像进行处理并最终服务于特征提取的过程。系统获取的原始图像由于受到各种条件的限制和随机干扰，往往不能直接使用，必须在图像处理的早期阶段对它进行灰度校正、噪声过滤等图像预处理。对于人脸图像而言，其预处理过程主要包括人脸图像的光线补偿、灰度变换、直方图均衡化、归一化、几何校正、滤波以及锐化等。

人脸图像特征提取：人脸识别系统可使用的特征通常分为视觉特征、像素统计特征、人脸图像变换系数特征、人脸图像代数特征等。人脸特征提取就是针对人脸的某些特征进行的，如图 9-3 所示。人脸特征提取也称人脸表征，它是对人脸进行特征建模的过程。

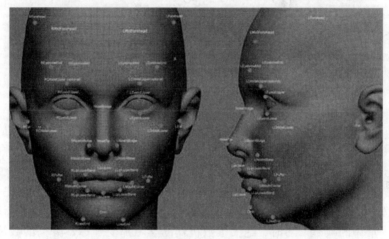

图 9-3 人脸识别中选取的特征点

人脸图像匹配与识别：将提取的人脸图像特征数据与数据库中存储的特征模板进行搜索匹配，通过设定一个阈值，如果相似度超过这一阈值，则把匹配得到的结果输出。人脸识别就是将待识别的人脸特征与已得到的人脸特征模板进行比较，根据相似程度对人脸的身份信息进行判断。

人脸识别技术虽然看起来"高大上"，但它的实现依赖于人类和大量已有的人脸数据，脱离了这些必备条件，人脸识别技术就无法实现。

那什么是猫脸识别呢？就是把人脸识别中的人脸库换成猫脸库，把要计算的特征点，根据猫脸重新选取一下吗？当然不是。如果说人脸识别系统是告诉计算机人长什么样，然后让机器对着人脸扫描，得出识别结果；那么在猫脸识别系统中，就没有人告诉计算机猫应该长成什么样子，一旦系统中有重复出现的图像信息，计算机就自动生成一个信息库。当系统扫描到一只猫时，就会从信息库中提取这种生物的信息特征，最终达到识别的目的。

提到猫脸识别不得不提到"谷歌大脑"，它是"Google X 实验室"的一个主要研究项目，是谷歌在人工智能领域开发出的一款模拟人脑的软件，具备自我学习功能。Google X 部门的科学家们通过将 1.6 万台计算机的处理器相连接建造出了全球为数不多的大型中枢网络系统，它能自主学习。

谷歌的"虚拟大脑"（见图9-4）是模拟脑细胞相互交流、影响设计的，可以通过看视频学习识别猫、人以及其他事物。当有数据被送达这个神经网络时，不同神经元之间的关系就会发生改变，这也使得神经网络能够得到对某些特定数据的反应机制。据报道，这个网络现在已经学到了一些东西。谷歌的神经网络可以自己决定关注数据的哪部分特征，注意哪些模式，而并不需要人类决策——颜色、特殊形状等对于识别对象来说十分重要。

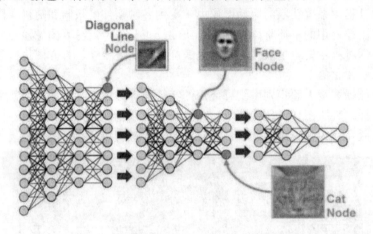

图 9-4　可以识别猫脸的"谷歌大脑"神经网络

"谷歌大脑"做的第一件事是"识别猫"，这也是令"谷歌大脑"声名大噪的一件事。"识别猫"的论文展示的是，带有超过10亿个"突触"连接的神经网络，这比当时任何公开的神经网络模型都要大好几百倍，但是与人类的大脑相比，依然小了好几个数量级。研究人员从未把关于猫的先验知识编程输入到机器中，机器直接与现实世界交互并且抓住了"猫"这一概念。研究者发现，这一神经网络就好像核磁共振成像一般，猫脸部的阴影会激活人工神经元，让它们产生集体的唤醒。当时，绝大多数机器的学习都受到标签数据的数量限制。"识别猫"的论文展示了，机器同样能识别原始的非标签数据，有时候或许是人类自身都还没建立起知识的数据。这一研究看起来并不仅仅是让机器识别猫脸的巨大进步，对于人工智能的整体发展都有很大意义。

通过应用这个神经网络，谷歌的软件已经能够更准确地识别讲话内容，而语音识别技术对于谷歌的智能手机操作系统 Android 来说已经变得非常重要，这一技术也可以用于谷歌为苹果 iPhone 开发的应用程序。通过神经网络，能够让更多的用户拥有完美的使用体验。随着时间的推移，谷歌的其他产品也能随之受益。例如谷歌的图像搜索工具，可以做到更好地理解一幅图片，而不需要依赖文字描述；谷歌无人驾驶汽车、谷歌眼镜也能通过使用这一软件而得到提升，因为它们可以更好地感知真实世界中的数据。

9.1.3　从图灵测试到人工智能

早在1950年，人工智能的概念尚未被提出之前，图灵（见图9-5）就在论文《计算机器与智能》（*Computing Machinery and Intelligence*）里提出："我提议思考这样一个问题，机器能思考吗？"并提出了著名的图灵测试。

　　图灵测试是一种测试机器是不是具备人类智能的方法。图灵测试会在测试者在与被测试者（一个人和一台机器）隔开的情况下，通过一些装置（如键盘）向被测试者随意提问，如图 9-6 所示。问过一些问题后，如果被测试者超过 30% 的答复不能使测试人确认出哪个是人、哪个是机器的回答，那么这台机器就通过了测试，并被认为具有人类智能。

图 9-5　图灵

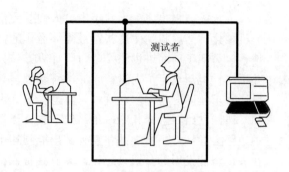

图 9-6　图灵测试

　　图灵测试看似简单，实际上却难以完美实现。因为人与人之间的交流，内容因素大概只占 20%，情感因素却要占到 80%。情感因素包括语调、语气、表情、肢体语言等。比如：简单的一个"啊"字，用不同的语调、语气说出来，表达的含义千差万别。那么，即使不考虑上述所说的情感因素，只考虑纯文字的交流，要理解对方语言里的关键信息，必须具备句子表达内容以外的背景知识、常识。比如，连小孩都知道的常识：背包里的东西被拿出后，背包会变轻。但恰恰是这样琐碎、不成体系的背景知识和常识，正是计算机无法全面获取的。所以，想让计算机可以像人一样察言观色地自如交流，并非易事。

　　当然，计算机对海量信息的检索和处理能力远胜人类，微积分、背古诗、查法典这样的知识，对机器来说总是可以解决，因为有大量书本上的语料可供学习。在数据充沛的领域，无论是语音识别、人脸识别，还是机器翻译、各种棋类，机器都已经接近乃至超过真人了。难就难在，这世界上还有大量的知识，根本没地方学去。

　　因此，图灵测试被称为人工智能王冠上最耀眼的一颗明珠。通过图灵测试，成了所有人工智能科学家的最高目标。目前，自称通过了图灵测试的产品，也如雨后春笋般涌现，但严格意义上的图灵测试离我们还相当遥远，不过通过交互方式和产品上的创新，已经出现了在特定领域内可用的合格助手，比如苹果的 Siri、微软的小冰和各种智能音箱等。

　　那么，什么是人工智能？

　　通俗来讲，就是让机器能像人一样思考。人工智能（Artificial Intelligence，AI）是计算机科学的一个分支，它企图了解智能的实质，并生产出一种新的能以人类智能相似的方式做出反应的智能机器，该领域的研究包括机器人、语言识别、图像识别、自然语言处理和专家系统等。人工智能从诞生以来，理论和技术日益成熟，应用领域也不断扩大。可以设想，未来人工智能带来的科技产品，将会是人类智慧的"容器"。人工智能可以对人的意识、思维的信息过程的模拟。

　　人工智能不是人的智能，但能像人那样思考、也可能超过人的智能。人工智能的最高境界是能够与人交互信息（通过图灵测试），可以自己搜集信息、创新知识。

9.2 推理与搜索

9.2.1 基于搜索树的迷宫求解

在人工智能被提出之后十几年中，人们主要借助推理和搜索来解决问题，即将人的思维符号化、机械化，然后找到使这些符号能够运作的方式。

搜索树类似于前面讲过的"暴力"计算方法，是一种搜索方式，与人脑相比这种搜索方法效率并不高，但却奠定了人工智能的学科基础。

以迷宫求解问题为例。人面对一幅迷宫图（见图 9-7），通常的做法是从入口沿路向出口方向移动。遇到岔路时选择其中一条路走下去，当发现这条路无法走通时，就回到前一个路口，选另一条路去尝试。不断尝试，直到试出能到达出口的路径为止。

在人工智能发展的早期，想让计算机具备人类的思维显然是不现实的，于是研究者将计算机处理方式变成：将迷宫的每个岔路口都标记上一个记号，如 A、B、C，以记号为节点，当计算机从入口 A 进入，可以选择 B、C 两条路，如果选 B，发现走不通，返回再去选 C，又遇到 D、E 两条路，如果选 E，发现走不通，返回再去选 D，继续走可以选择 F、G 两条路，如图 9-8 所示。依此类推，得到图 9-9 所示的搜索树。

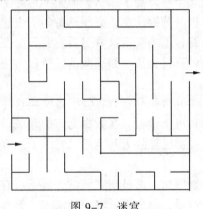

图 9-7　迷宫

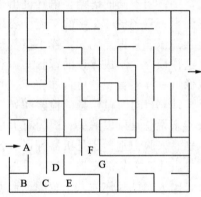

图 9-8　标记部分岔路的迷宫

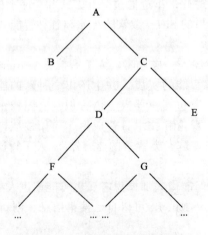

图 9-9　部分迷宫搜索树

计算机通过不断搜索和重复，最终找出正确路径。要搜索的迷宫越复杂，搜索树的分支就越多，扩展面也就越大。同理，简单的棋类游戏也可以使用搜索树来解决，但复杂的棋类游戏的组合是非常大的，对目前的计算机来说，如果采用直接搜索的方法无疑是很难满足需求的。

9.2.2 盲目搜索

状态空间的搜索策略可分为盲目搜索和启发式搜索两大类。尽管盲目搜索的性能不如启发式搜索，但由于启发式搜索需要提取与问题相关的特征，特征的提取又比较困难，所以盲目搜索不失为一种有用的搜索策略。

盲目搜索的特点如下：

① 按规定路线搜索，不使用启发式信息。

② 适用于状态空间图为树结构的问题。

盲目搜索又分为广度优先搜索、深度优先搜索、代价树搜索。

广度优先搜索也称"横向优先搜索"，它的思想是：从图中某顶点 v 出发，在访问了 v 之后依次访问 v 的各个未曾访问过的邻接点，然后分别从这些邻接点出发依次访问它们的邻接点，并使得"先被访问的顶点的邻接点先于后被访问的顶点的邻接点被访问，直至图中所有已被访问的顶点的邻接点都被访问到。如果此时图中尚有顶点未被访问，则需要另选一个未曾被访问过的顶点作为新的起始点，重复上述过程，直至图中所有顶点都被访问到为止。

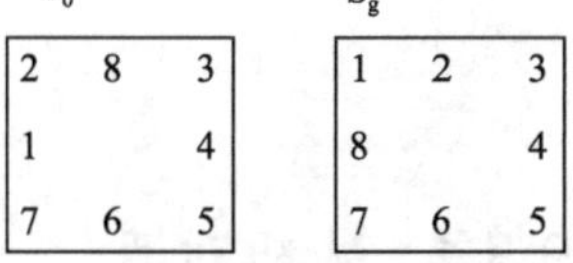

【例 9-1】八数码难题（见图 9-10）。在 3×3 的方格棋盘上，分别放置了表示数 1、2、3……7、8 的 8 张牌，初始状态 S_0，目标状态 S_g，可以使用的操作有空格左移、上移、右移、下移，即只允许把空格上下左右的牌移入空格，求解题步骤。

图 9-10　八数码难题

解：用广度优先搜索策略寻找从初始状态到目标状态的解路径，如图 9-11 所示。

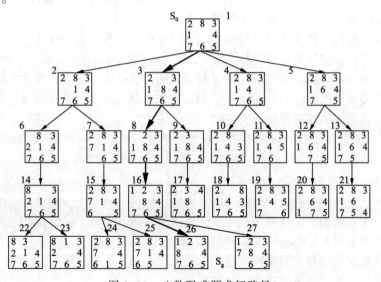

图 9-11　八数码难题求解路径

深度优先搜索的思想：假设初始状态是图中所有顶点均未被访问，则从某个顶点 v 出发，首先访问该顶点，然后依次从它的各个未被访问的邻接点出发深度优先搜索遍历图，直至图中所有和 v 有路径相通的顶点都被访问到。若此时尚有其他顶点未被访问到，则另选一个未被访问的顶点作起始点，重复上述过程，直至图中所有顶点都被访问到为止。显然，深度优先搜索是一个递归的过程。

9.2.3　启发式搜索

启发式搜索（Heuristically Search）又称为信息搜索（Informed Search），它利用问题拥有的启发信息来引导搜索，达到减少搜索范围、降低问题复杂度的目的。

启发式策略可以通过指导搜索向最有希望的方向前进，降低了复杂性。通过删除某些状态及其延伸，启发式算法可以消除组合爆炸，并得到令人能接受的解（通常并不一定是最佳解）。

然而，启发式策略是极易出错的。在解决问题的过程中启发仅仅是下一步将要采取措施的一个猜想，常常根据经验和直觉来判断。由于启发式搜索只有有限的信息（比如当前状态的描述），要想预测进一步搜索过程中状态空间的具体行为很难。一个启发式搜索可能得到一个次最佳解，也可能一无所获。这是启发式搜索固有的局限性。这种局限性不可能由所谓更好的启发式策略或更有效的搜索算法来消除。一般说来，启发信息越强，扩展的无用节点就越少。引入强的启发信息，有可能大大降低搜索工作量，但不能保证找到最小耗散值的解路径（最佳路径）。因此，在实际应用中，最好能引入降低搜索工作量的启发信息而不牺牲找到最佳路径的保证。

9.3　人机对话与专家系统

9.3.1　人机对话

人机对话（Human-Machine Conversation）是指让机器理解和运用自然语言实现人机通信的技术。通过人机对话交互，用户可以查询信息，如查询天气信息；用户也可以和机器进行聊天，用户还可以获取特定服务，如获取电影票预订服务。

人机对话技术的研究最早可以追溯到 20 世纪 60 年代，图灵提出通过图灵测试来检验机器是否具有人类智能的设想以来，研究人员就开始致力于人机对话系统的研究。1966 年 MIT 的计算机科学家 Joseph Weizenbaum 开发了 Eliza 聊天系统，被设计为模仿心理学家罗杰斯，用于模拟心理治疗师对精神病患者进行心理治疗。Eliza 与病患聊天时不仅能够听懂病人的话，而且还富有同情心，会像知心朋友那样给予人安慰。

Eliza 的逻辑原理很简单，只是用了一些巧妙的技巧来创造一个聪明的谈话的假象。Eliza 会扫描对方所说的话的关键词，然后根据系统里的"对应词"重新组织语言，比如：病人说"我很难过"，它会问"为什么难过？"不同的日常生活关键词会被划分成不同的等级，Eliza 通过这些等级可以快速从数据库中检索出相应的关键词，看这个词是什么意思，应该怎么应对。比如，重复回答一个人的回答，或者提供一些开放式的问题，比如"采用什么方式？"和"你能想到一个具体的例子吗？"Weizenbaum 惊讶地发现，人们似乎相信他们在和一个真正的治疗师交谈，有些人提出了非常私人的秘密。

人机对话是人工智能的重要挑战，最近几年随着人工智能的兴起，人机对话的研究也越来越火热。对话相关技术的逐步成熟也引发了工业界研发对话产品的热潮，产品类型主要包括语音助手、智能音箱和闲聊软件。

① 语音助手是指在硬件设备或 App 软件上植入人机对话程序辅助用户通过语音方式使用宿主设备或程序上的功能，如内容搜索、信息查询、音乐播放、闹铃设定以及餐馆和票务的预订等功能，该类型的产品有百度小度、苹果 Siri、Google Now、微软小娜、阿里小蜜等。

② 智能音箱是为对话系统独立设计的音箱产品，和语音助手的区别是，智能音箱独立设计了一套语音输入/输出系统，用于实现远场语音控制，即远距离的语音对话交互，如家居环境下家电设备的控制，该类型的产品有百度小度音箱和小度在家、亚马逊 Echo、Google Home、阿里天猫精灵、小米小爱等。

③ 闲聊软件主要是借助情感计算技术和用户进行情感交流，如微软小冰。

随着深度学习技术的兴起，以对话语料为基础使用神经网络模型进行对话学习是近几年人机对话的主流研究方法。

9.3.2 专家系统

说到人工智能，就不得不说说人工智能涉及的众多学科中的专家系统。可以说，每一个人工智能的系统都离不开专家系统，只有具备专家系统，人工智能才能够帮助做更多的事情。那么什么是专家系统呢？

专家系统，通俗地讲，就是让计算机具有人类专家的知识、经验和技能，能够像人类专家一样解决实际问题。专家系统实质上是一段计算机程序，它能够以人类专家的水平完成某一专业领域的任务。通过计算机，模拟人类专家如何运用他们的知识和经验解决面临问题的方法、技巧和步骤。

专家系统的基本系统结构，通常由人机交互界面、知识库、综合数据库、推理机、解释器、知识获取等 6 部分构成，如图 9-12 所示。

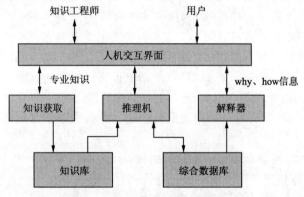

图 9-12 专家系统的基本系统结构

【例 9-2】设计一个简单的动物识别的专家系统。

解：

① 实现流程：初始化规则集合；初始化规则事实集合；使用规则推导。

② 添加规则信息："冷血""有腿""羽毛""会飞"。

③ 规则事实：冷血+没有腿→蛇；冷血+有腿→蜥蜴；非冷血+有羽毛+不会飞→企鹅；非冷血+没有羽毛→猫。

④ 推理过程如图 9-13 所示。

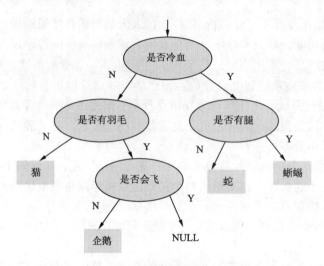

图 9-13　专家系统的推理过程

9.4　机 器 学 习

9.4.1　机器学习概述

什么是机器学习？当你举起 iPhone 手机拍照的时候，早已习惯它帮你框出人脸；也自然而然点开今日头条推送的新闻；也习惯逛淘宝找相似之后货比三家；抑或喜闻乐见微软的年龄识别网站结果刷爆朋友圈。这些功能的核心算法就是机器学习领域的内容。

机器学习研究的是计算机怎样模拟人类的学习行为，以获取新的知识或技能，并重新组织已有的知识结构使之不断改善自身。简单一点说，就是计算机从数据中学习出规律和模式，以应用在新数据上做预测的任务。近年来互联网数据大爆炸，数据的丰富度和覆盖面远远超出人工可以观察和总结的范畴，而机器学习的算法能指引计算机在海量数据中，挖掘出有用的价值。

并非所有的问题都适合用机器学习解决（很多逻辑清晰的问题用规则能高效并准确地处理），也没有一个机器学习算法可以通用于所有问题。那么机器学习到底关心和解决什么样的问题？

从功能的角度分类，机器学习在一定量级的数据上，可以解决下列问题：

① 分类问题。根据数据样本上抽取出的特征，判定其属于有限个类别中的哪一个。比如：垃圾邮件识别、文本情感褒贬分析、图像内容识别。

② 回归问题。根据数据样本上抽取出的特征，预测一个连续值的结果。比如：电影票房预测、几个月后的房价预测。

③ 聚类等问题。根据数据样本上抽取出的特征，让样本抱团（相近/相关的样本在一团内）。比如：谷歌的新闻分类、用户群体划分。

可以把上述常见问题划到机器学习最典型的两个分类上。分类与回归问题需要用已知结果的数据做训练，属于"监督学习"；聚类的问题不需要已知标签，属于"非监督学习"。

机器学习是人工智能的核心，是使计算机具有智能的根本途径，在以下热点问题中有广泛应用。

① 计算机视觉。典型的应用包括：人脸识别、车牌识别、文字识别、图片内容识别、图片搜索等。

② 自然语言处理。典型的应用包括：搜索引擎智能匹配、文本内容理解、文本情绪判断、语音识别、输入法、机器翻译等。

③ 社会网络分析。典型的应用包括：用户画像、网络关联分析、欺诈作弊发现、热点发现等。

④ 推荐。典型的应用包括：虾米音乐的"歌曲推荐"、淘宝的"猜你喜欢"等。

9.4.2　监督学习

监督学习（Supervised Learning）从训练数据（Training Data）集合中学习模型，对测试数据（Test Data）进行预测。监督（Supervised）是指训练数据集中的每个样本均有一个已知的输出项（类标 Label），也就是输出 Y 值。输入变量 X 和输出变量 Y 有不同类型，可以是连续的，也可以是离散的。人们根据输入/输出变量不同类型，对预测任务给予不同的名称：

① 对输入变量和输出变量均为连续变量的预测问题称为回归（Regression）问题。

② 输出变量为有限个离散变量的预测问题称为分类问题（Classification）。

③ 输入变量和输出变量均为变量序列的预测问题称为标注问题。

以西瓜数据集为例：如果预测瓜是"好西瓜"或"坏西瓜"，这类的学习任务称为"分类"任务；如果想要预测的是连续值，比如根据色泽、敲声来判断西瓜的成熟度为 0.50、0.80 等，此类学习任务称为"回归"。如果只涉及两个类别的分类称之为二分类（Binary Classification）任务，一个是"正类"（Positive Class），另一个是反类（Negative Class）。涉及多个分类的问题称为"多分类"（Multi-Class Classification）问题。

以过滤垃圾邮件为例：基于有类标的电子邮件样本库，可以使用监督学习算法训练生成一个判定模型，用来判别一封新的电子邮件是否为垃圾邮件；其中在用于训练的电子邮件样本库中，每一封电子邮件都已被准确地标记是否为垃圾邮件。监督学习一般使用离散的类标（Class Label），类似于过滤垃圾邮件的这类问题也被称为分类。

通俗易懂地讲：监督学习是指人们给机器一大堆标记好的数据，比如一大堆照片，标记住哪些是猫的照片、哪些是狗的照片，然后让机器自己学习归纳出算法或模型，然后所使用该算法或模型判断出其他照片是否是猫或狗。代表的算法或模型有限性回归、逻辑回归、支撑向量机、神经网络等，如图 9-14 所示。

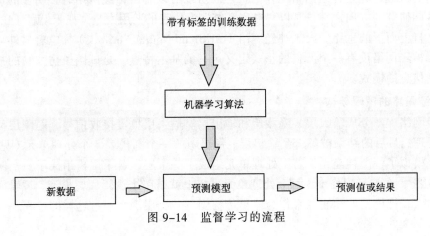

图 9-14　监督学习的流程

9.4.3　无监督学习

无监督学习的目标是建立可兼容小数据集进行训练的通用系统。

回想一下你在小时候是如何进行学习的。是的，那时候会有人指导你，你的父母会告诉你这是一只"鸟"，但是他们不会在接下来的每一分每一秒都告诉你这是一只"鸟"。无监督学习也是这样：我一次一次地告诉你什么是"鸟"，也许高达 100 万次。然后你的深度学习模型就学会了。

无监督学习的方法分为两大类：

① 基于概率密度函数估计的直接方法：指设法找到各类别在特征空间的分布参数，再进行分类。

② 基于样本间相似性度量的简洁聚类方法：其原理是设法定出不同类别的核心或初始内核，然后依据样本与核心之间的相似性度量将样本聚集成不同的类别。利用聚类结果，可以提取数据集中隐藏信息，对未来数据进行分类和预测。应用于数据挖掘、模式识别、图像处理等。

迄今为止，监督模型总是比无监督的预训练模型表现得要好。其主要原因是监督模型对数据集的特性编码更好。但如果模型运用到其他任务，监督工作是可以减少的。在这方面，希望达到的目标是无监督训练可以提供更一般的特征，用于学习并实现其他任务。

9.4.4　神经网络

机器学习中有一个重要的算法，那就是人工神经网络算法，这种算法能够解决很多的问题，因此在机器学习中有着很高的地位。

1．神经网络的来源

神经网络的诞生起源于对大脑工作机理的研究。早期生物界学者使用神经网络来模拟大脑。学者使用神经网络进行机器学习的实验，发现在视觉与语音的识别上效果都相当好。在 BP 算法诞生以后，神经网络的发展进入了一个热潮。

2．神经网络的原理

那么神经网络的学习机理是什么？简单来说，就是分解与整合。一个复杂的图像变成大量的细节进入神经元，神经元处理以后再进行整合，最后得出了看到的是正确的结论。这就是大脑视觉识别的机理，也是神经网络工作的机理。所以可以看出神经网络有很明显的优点。

人工智能研究的方向之一，是以"专家系统"为代表的、用大量"如果–就"（If...Then）规则定义的、自上而下的思路。人工神经网络（Artificial Neural Network）标志着另外一种自下而上的思路。神经网络没有一个严格的正式定义。它的基本特点，是试图模仿大脑的神经元之间传递，处理信息的模式。

3．神经网络的逻辑架构

在神经网络中，分成输入层、隐藏层和输出层。输入层负责接收信号，隐藏层负责对数据的分解与处理，最后的结果被整合到输出层。每层中的一个圆代表一个处理单元（见图 9–15），可以认为是模拟了一个神经元，若干处理单元组成了一个层，若干层再组成了一个网络，也就是"神经网络"。在神经网络中，每个处理单元事实上就是一个逻辑回归模型，逻辑回归模型接收上层的输入，把模型的预测结果作为输出传输到下一个层次。通过这样的过程，神经网络可以完成非常复杂的非线性分类。

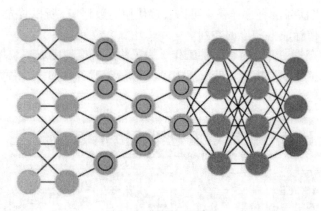

图 9-15 神经网络

4. 神经网络的应用

图像识别领域是神经网络中的一个著名应用，这个程序是一个基于多个隐层构建的神经网络。通过这个程序可以识别多种手写数字，并且达到很高的识别精度，拥有较好的健壮性。随着层次的不断深入，越深的层次处理的细节越低。但是进入 20 世纪 90 年代，神经网络的发展进入了一个瓶颈期。其主要原因是尽管有 BP 算法的加速，神经网络的训练过程仍然很困难。因此 90 年代后期支持向量机算法取代了神经网络的地位。

9.4.5 深度学习

机器学习最大的突破是 2006 年的深度学习。深度学习是机器学习的子集，目的是模仿人脑的思维过程，经常用于图像和语音识别。

深度学习（Deep Learning，DL）是机器学习的技术和研究领域之一，通过建立具有阶层结构的人工神经网络，在计算系统中实现人工智能。深度学习是指训练大型神经网络。深代表着非常大的神经网络。由于阶层 ANN 能够对输入信息进行逐层提取和筛选，因此深度学习具有表征学习（Representation Learning）能力，可以实现端到端的监督学习和非监督学习。此外，深度学习也可参与构建强化学习（Reinforcement Learning）系统，形成深度强化学习。

以往在机器学习用于现实任务时，描述样本的特征通常需由人类专家来设计，这称为"特征工程"（Feature Engineering）。众所周知，特征的好坏对泛化性能有至关重要的影响，人类专家设计出好特征也并非易事。深度学习则通过机器学习技术自身来产生好特征，这使机器学习向"全自动数据分析"又前进了一步。

2012 年，人工智能已经可以通过深度学习算法准确地从 1 000 万个未标记的图像中识别出猫科动物的图像，从而具备了真正意义上的"思考能力"。

【例 9-3】从 2019 年 7 月 1 日起，新的《上海市生活垃圾管理条例》正式开始施行，号称史上最严的垃圾分类就要来了。以后在扔垃圾前都要先将垃圾仔细分成可回收物、有害垃圾、湿垃圾和干垃圾 4 个类别。人们在分类投放的时候难免会出现偏差，这个时候如果有一个分类神器对垃圾拍个照就能告诉是什么类别就好了。尝试利用深度学习技术来构建一个垃圾自动分类器。

解：

（1）"垃圾"图像数据准备

为了实现一个理想的垃圾自动分类器，需要有一个已经分好类别的"垃圾"图像数据集作为训练的基础。然而当前并没有这样一个可以直接使用的数据集，所以首先动手收集海量的"垃圾"图像并为每张图像标注上相应的类别。

数据集的收集一直是一件耗时耗力的工作，为了快速便捷地完成"垃圾"图像数据集的收集，依据官方发布的垃圾分类指南（见图 9–16）上每一类所包含的垃圾名称，通过在百度图片上爬取名称对应的图像来实现。

图 9–16　垃圾分类指南

在实际的应用场景中，待分类的样本往往是不可控的，所以一般会增加"其他"这个类别用来收留各种异常样本。在垃圾分类中，除可回收物、有害垃圾和湿垃圾外都属于干垃圾，所以干垃圾已经扮演了"其他"的角色。因此，"垃圾"图像数据集最终分为可回收垃圾、有害垃圾、湿垃圾和干垃圾 4 个类别。数据集的部分图像如图 9–17 所示。

（2）垃圾自动分类器设计

垃圾自动分类本质上是一个图像分类问题，当前基于深度卷积神经网络的图像分类算法发展很快。LeNet 于 1998 年提出卷积神经网络，并成功应用于手写体识别。LeNet 和现在的网络结构相比虽然简单，但是已经具备卷积层、池化层和全连接层这些基本模块。随着 GPU 和大规模数据集的出现，卷积神经网络在 2012 年迎来了历史突破，新的神经网络不断涌现。这里采用 50 层的 ResNet 来构建垃圾自动分类器。具体采用在 ImageNet 数据集上预训练的 ResNet50 模型参数作为初始化，利用收集的"垃圾"图像数据集对其进行微调。

其中，将上述 ResNet50 的最后一层输出从 1 000（ImageNet 数据集的分类数量）修改为 4（垃圾分类数量），同时在训练过程中冻结了部分卷积层参数的更新。此外还进一步利用水平翻转、随机裁剪和色彩抖动等方式对训练的"垃圾"图像进行数据增强。

图 9-17　数据集的部分图像

（3）垃圾分类测试

在完成垃圾自动分类器的训练后，即可对一些采集到的垃圾图片进行自动分类的测试。

小　结

本章从 AlphaGo 战胜人类引入人工智能的概念，通过对比 AlphaGo 和早期的"深蓝"计算机的性能差异，得出现在的机器学习技术与早期的推理搜索技术的差异；通过对比谷歌的猫脸识别技术和早期的人脸识别技术的差异，得出无监督学习和有监督学习的差异；通过介绍图灵测试，解释机器智能的概念。

通过迷宫问题求解，解释了搜索树的概念。通过经典的八数码难题，解释了广度优先搜索的应用。此外，还介绍了专家系统的设计、利用深度学习的思路来解决垃圾自动分类的问题。

习　题

1. 什么是图灵测试？
2. 深度优先搜索、广度优先搜索的区别是什么？
3. 盲目搜索、启发式搜索的区别是什么？
4. 监督学习、无监督学习的区别是什么？请举例说明。

参 考 文 献

[1] 彭鸿涛，聂磊. 发现数据之美：数据分析原理与实践[M]. 北京：电子工业出版社，2014.

[2] 程显毅，曲平，李牧. 数据分析师养成宝典[M]. 北京：机械工业出版社，2018.

[3] 杨群. 新手学数据分析：入门篇[M]. 北京：清华大学出版社，2018.

[4] 薛薇. 基于 SPSS 的数据分析[M]. 北京：中国人民大学出版社，2017.

[5] 袁明，钟燕华. 物联网技术入门与实践[M]. 北京：清华大学出版社，2018.

[6] 刘云浩. 物联网导论[M]. 北京：科学出版社，2010.

[7] 汤一平. 物联网感知技术与应用：智能全景视频感知：上[M]. 北京：电子工业出版社，2013.

[8] 李连德. 一本书读懂人工智能：图解版[M]. 北京：人民邮电出版社，2016.